KB065631

일상에 숨겨진 수학 이야기

일상에 숨겨진 수학 이야기
The Maths Behind

콜린 베버리지 지음

장정문 옮김　오혜정 감수

소우주

지은이 콜린 베버리지(Colin Beveridge)

스코틀랜드 세인트앤드류스대학에서 수학박사 학위를 받은 후 나사(NASA)에서 일했으며 다시 영국으로 돌아와 수학에 관한 책을 쓰고, 강의를 하고 있다.

옮긴이 장 정 문

이화여자대학교 영문학과 졸업 후 외국계 기업에서 근무했으며 현재 전문 번역가로 활동하고 있다. 옮긴 책으로『일상에 숨겨진 수학 이야기』,『주기율표』등이 있다.

감수 오 혜 정

현재 수원 태장고등학교에서 수학을 가르치고 있다. 옮긴 책으로는『범죄 수학』,『암호 수학』,『달콤한 수학사』등이 있으며, 저서로는 2009 개정 교육과정 중학교 수학 교과서, 2015 개정 교육과정 고등학교 수학 교과서 집필 및『수학 언어로 문화재를 읽다』, 『새로 쓰는 초등수학 교과서』,『피보나치가 들려주는 피보 나치수열 이야기』,『아인슈타인이 들려주는 차원 이야기』,『오일러가 들려주는 최적화이론 이야기』등이 있다

The Maths Behind: Discover the Mathematics of Everyday Events
By Colin Beveridge
Originally published in the English language by Cassell
Text Copyright © Colin Beveridge 2017
Design and layout Copyright © Octopus Publishing Ltd 2017
All rights reserved.
Korean translation copyright © SoWooJoo 2017
Korean translation edition is published by arrangement with Cassell through
EYA(Eric Yang Agency).

이 책의 한국어판 저작권은 EYA(Eric Yang Agency)를 통해 Cassell과 독점 계약한 소우주출판사에 있습니다. 저작권법에 의해 한국 내에서 보호를 받는 저작물이므로 무단 전재와 무단 복사를 금합니다.

일상에 숨겨진 수학 이야기

초판 1쇄 발행 2018년 7월 31일

지은이 콜린 베버리지
옮긴이 장정문
감수 오혜정
편집 류은영
펴낸이 김성현
펴낸곳 소우주출판사
등록 2016년 12월 27일 제 563-2016-000092호
주소 경기도 용인시 기흥구 보정로 30, 136-902
전화 010-2508-1532
이메일 jidda74@naver.com

ISBN 979-11-960577-2-5 (03410)

정가 16,000원

목차

서문

이 책은 "당신은 언제 실생활에서 수학을 사용하겠는가?"라는 질문에 대한 대답이다. 세상을 이해하는 데 있어 수학은 놀라울 만큼 효과적인 도구이다. 광활한 우주에 대해 알고 싶은 사람이나 원자의 구성 물질과 같은 미시 세계를 이해하고 싶은 사람, 혹은 일상 생활에서 마주하게 되는 의문('버스는 왜 항상 세 대씩 몰려다니는지', '슈퍼마켓 점원들은 어떻게 상품의 재고를 관리하는지')에 대한 답이 궁금한 사람들에게 이 책은 매우 유용할 것이다.

미식축구공이 날아가는 원리에서 비행기가 이륙하는 과정까지, 수학은 우리의 삶과 문화, 과학의 여러 방면에서 중요한 역할을 한다.

응용수학은 당신이 일반적으로 생각하는 수학과 다르다. 이 책의 어느 곳에서도 긴 나눗셈을 하거나 방정식을 풀도록 요구하지는 않는다. 응용수학은 실제 세계를 이루는 구성요소들을 대상으로 하며, 여러 수학적 도구를 통해 이들을 모형화한다. 연산이나 대수학, 미분방정식 등을 이용하기도 하고, 필요하다면 Inter-Universal Teichmüller 이론*과 같은 것도 동원할 수 있다. 즉, 응용수학은 복잡한 문제들을 인간과 컴퓨터가 해결할 수 있는 문제로 압축시켜 세상을 간결하고 명료하게 바라보는 작업이라 할 수 있다.

---

* 흔히 IUT로 불리며, 일본의 수학자 모치즈키 신이치가 제안하였다. 그는 이 이론을 통해 abc 추측이라는 난제를 풀었다고 주장하지만 아직까지 수학계의 인정을 받지 못하고 있어, 본인 외에는 이 이론을 이해하고 있는 사람이 없다고 할 수 있다.

혹시 이 책을 읽기 위해 수학적 지식이 얼마나 필요한지 궁금한가? 전혀 없어도 된다. 이 책의 목적은 당신이 모르는 것에 대해 부끄러움을 느끼게 하려는 것이 아니라 일상에서 수학을 즐길 수 있는 흥미로운 사례들을 보여주고자 함이다. 한발 떨어져서 구경하는 관중이 되어도 되고, 적극적인 참여자가 되어도 좋다. 책을 읽으면서 "이렇게 생각해 볼 수도 있군!"하며 고개를 끄덕이건, 종이와 펜을 꺼내 들고 깊숙이 파고 들건 마음 내키는 대로 하면 된다. 두 가지 모두 이 책을 즐길 수 있는 훌륭한 방법일 것이다.

이 책 〈일상에 숨겨진 수학 이야기〉에서는 수학을 이용하면 좀 더 이해가 쉬워지는 몇 가지 상황들에 대해 살펴보려 한다. 독자의 이해를 돕기 위해 주제별로 일곱 가지 영역으로 구분하였다.

1장 **인간의 세계**에서는 대인관계와 정치에서 수학이 어떻게 쓰이는지 살펴볼 것이다. 어떻게 해야 이상형을 만날 수 있는지, 선거는 왜 본질적으로 결함을 가지고 있는지, 그리고 규칙은 지켜야 하는지, 그게 아니라면 언제 규칙을 어겨도 되는지 등을 알아볼 것이다.

수학이 인간에게만 적용되는 것은 아니다. 2장 **자연의 세계**에서는 수학적 사고가 요구되는 동물학적, 지질학적, 천문학적 현상들에 대해 살펴볼 것이다. 이는 포식자와 피식자 개체수의 상호 관계, 지진의 규모 측정, 그리고 벌집에서 자이언트 코즈웨이에 이르기까지 자연에서 육각형이 생겨나는 상황 등으로 예를 들었다.

숨어서든 혹은 드러나는 방법으로든, 컴퓨터를 뒷받침하는 것 역시 수학이다. 3장 **기술**에서는 컴퓨터와 수학이 역사적으로 어떤 관계에 있는지, 고급 대수학은 어떻게 신용카드 정보를 안전하게 보호하는지, 그리고 필터는 메일수신함에서 스팸메일을 어떻게 걸러내는지 등에 대해 살펴보겠다.

노박 조코비치가 미분방정식을 생각하며 서브의 방향을 결정하지는 않을 것이다. 하지만 테니스를 포함하여 스포츠에는 엄청나게 많은 수학이 들어있다. 공을 던질 때 스핀을 걸면 왜 공의 방향이 바뀔까? 완벽한 스키 점프의 비결은? 수학은 어떻게 야구 경기를 변화시켰는가? 이 모든 질문에 대한 답은 4장 **스포츠**에서 확인할 수 있다.

엔터테인먼트 분야에도 수학은 빠지지 않고 등장한다. 5장에서는 모노폴리 게임을 하는 가장 효과적인 방법에서부터 TV 게임 쇼에서 어떤 선택을 할지 결정하는 방법, 스페인 그라나다 알함브라 궁전의 패턴 등을 살펴볼 것이다.

6장 **이동과 운송**에서는 지도와 자율 주행 자동차에 숨겨진 수학을 살펴볼 것이며, 확실한 이유가 없는데도 교통 체증을 유발하는 "재미톤" 효과와 목성 탐사선의 궤도 진입법에 대해서도 알아보려 한다.

마지막으로 7장 **일상**에서는 복권 당첨 확률을 최대화할 수 있는 방법, 롤러코스트에서 떨어지지 않는 이유 등을 살펴볼 것이다. 또한 비올 확률이 30%라는 말이 의미하는 바와 연중 낮의 길이는 어떻게 그리고 왜 변하는지 등에 대해서도 알아본다.

지면 관계상 이 책에서 다룰 수 있는 내용에는 한계가 있을 수 밖에 없었다. 앞으로 같이 탐구해 보고 싶은 주제가 있다면 저자의 홈페이지(http://www.flyingcoloursmaths.co.uk)를 통해 연락해 주길 바란다.

인간의 세계

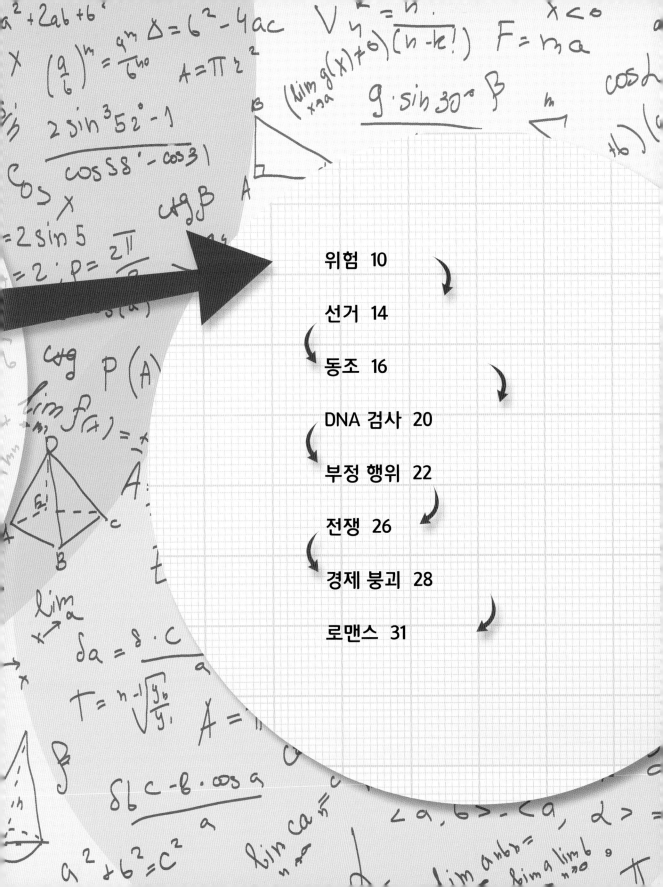

위험

누구도 위험에서 완전히 자유로울 수는 없다. 유기농 채소로 만든 음료를 마신다 하더라도 살모넬라균에 감염된 시금치가 들어갔을 수 있고, 내구성이 뛰어나기로 유명한 토요타 프리우스를 탄다 하더라도 언제 고장이 날지 알 수 없기 때문이다.

이층 침대의 계단을 오르고, 길을 건너고, 오토바이에 올라타고, 낙하산을 메고 비행기에서 뛰어내리는 등 당신의 모든 행동은 어느 정도의 위험을 내재하고 있다. 분명히 어떤 행동은 다른 행동에 비해 훨씬 위험하지만 위험한 행동에는 훨씬 큰 보상이 뒤따른다.

그렇다면 대체 어떤 위험이 감수할 만한 가치가 있는 것일까? 위험도는 어떻게 산정할 수 있을까?

자동차를 운전할까? 아니면 비행기를 탈까?

911 테러 이후로 사람들은 자동차를 선호하게 되었다. 비행기를 타는 것은 극도로 위험해 보였고, 그러한 위험을 무릅쓸 사람은 많지 않았던 것이다.

이는 충분히 이해할 만한 반응이지만 사실 수학적인 관점에서는 결코 납득할 수 없는 행동이다. 1996년 이래, 비행기 충돌로 인한 사망자 수는 연간 1,500명을 넘지 않았으며, 1970년대 초반 이후에는 오히려 감소하는 추세였다. 세계 항공참사에 관련된 정보를 담고 있는 웹사이트(planecrashinfo.com)에 의하면, 일반 여객기의 경우 사고 원인에 관계없이 100만 시간당 4명의 사망자가 발생한다. 시속 600마일로 비행할 경우 10억 마일당 사망자 수는 7명 미만이지만, 자동차를 타고 같은 거리를 주행할 경우 사망자 수는 12~15명 정도로 훨씬 많다.

비행기를 타고 이동할 때보다 공항으로 가는 도중에 사고가 날 가능성이 더 높다는 말도 있다. 하지만 이 역시 정확한 표현은 아니다. 사고가 발생할 경우 충격과 피해의 강도는 비교할 수 있는 수준을 넘어서기 때문이다. 대다수의 자동차 사고는 가벼운 접촉 사고로 끝나는 경우가 많지만, 비행기 사고의 경우 파일럿이 조종석에서 내려와 비행기 후미에 부딪힌 뒤쪽 비행기 조종사에게 보험 수리비를 청구하는 광경을 기대하기는 어렵다.

위험지수를 10억 마일당 사망자 수로 이야기하는 것이 쉽게 와닿지 않을 수도 있다. 250마일 떨어진 곳에 있는 동생을 만나기 위해 자동차를 운전하고 가는 도중에 교통 사고로 사망할 확률은 얼마나 될까? 물론 그 값을 계산할 수는 있지만 그다지 의미 있게 느껴지는 수치는 분명 아닐 것이다. 이런 이유로 어떤 행위의 위험도를 좀 더 쉽게 평가할 수 있는 지표가 고안되었다. 바로 마이크로몰트micromort이다.

비행기로
1,000마일 비행
= 1마이크로몰트

자동차로
250마일 주행
= 1마이크로몰트

위험도는 어떻게 나타낼까?

미국 스탠포드 대학의 로널드 A. 하워드 교수는 치명적인 사고로 사망할 확률에 관해 설명하면서 마이크로몰트의 개념을 도입했다. 1마이크로몰트는 어떤 행위를 할 때 사망 확률이 100만분의 1이라는 뜻이다.

당신이 일상생활에서 예기치 못한 사고로 사망할 확률은 대략 1마이크로몰트이다(2012년, 스코틀랜드를 제외한 영국 전역의 인구 5,650만 명 중 자연사가 아닌 다른 원인으로 사망한 사람은 매일 48명 정도였다. 즉, 하루 중 사망할 확률이 48/56,500,000(약 0.0000008) 정도인 셈이다. 이 값을 100만분의 0.8, 즉 0.8마이크로몰트로 표현하면 비교가 훨씬 쉬워진다. 2010년 자료에 의하면 미국의 경우 이 수치는 1.6마이크로몰트였다. 그 이유는 미국에서는 자동차 사고로 사망할 확률이 더 높았기 때문이다). 이 지표는 나이에 따라 달라진다. 영국에서 태어난 신생아의 경우, 생애 첫 날은 위험도가 430마이크로몰트인 반면, 첫 돌이 지나면 평균 17마이크로몰트로 감소한다.

이와 같이 각 행위의 위험도를 마이크로몰트로 환산해 비교하면, 여러 행위가 지니는 상대적 위험도를 평가할 수 있다. 마라톤은 약 7마이크로몰트의 위험도를 지니고 있으며, 스카이다이빙은 9마이크로몰트의 위험도를 내재하고 있다. 즉, 건강에 큰 도움이 되는 것으로 여겨지는 한 행위와 위험천만해 보이는 또 다른 행위가 위험도 측면에서는 매우 유사한 것이다.

교통수단의 안전성 또한 보다 간단하고 직관적인 방식으로 평가할 수 있다. 오토바이로 6마일을 가는 것의 위험도는 1마이크로몰트인데, 이것은 자동차로 250마일 주행하는 것의 위험도와 같다. 평균적으로 오토바이는 자동차보다 40배 더 위험하다고 할 수 있는 것이다. 하지만 비행기로 이동하면 더욱 안전하다. 비행 시 사고의 위험도가 1마이크로몰트가 되려면 1,000마일을 비행해야 하는데, 이는 자동차가 제트기보다 4배 더 위험하다는 의미이다. 비행기 테러로 인한 위험도가 1마이크로몰트가 되려면 무려 12,000마일을 비행해야 한다.

위험도 평가
1마이크로몰트는 어떤 행위를 할 때 사망할 확률이 100만분의 1이라는 의미이다.

마라톤 (7마이크로몰트)과 스카이다이빙 (9마이크로몰트)의 위험도 지수는 비슷하다.

마이크로몰트

나이 및 성별에 따른 위험도 지수

사망률 기준(사망원인에 상관없이
각 해당 연령에서의 사망 확률)

1
30세 여성

2
30세 남성

4
45세 여성

6
45세 남성

1
18세 남성

0.5
18세 여성

15
60세 여성

23
60세 남성

0.5
7세 남성

<0.5
7세 여성

105
75세 남성

15
0세 남성

12
0세 여성

69
75세 여성

행위별 위험도 지수

1
스키

8
행글라이딩

5
스쿠버 다이빙

0.5
승마

$$v = \sqrt{2as}$$

얼마나 높은 곳에서 떨어져도 살 수 있을까?

이런, 빌딩에 불이 났다! 나는 지금 지상 2층에 갇혀 있다! 소방대는 건물이 무너지기 전까지 도착하지 못하기 때문에 뛰어 내릴 수 밖에 없다. 잠깐! 일단 계산기 좀 꺼내서 살아날 확률부터 계산해보자.

창가로 가서 지상 4.6m 높이에서 바로 뛰어내리면, 중력의 영향으로 9.8m/s²으로 가속하여 잠시 후 나는 $v = \sqrt{2as}$(a는 가속도, s는 낙하 거리)의 속도로 떨어지게 될 것이다. 이것을 계산해보면 내가 땅에 닿는 속도는 시속 34km(시속 21마일) 정도가 된다. 같은 속도로 차량이 보행자와 부딪히는 사고와 비교해보면, 아마도 '영안실보다는 병원'으로 가게 될 가능성이 많겠지만, 다른 여러 요인들도 고려해야 할 것이다. 비행기에서 떨어지고도 생존하는 사람이 있는가 하면 침대에서 떨어져 죽는 사람도 있으니 말이다. 물론 이때 나의 건강 상태와 착지의 유연함도 영향을 미칠 것이다.

창문에서 곧바로 뛰어내리지 않고 창틀에 매달린 다음 뛰어내리면 추락으로 인한 위험을 줄일 수 있다. 상체 근력이 좋아 손가락으로 버틸 수 있다면 발끝은 지면과 불과 2.4m 거리에 있게 되므로 시속 24km로 땅에 부딪히게 된다. 그러면 아마도 절룩거리긴 하겠지만 걸을 수 있을 것이다.

빌딩에서 떨어질 때 생존 가능성을 최대로 높이기 위해서는 다음 몇 가지 사항을 고려해 볼 수 있다.

창틀에 매달리거나, 창에 댄 차일 또는 발코니에 떨어지거나, 침대 시트로 로프를 만들어서 착지 지점까지의 거리를 최소화할 수 있으면 생존 가능성이 높아진다.

임시변통으로 낙하산과 비슷한 것을 만들어서(실제 낙하산이면 더 좋겠지만) 공기 저항을 높일 수 있으면 땅에 닿을 때 충격을 완화시킬 수 있다.

부드러운 착지 지점을 찾거나, 사람들을 동원해 나를 붙잡도록 하거나, 착지 시 무릎을 굽히거나, 그 외 다른 모든 방법을 이용해 바닥에 철퍼덕 떨어지지만 않는다면 부상이 심하지는 않을 것이다.

부상의 위험을 줄이는 방법

- 4.6 m (15 ft)
- 34 kph (21 mph)
- 2.4 m (8 ft)
- 24 kph (15 mph)

1. 창틀에서 최대한 몸을 아래로 내린다.
2. 공기 저항을 최대로 늘린다.
3. 침대 시트나 커튼을 이용해 로프를 만든다.
4. 가게 차양과 같이 부드러운 곳을 착지 지점으로 고른다.

선거

시작하기 전에 짧게 말할 것이 있다. 나는 불가피한 상황이 아니라면 항상 투표를 한다. 내가 지지하는 후보자가 당선될 확률이 극히 희박할지라도 말이다(대개 그렇다).

● ●

어떤 경우에 투표에 참여하는 것이 의미가 있는가?

똑똑하지만 철저하게 이기적이기도 한 수학자라면, 투표할 만한 가치가 있다고 여길 때만 투표를 할 것이다. 투표의 기대가치는 다음과 같이 계산할 수 있다:

(지지하는 후보의 당선에 따른 기대 이익)

× (한 장의 추가 표로 결과가 바뀔 확률)

후보자의 당선으로 유권자가 $1,000의 이익을 얻게 되고, 한 장의 추가 표로 선거에서 승리할 확률이 1/1,000이면, 이 수학자의 투표의 가치는 $1가 된다. 따라서 투표소로 이동하는 데 드는 비용(시간 및 교통비)이 $1보다 크면, 아마도 집에 있거나 다른 일을 할 것이다.

실제로 선거 규모가 작을수록 당신의 한 표가 균형을 깨는 역할을 할 가능성이 높아진다. 지난 지방 의회 선거에서는 전체 700 표 중에서 11 표 차이로 당선자가 결정되었다. 이때 두 후보자가 동일한 표를 얻어 비길 확률은 $[700!/(350!)^2] \times 2^{700}$, 즉 3% 정도이다. 만약 당신이 유권자 수가 800만 내지 900만 명 정도인 플로리다에 거주한다면, 당신의 표가 대통령 경선에서 승리에 영향을 미칠 확률은 0.03% 정도이다. 생각보다 꽤 높지 않은가! (우측의 그래프 참조)

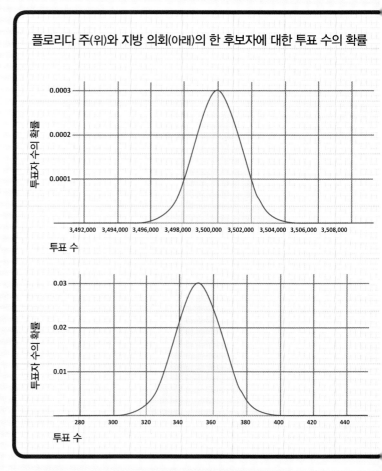

플로리다 주(위)와 지방 의회(아래)의 한 후보자에 대한 투표 수의 확률

선거구의 경계는 왜 이리 이상한 모양일까?

국토나 주를 적절하게 분할해서 공정한 경쟁이 되도록 선거구를 배정하는 일은 정말로 어려운 작업이다(적어도 승자 독식의 체계에서는). 만약 선거구 경계위원회가 특정 정당을 지지하는 상황이라면, 편파적인 선거구를 만드는 것은 그리 어렵지 않다. 특정인에게 유리하도록 경계를 설정하는 것을 게리맨더링gerrymandering이라 부른다. 이는 1810년대 매사추세츠 주 주지사였던 엘브리지 게리Elbridge Gerry의 이름에서 비롯되었는데, 그는 민주공화당에 유리하도록 선거구를 이

상한 모양으로 분할하는 법안을 통과시켰다. 이 선거구 모양은 샐러맨더salamander(도롱뇽)와 비슷했기 때문에 한 기자가 주지사의 이름과 합성하여 "게리맨더Gerrymander"라 불렀고, 결국 그 이름으로 굳어지게 되었다.

예를 들어 어떤 주에 100명의 유권자가 있는데, 이들은 두 정당을 균등하게 지지하고 있으며, 이 곳에는 10개의 하원의원 선거구가 할당되어 있다고 가정해보자. 만약 선거구 경계위원회가 편파적이라면 그들이 지지하는 정당이 8곳에서 6-4로 승리하고, 2곳에서는 9-1

이항분포는 선거 과정을 대략적으로 나타낸다.

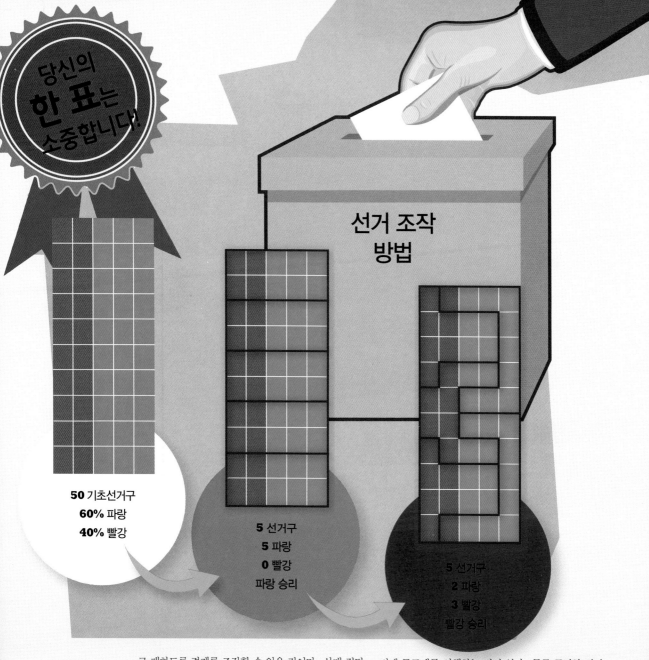

선거 조작
방법

50 기초선거구
60% 파랑
40% 빨강

5 선거구
5 파랑
0 빨강
파랑 승리

5 선거구
2 파랑
3 빨강
빨강 승리

로 패하도록 경계를 조작할 수 있을 것이다. 상대 정당
의 지지표를 몰아버리고, 우리편 정당의 지지표는 근
소한 차이로 승리하도록 조정함으로써 심하게 편향된
결과를 초래할 수 있는 것이다. 즉, 여기에서는 5-5
로 나와야 합리적인 상황에서 8-2의 결과가 나왔다.

게리맨더링을 방지할 수 있는 가장 합리적인 방법으
로는 정당이 선거구 경계를 조절하지 못하도록 하거나
소선거구제(최다 득표자가 당선)에 비해 왜곡이 덜한

비례 투표제를 시행하는 것이 있다. 물론 공정한 선거
구를 결정하는 수학적인 방식에 모두가 동의한다면 이
야말로 모든 문제를 종식시킬 수 있는 최선의 방법이
될 것이다.

그러나 이러한 제안들은 모든 정당이 일정 부분 양
보한다는 전제를 필요로 하기 때문에 현실성이 떨어진
다. 정치인들에게 양보를 기대할 수는 없기 때문이다.

동조

버스는 왜 세 대씩 몰려다닐까? 정당들의 정책은 왜 다들 비슷할까? 미국에는 밀러보다 스미스가 많은 데 반해 독일에 뮐러가 슈미트보다 많은 이유는 무엇일까? 스타벅스는 왜 골목마다 있을까? 무엇보다도 힙스터들이 외모를 다 똑같이 꾸미는 이유는 무엇일까?

● ●

동조와 집단화에 숨겨진 수학

공정한 세상에서는 사전 속 영어 단어들도 고르게 분포되어 있을 것이다. 즉, 26개의 알파벳 각각이 전체 단어에서 쓰이는 비율은 각각 4%에 약간 못 미쳐야 한다. 하지만 실제로는 그렇지 않다. 5개의 알파벳(T, A, S, H, W)으로 시작하는 단어가 전체의 절반을 넘으며, T로 시작하는 단어만 해도 무려 16.6%에 달한다. 반면 14개의 알파벳(X, Z, Q, K, J, V, U, Y, R, G, E, N, P, D)으로 시작하는 단어는 고작 18.3%에 불과하다. 이처럼 고르지 못한 분포를 보이는 이유는 무엇일까? 이에 대해서는 여러 가지 해석이 있지만, 대부분의 경우 수학보다는 언어학과 관련된다. 예를 들어, 영어를 사용하는 사람들이 발음하기 쉬운 알파벳일수록 단어의 맨 앞에 올 가능성이 높고, 다른 알파벳과의 조합이 다양한 경우 역시 단어의 맨 앞에 등장하는 경우가 많다. 예를 들어 S 다음에는 C, E, H, I, K, L, M, N, O, P, Q, T, U, W, Y가 이어질 수 있다.

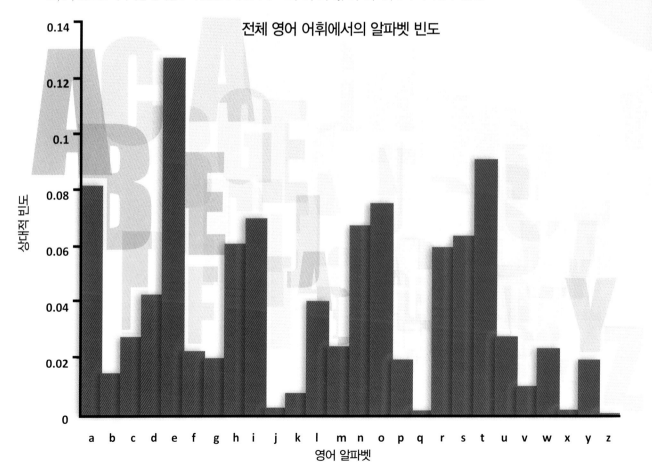

전체 영어 어휘에서의 알파벳 빈도

영어 알파벳

정치에 숨겨진 수학

"전 투표 안 해요. 다들 똑같거든요." 옆집 사람의 말이다. 나는 한숨을 내쉬긴 하지만(사실 더 형편없는 쪽이 있긴 하니까), 그의 말에도 어느 정도 일리가 있다.

정치의 기본 모델부터 시작해보자. 모든 사람들은 좌파에서 우파(또는 진보에서 보수)를 잇는 스펙트럼상에 위치한다. 각 후보들 또한 이러한 스펙트럼 위의 어딘가에 놓이는 정책을 가지고 있고, 유권자들은 자신의 위치와 가장 가까운 정당을 뽑는다. 이는 위의 도표처럼 표현할 수 있을 것이다.

효율적인 시스템에서는 정당들이 정치 스펙트럼 내에 고르게 분포할 것 같지만 실상은 그렇지 않다. 만약 당신이 보라당 대표라고 가정해보자. 당의 정책을 약간 우측으로 옮기면 좀 더 많은 유권자들이 보라당을 자신의 입장에 가까운 당으로 여길 것이다. 오렌지당의 경우도 마찬가지다. 정책을 좌측으로 옮기면 표를 좀 더 확보할 수 있을 것이다. 이러한 과정은 (이론상으로) 두

당이 거의 유사한 정책을 가질 때까지 계속 반복된다.

이 단순한 모델은 3개 이상의 정당이나 3개 이상의 차원에서도 적용 가능하며 결론은 동일하다. 즉, 중심으로 가까이 갈수록 표를 더 많이 얻는다는 사실이다.

양극단에서 확고한 이념을 지닌 당이 확보한 표의 경우는 예외가 될 수 있다. 이들 정당은 인기보다는 이념에 충실하려는 경향이 있다. 이러한 경우에는 중심에 모여 있던 정당들이 극단적인 유권자들의 표를 더 확보하기 위해 양쪽으로 벌어질 수도 있다. 하지만 유권자들은 대개 중도적 성향을 보이는 경우가 많기 때문에 이로 인한 효과는 그리 크지 않다. 양극단에 위치한 소수의 표를 얻기 위해서는 중심에 모여 있는 보다 많은 표를 포기해야 하는 경우가 대부분이다.

각 후보들은 자신의 위치를 상대에 가깝게 이동함으로써 보다 많은 유권자에게 어필할 수 있다.
이는 결국 후보자들의 정책이 거의 비슷하게 되는 결과를 낳는다.

스타벅스가 골목 구석구석마다 있는 이유는 무엇일까?

주유소나 카페가 모여 있는 이유 또한 같은 논리로 설명할 수 있다. 고객들이 가장 가까운 가게를 찾아 가려는 경향이 있다고 할 때, 카페를 시작하기에 가장 좋은 곳은 이미 장사를 하고 있는 카페의 바로 옆이다. 그 카페의 고객 중 절반을 확보할 수 있기 때문이다. 물론 여기에는 다른 요소들이 작용하기도 한다. 만약 접근성을 내세우면서 고객들이 자신들의 카페를 방문하도록 유도하는 곳이라면 다른 가게들과 약간의 거리를 두고 위치할 것이다.

하지만 대형 프랜차이즈 카페들이 모이는 데에는 다른 이유, 즉 좀 더 비열한 전략이 숨어 있다. 만약 당신이 수백만 달러의 가치가 있는 초대형 프랜차이즈의 대표라면, 잠깐 동안 의도적으로 카페 운영 방식을 바꿀 수 있다. 이미 운영 중인 카페가 있는 지역에 새로 2개의 카페를 낸다고 해보자. 초반에는 새로 오픈한 두 개의 카페 모두 수익을 올리지 못할 것이다. 이때 고객의 충성도와 마진율에 따라 차이가 있겠지만 이전부터 운영 중이었던 카페는 분명 타격을 받을 것이고, 심할 경우 폐업을 할 수도 있다. 이후 당신은 필요할 경우, 적절한 시점에 두 카페 중 한 곳을 닫고 그 구역에서 유일하게 카페를 운영한다.

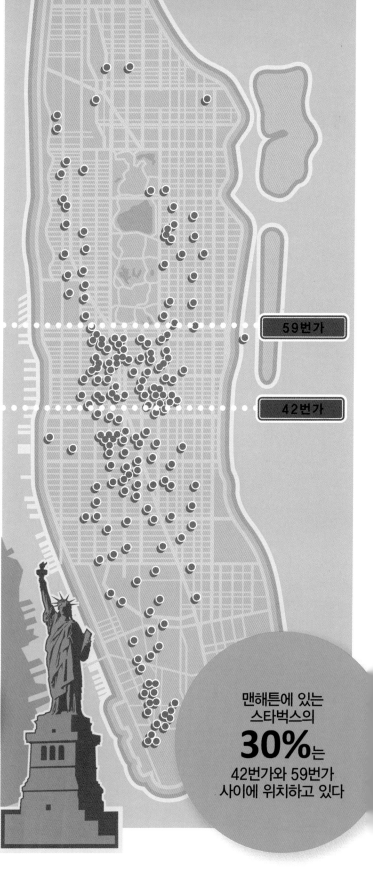

59번가

42번가

284
서울의
점포 수

277
뉴욕의
점포 수

202
런던의
점포 수

맨해튼에 있는
스타벅스의
30%는
42번가와 59번가
사이에 위치하고 있다

밀러와 스미스에 숨겨진 수학

모두 다른 성(姓)를 지닌 128 가정이 있다고 해보자. 각 가정은 2명의 자식을 낳고, 이들은 모두 다른 가정의 자식과 결혼해 새로운 가정을 이룬다. 이 결혼을 통해 아들은 성을 유지하고, 딸은 자신의 성을 포기한다. 양성 쓰기를 하지 않는다고 할 때, 세대가 바뀌면서 이 마을의 성 분포는 어떻게 변할까?

첫 번째 세대에서 성의 1/4은 사라질 것이다. 절반은 한 가정에서만 존재하며, 1/4은 두 가정에서 존재할 것이다. 이제 모두 96개의 성만 남게 된다(표 1).

두 번째 세대에서는 한 가정에서만 존재하는 성은 앞세대에서와 동일한 양상을 보인다. 즉, 1/4은 사라지고, 절반은 한 가정에서만 존재하며, 1/4은 두 가정에서 존재한다. 두 가정에서 존재하는 성은 좀 더 다양한 양상을 보인다. 1/16은 사라지고, 4/16은 한 가정, 6/16은 두 가정, 4/16은 세 가정, 1/16은 네 가정에 존재한다. 이제 모두 78개의 성만 남게 된다(표 2).

두 세대가 지나고 나면 1/4의 가정에, 원래 100개가 넘던 성 중에서 10개만 남게 된다. 많은 가정이 공유하는 성일수록 1) 다음 세대까지 살아남을 가능성이 높아지고, 2) 더욱 늘어날 가능성도 높아진다. 한 가정에만 존재하는 성은 늘어날 가능성이 25%, 유지될 가능성이 50%이지만, 열 가정에 존재하는 성은 늘어날 가능성이 41%, 유지될 가능성이 18%이며, 다음 세대에 사라질 가능성은 100만 분의 1에 불과하다.

이러한 점을 고려해 볼 때 초창기 성의 분포가 어떠했든 간에 일부는 늘어날 수 밖에 없고, 이는 대개 시작할 때 많았던 성이 된다. 중세의 모든 마을에 대장간이 있었지만 방앗간은 드물었다면 밀러(제분업자의 의미)보다는 스미스(대장장이의 의미)가 많아질 것이다. 직업을 고려하지 않고 사람에 따라(예를 들어 윌리엄스나 존슨) 성을 짓는 전통이 있었다면 흔한 이름이 곧 흔한 성이 되었을 것이다. 작명 관습이나 직업의 변화, 그리고 국가 간의 지리적 변화로 인해 성의 분포에도 차이가 생긴다.

표 1: 첫 번째 세대

두 가정에 있는 성	32
한 가정에 있는 성	64
사라진 성	32

표 2: 두 번째 세대

네 가정에 있는 성	2	(총 8 가정)
세 가정에 있는 성	8	(총 24 가정)
두 가정에 있는 성	28	(총 56 가정)
한 가정에 있는 성	40	(총 40 가정)
사라진 성	50	(총 0 가정)

힙스터들은 왜 다들 똑같이 생겼을까?

물론 그들만의 개성을 표출하기 위해서다. 멋지다는 평가를 받기 전부터 계속 그래왔다.

DNA 검사

"일치 확인". 범죄 과학 수사실의 컴퓨터 화면이 번쩍거리자 잘 생긴 두 형사들이 하이파이브를 하며 차분한 어조로 말한다. "이제 잡았어!" DNA 검사 덕분에 또 하나의 사건이 종결된 것이다. 이런 상황이 실제로 가능할까? 이들은 용의자가 범인이라는 사실을 어떻게 확신할 수 있을까? 하지만 현실은 이렇게 간단하지 않다.

인간 게놈

인체의 모든 세포는 DNA를 포함한다. DNA는 디옥시리보핵산^{deoxyribonucleic acid}의 약자로 뉴클레오타이드^{nucleotide}라는 작은 분자로 구성되는 매우 복잡한 분자이다. DNA에는 사이토신(C), 구아닌(G), 아데닌(A), 그리고 티민(T)의 4종류의 뉴클레오타이드가 있다.

DNA는 염색체라는 구조로 배열되어 있다. 이론적으로 인체 세포의 샘플을 얻는다면 각 염색체에 포함된 모든 뉴클레오타이드의 전사^{transcription}가 가능하며, 완전한 인간 게놈 지도를 얻을 수 있다.

하지만 굳이 그렇게 할 필요는 없다(인간 게놈 프로젝트를 통해 완전한 지도를 얻는 데까지 무려 20년이 소요되었으며, 모든 사람에게 다 적용하기에는 비용이 너무 많이 든다). 인간 게놈을 모두 나타내려면 65억 개의 문자가 필요하다. 이 책이 고작 30만 개의 문자로 되어 있으니, 유전자 책은 무려 2만 배나 더 길면서 재미도 훨씬 덜하다.

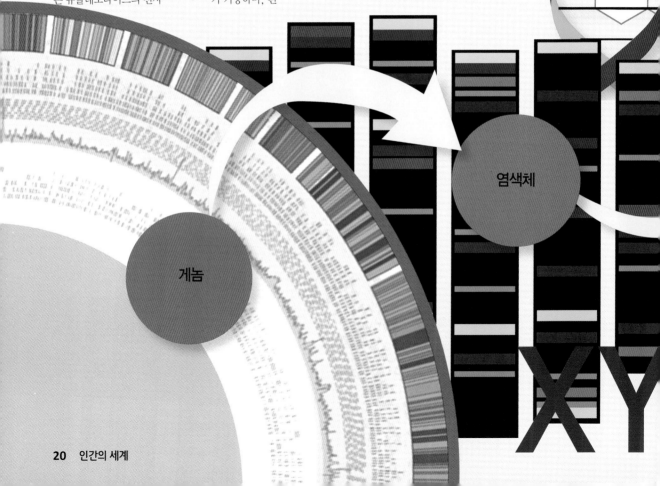

게놈

염색체

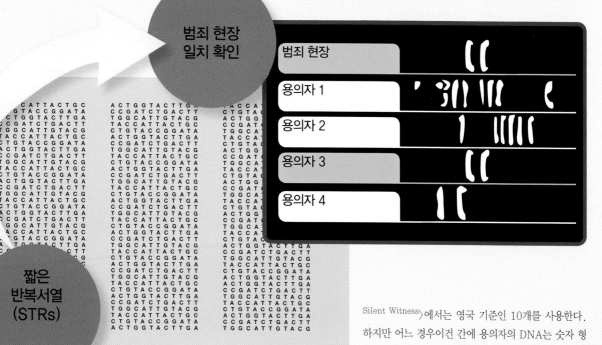

범죄 현장
일치 확인

범죄 현장

용의자 1

용의자 2

용의자 3

용의자 4

짧은
반복서열
(STRs)

Silent Witness〉에서는 영국 기준인 10개를 사용한다. 하지만 어느 경우이건 간에 용의자의 DNA는 숫자 형태의 지문, 즉 각 부위에서의 STR의 개수로 표시된다.

유전자 지문

DNA 검사에서는 수십억 개의 염기를 모두 분석하는 대신, 유용한 성질을 지닌 일부 영역만을 채취해서 확인한다.

이들 부위는 유전 정보를 전혀 담고 있지 않기 때문에 "정크junk" DNA라 불린다.

여기에는 TACATACATACATACA와 같이 짧은 염기서열이 수차례 반복되는데, 이를 짧은 반복서열 short tandem repeats (STR)이라 부른다.

STR의 개수는 사람마다 다르다.

특정 부위에서의 STR의 개수는 다른 부위에서의 STR의 개수와 무관하다. 즉, 이들은 서로 독립적이다.

미국 드라마인 〈CSI 국학수사대〉를 보면 DNA 검사는 FBI CODIS 데이터베이스에 기반하며 13개의 STR 부위를 사용한다. 반면 영국 드라마인 〈무언의 목격자

무작위 일치의 가능성

각 부위에서 특정 개수의 STR을 갖는 사람이 전체 인구의 몇 %인지를 알면(예를 들어 전체 인구의 20%가 특정 부위에서 10개의 STR을 갖는다면), 유전자 지문을 비교할 수 있을 뿐만 아니라 다른 누군가와 지문이 동일할 가능성도 계산할 수 있다.

오직 한 개의 부위에서 용의자와 동일한 개수의 STR을 가질 비율이 전체 인구의 20%라고 하자. 영국의 데이터베이스에 의하면 두 사람의 유전자 지문이 동일할 확률은 1천만 분의 1이고, 미국의 경우에는 10억 분의 1이다.

$$\text{영국}: 0.2 \times 0.2 \times \ldots 0.2 = 0.2^{10} \approx 10^{-7}$$
$$\text{미국}: 0.2^{13} \approx 10^{-9}$$

자, 이제 모니터에 나타난 결과로 범인을 확실히 잡을 수 있을까? 불행하게도 이는 그렇게 단순하지만은 않다. 오류 및 오염의 위험(일란성 쌍둥이 및 그 외 다른 희박한 가능성들은 제외하더라도)이 있기 때문에 용의자를 법정에 세우기 위해서는 다른 증거가 더 필요하다.

부정행위

$$P(d)= \log_{10}(d+1)-\log_{10}(d)=\log_{10}\left(1+\frac{1}{d}\right)$$

평생 동안 양심에 찔리는 행동을 한 번도 하지 않은 사람은 아마도 없을 것이다. 신호를 위반하거나 물건을 구입한 영수증을 업무용으로 처리하는 경우, 혹은 아이가 비행기에 장난감을 놓고 내렸을 때 찾으러 가는 대신 장난감이 모험을 떠났으니 돌아오면 무용담을 들려줄 거라고 둘러대는 경우 등 종류도 매우 다양하다. 누구나 융통성에 대한 자기 나름의 잣대가 있는 것이다.

여기서 말하고자 하는 바는 융통성에 관한 것이 아니다. 타인의 글을 무단 도용하고, 장부를 조작하며, 승리의 영광을 위해 체성분을 조직적으로 바꾸는 그런 파렴치한 사기를 말하는 것이다. 이들 사기꾼들을 잡는데 수학은 어떤 도움이 될까?

표절 여부는 어떻게 알 수 있을까?

과거 학생들은 서로의 과제를 베끼거나 온라인 에세이 대필업체를 이용해 과제를 작성하는 것이 용이했다. 표절을 막을 수 있는 방법이 많지 않았던 어둠의 시대였던 것이다. 과제를 채점해야 하는 불쌍한 대학원생들에게 주어지는 보수로는 인터넷 상의 자료와의 비교는 고사하고 제출된 리포트들을 서로 비교하는 작업조차도 불가능했다.

다행스럽게도 오늘날의 과제는 대부분 파일 형태로 제출되며, 대학원생들의 삶을 개선시켜 줄 유용한 프로그램들도 개발되었다.

가장 흔히 사용되는 프로그램은 지문법^{fingerprint}이다. 모든 문서는 연속되는 단어의 배열을 기반으로 하는 지문을 가지고 있다. 이것을 n-그램이라 하는데, 예를 들어 (one, of, the, most)는 4-그램에 해당한다. 이 경우, 문서 전체에서 4단어로 이루어진 구문을 모두 찾아낸 후 이들을 기준이 되는 지문과 비교하면, 정확하게 일치하거나 유사한 정도가 얼마나 많은지 파악할 수 있다. 제출된 에세이와 다른 어떤 문서에서 일정 비율 이상의 n-그램이 나타난다면 추가적인 조사가 필요하다고 할 수 있다.

표절을 검사하는 또 다른 방법으로 인용 분석^{citation} ^{analysis}이 있다. 이것은 텍스트 내에 표시된 참고문헌의 순서와 위치, 출처 등을 비교하는 방법인데 글자 단

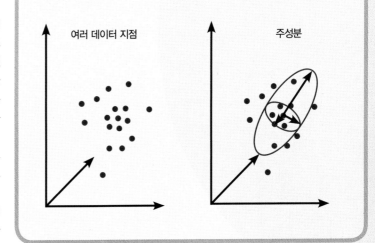

주성분분석은 통계 데이터를 분석하는 수법의 하나로, 데이터 분석에 가장 유용한 벡터를 찾는 데 사용된다. 반복할 때마다 서로 일치하지 않는 데이터들이 가장 많은, 즉 분산이 가장 큰 벡터를 선택하되 이들은 이미 선택된 벡터와 직각을 이루어야 한다.

여러 데이터 지점

주성분

위의 표절보다는 구조적 표절을 확인하는 데 유용하다.

수학적인 관점에서 가장 흥미로운 표절 검사법은 계량문체론^{stylometry}이다. 이 방법은 통계를 사용해 특정 문서의 문체를 다른 문서의 문체와 비교하는 것으로, 학생이 제출한 과제의 문체가 이전 과제의 문체와 현저하게 다르다면 추가적인 조사가 필요함을 의미한다. 예를 들어 작가불변기술$^{writer\ invariant\ technique}$은 작기(저자)가 흔히 사용하는 50개의 단어를 뽑아 이들을 식별자^{identifier}로 정한 후 각각의 단어에 대해 문법상의 특징, 문장 구조, 자주 범하는 오류 등을 분석한

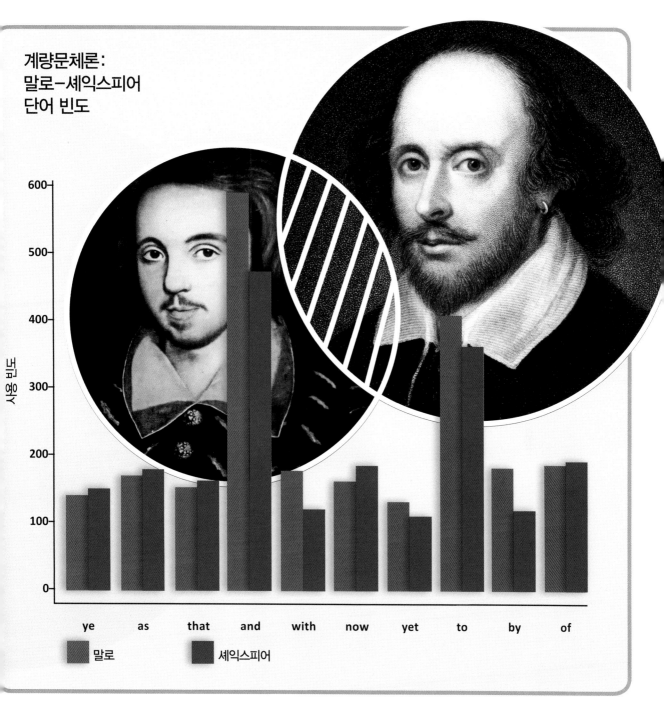

계량문체론:
말로-셰익스피어
단어 빈도

사용 빈도

600
500
400
300
200
100
0

ye   as   that   and   with   now   yet   to   by   of

■ 말로   ■ 셰익스피어

다. 그런 다음 주성분분석principal component analysis 을 통해 식별자와 가장 연관성이 높은 부분을 찾는다. 만약 두 문서에서 이들 부분이 일치한다면 같은 작가일 가능성이 높다. 이 방법을 이용하면 에세이 대필 서

비스를 이용하는 사람을 잡아내는 데에도 효과적이기 때문에, 이들 업체의 번성을 막을 수 있을 것으로 기대된다.

여러 계량문체 분석 결과를 보면 셰익스피어 희곡 중 일부의 경우, 크리스토퍼 말로가 공동 저자일 가능성이 있다.

데이터 조작을 찾아낼 수 있을까?

물론 부정행위에는 표절만 있는 것이 아니다. 숫자를 이용한 사기에는 여러 종류가 있는데 수학을 이용하면 이들을 잡는 데 도움이 된다. 비교적 간단한 방법으로 벤포드의 법칙[Benford's Law]을 활용할 수 있다.

벤포드 법칙의 유일한 조건은 가장 큰 수치가 가장 작은 수치보다 100배 이상 커야 한다는 점이다. 미시간 주에 있는 호수의 면적을 예로 들어보자. 위키피디아에 의하면 이 곳에는 200개가 넘는 호수가 존재하는데 가장 큰 슈피리어호의 면적은 2천만 에이커가 넘는 반면, 리곤호의 면적은 5에이커에 불과하기 때문에 앞의 조건에 부합

된다. 이제 각 호수의 면적을 나타내는 수치의 첫 번째 자리에 주목해보자. 아마도 9개 중 하나는 1로 시작하고, 또 다른 하나는 2로 시작하며, 나머지 숫자 역시 각각 9분의 1 정도의 확률로 나타나리라 예상할 것이다. 하지만 실제 수치는 전혀 그렇지 않다. 전체 호수 개수의 29%는 1로 시작하고, 17%는 2로 시작하며, 9로 시작하는 호수의 면적은 고작 5%에 지나지 않는다.

놀랍게도 이 결과는 벤포드의 법칙과 거의 일치한다. 즉, 자연스럽게 발생하는 수 데이터의 경우, 첫 자리에 1이 나타날 확률은 30%

$$\log\left(\frac{n+1}{n}\right)$$

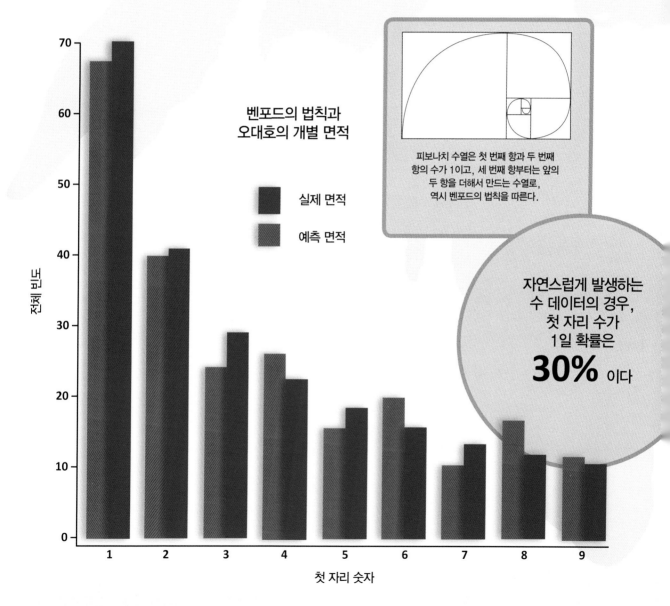

벤포드의 법칙과
오대호의 개별 면적

실제 면적

예측 면적

피보나치 수열은 첫 번째 항과 두 번째 항의 수가 1이고, 세 번째 항부터는 앞의 두 항을 더해서 만드는 수열로, 역시 벤포드의 법칙을 따른다.

자연스럽게 발생하는 수 데이터의 경우, 첫 자리 수가 1일 확률은 **30%** 이다

전체 빈도

첫 자리 숫자

이고, 2가 나타날 확률은 18%, 3이 나타날 확률은 13%이다. 이를 수학적으로 말하면, 어떤 데이터의 수치에서 n이 첫 자리 수가 될 확률은 log ((n+1)/n)이다. 벤포드의 법칙이 성립하는 이유를 간단히 설명할 수는 없지만, 다소 복잡한 방식으로는 설명이 가능하다.

이 법칙은 사기를 잡아내는 데에도 사용된다. 만일 부정한 방식으로 수치를 조작하게 되면 1부터 9까지의 수를 무작위로 균등하게 배포시킬 가능성이 높기 때문이다. 예를 들어 유로존 가입을 위해 그리스 정부가 EU에 제출했던 거시경제 데이터의 분석 결과 전형적인 수치 조작 형태가 드러났다. 하지만 이것이 발견된 것은 이미 그리스사

태가 벌어진 지 한참 지나고 나서였다.

2009년 이란의 대통령 선거도 벤포드의 법칙에서 벗어난 결과를 보였다. 각 선거구의 득표수를 취합한 결과, 4위였던 메흐디 카로비의 득표수 중 7로 시작하는 경우가 공정한 선거에서 예측되는 경우에 비해 지나치게 많았다(이 외에도 선거 조작을 의심할 수 있는 몇 가지 정황이 포착되었다. 우선 100%가 넘는 유권자가 투표한 도시가 몇 군데 있었다. 또한 집권 중인 마무드 아마디네자드의 표와 무효표 사이에 강력한 음의 상관관계가 나타났는데, 이는 광범위한 부정 투표를 시사한다).

부정행위: 2016년 리우올림픽에서 도핑으로 출전 자격이 박탈된 선수들의 국가별 현황
(붉은색으로 표기)

위험을 무릅쓰고 부정행위를 할 가치가 있는 때는?

잘못된 행동이나 규칙 위반에 대한 기준은 개인마다 다르다. 완벽하게 이성적인 사람이라면 모든 의사 결정의 순간에 위험과 보상의 정도를 비교할 것이다. 이러한 행동을 통해 무엇을 얻을 수 있는지? 잡힐 경우 얼마의 손해를 감수해야 하는지? 잡힐 확률은 어느 정도인지? 이들은 만약 (보상) 〉 (위험) × (확률)인 상황이라면 규칙을 무시하겠지만 그렇지 않다면 준수할 것이다.

하지만 우리는 완벽하게 합리적이지 않으며, 대부분의 경우 잡히지 않는다는 사실을 안다 하더라도 실제로 범죄를 저지르는 사람은 거의 없다. 이는 수학적으로 설명할 수 있는 부분은 아닌데, 만약 잡히지 않는다 하더라도 규칙 위반에 따르는 대가가 있기 때문일 수도 있다. 결국 사회 규범은 사회적 기능이 유지되는 데 있어 도움이 된다.

전쟁

20세기 후반, 전쟁의 위협은 많았지만 실제로 발생한 전쟁은 그다지 많지 않았다. 미국과 소련은 막강한 파괴력을 지닌 핵무기를 다량 비축했고, 상대의 핵무기 사용을 감시하는 데 막대한 비용을 투자했다. 또한 양국 모두 최적의 전략을 채택하기 위해 수학자들을 고용했다.

핵 대치 상황은 '게임 이론 game theory'의 한 분야인 '죄수의 딜레마 Prisoner's Dilemma'에서 나오는 문제와 유사하다.

두 명의 공범자가 중범죄로 구속되었지만 증거가 부족한 상황이다. 만약 두 사람 모두 입을 다문다면, 경찰은 경범죄로 각각 징역 1년 만을 구형할 수 있다. 하지만 한 사람이 상대방을 고발하면 본인은 풀려나지만 상대는 20년 형에 처해진다. 만약 두 사람이 서로를 고발하면 각각 15년 형을 받는다.

각 죄수가 처한 상황은 **표 1**처럼 나타낼 수 있다.

두 사람 모두를 고려하면 가장 현명한 선택은 입을 다무는 것이지만(그럴 경우 합쳐서 2년 형에 처하게 된다), 그럴 가능성은 매우 낮다.

첫 번째 공범자는 다음과 같이 생각할 것이다. '저자가 나를 고발한다면 나도 그를 고발하는 편이 형량을 줄일 수 있군. 그가 가만히 있는 경우에도 내가 그를 고발하게 되면 역시 내 형량은 줄어들 거야. 그렇다면 그가 어떻게 하건 나는 무조건 고발해야겠군.' 다른 공범자의 생각도 동일할 것이다. 결국 두 명은 서로를 고발하게 되고, 합쳐서 30년 형이라는 최악의 선택을 하게 된다.

죄수의 딜레마는 일회성 결정의 문제이다. 하지만 핵 전쟁 문제는 반복해서 일어날 수 있는 결정이기 때문에 다른 논리가 적용된다. 즉, 반복적 죄수의 딜레마 문제에서는 통계적으로 최상의 해답이 존재하지 않는다. 모의실험을 통해 도출된 가장 바람직한 해결책은 '눈에는 눈, 이에는 이' 작전, 즉 복복이다. 일단은 '친절한' 선택을 유지하지만 상대가 '고약한' 선택을 하게 되면 바로 복복하는 것이다.

양국의 수학자들은 이런 상황을 깨달았다. 선제 공격은 즉각적인 복복을 유발하게 된다는 사실을 알기 때문에 서로 공격을 자제하고 있는 것이다. 상호확증파괴 Mutually Assured Destruction(영어 단어의 앞 글자 조합인 MAD가 우연은 아니다)정책이 핵 전쟁을 막고 있다.

러시아:
7,000개의 핵무기

미국:
6,000개의 핵무기

중국:
250개의 핵무기

표 1: 죄수의 딜레마와 핵 전쟁.
직관적으로 보면 '고약한' 선택이 최상의 선택으로 보인다.

	상대가 나를 고발함	상대가 입을 다뭄
내가 그를 고발함	−15	0
내가 입을 다뭄	−20	−1

더 나은 선택

	상대가 우리를 공격함	상대가 우리를 공격하지 않음
우리가 그들을 공격함	−15	0
우리가 공격하지 않음	−20	−1

더 나은 선택

전 세계 핵무기 보유 현황	
북한	〈10
이스라엘	80
인도	80 – 100
파키스탄	90 – 110
영국	225
중국	250
프랑스	300
미국	6,000
러시아	7,000

누가 전투에서 이길까?

만약 당신에게 결정권이 있다면 아마도 승리가 보장되는 전투에만 참여하고 싶을 것이다. 전투 결과를 예측하는 공식은 제1차 세계대전 당시 프레데릭 란체스터Frederick Lanchester에 의해 최초로 고안되었다.

백병전에서는 군대의 규모가 큰 쪽이 거의 이긴다. 란체스터의 선형 법칙Lanchester's Linear Law에 의하면, 큰 군대에는 B명, 작은 군대는 S명의 병사가 있다고 할 때 큰 군대가 상대를 모두 죽이고 나면 큰 군대에는 B−S명의 병사가 살아남게 된다. 병력이 2배인 군대는 2배 더 강력하다고 할 수 있다.

하지만 현대전은 백병전이 아니다. 서로에게 무차별적인 공격을 가하기 때문에 군대가 클수록 훨씬 더 우세하다. 큰 군대의 병력이 작은 군대의 2배라고 해보자. 이들은 공격에서의 우위(많은 화기로 적은 수의 적을 공격)뿐만 아니라 수비에서의 우위(적은 수의 화기가 많은 병사들에게 분산)도 지닌다. 결국 군대의 병력이 2배일 때, 전쟁이 종료되는 시점에 살아남는 병사의 수는 $\sqrt{B^2-S^2}$가 된다. 이것이 란체스터의 제곱 법칙Lanchester's Square Law이다.

란체스터의 법칙

$$\frac{\partial B}{\partial t} = -\beta S \qquad B(0) = B_0$$

$$\frac{\partial S}{\partial t} = -\sigma B \qquad S(0) = S_0$$

이때 β 는 큰 군대의 효율성, σ는 작은 군대의 효율성을 나타내며, B_0 과 S_0 는 각 군대의 초기 규모이다. ∂ 기호는 편미분, 즉 다른 변수에 대한 한 변수의 변화율을 가리키는 것으로, $\partial B/\partial t$ 는 시간 변화에 따른 큰 군대 규모의 변화를 나타낸다.

---

1 백병전에서는 큰 군대가 병력의 크기만큼 유리하다

2 현대전에서는 병력이 2배인 경우 군사력은 4배가 된다

경제 붕괴

2008년 9월이 절반 정도 지났을 즈음, 상당 기간 균열 조짐을 보이던 은행권은 결국 붕괴되었다. 이후 2주에 걸쳐 전혀 예상치 못했던 일들이 일어났다.

$$\frac{1}{\sqrt{2\sigma^2\pi}} e^{-\frac{x-\mu}{2\sigma^2}}$$

대형 금융사들 중 리먼 브라더스는 파산 신청을 했고, HBOS는 로이즈 TSB그룹과 강제 합병을 당했으며, 골드만삭스와 JP모건 체이스는 투자 은행의 신분을 버렸다. 추가로 두 개의 은행, 즉 와코비아와 워싱턴 뮤추얼 역시 무너졌다. 이후 몇 주 동안에는 아이슬란드의 3대 은행이 파산하면서 아이슬란드의 은행 업무가 마비되었고, 벨기에-네덜란드-룩셈브루크의 거대 은행이자 금융 회사인 포티스는 부분적으로 국유화되었다. 뮌헨에 본사를 둔 지주회사인 하이포리얼에스테이트는 독일중앙은행의 도움을 받아야 했으며, 몇몇 스위스 은행조차 구제금융 지원을 받았다.

그 해 10월, 미국인 25만 명 가량이 직장을 잃었고, 2008년 한해 다우존스는 3분의 1 이상 폭락했다. 아르헨티나, 불가리아, 에스토니아, 헝가리, 라트비아, 리투아니아, 파키스탄, 루마니아, 러시아, 세르비아, 남아프리카공화국, 터키, 우크라이나는 모두 금융 융자가 막혀 경제 위기에 빠졌다. 연말에 이르러서는 거의 전 세계가 경기 침체에 돌입한 상황이었다.

금융 시장 붕괴의 원인은 복잡하지만, 여기서는 몇 가지에 관해서만 간략하게 알아보자.

주식 시장의 등락 원리

1900년대 초, 프랑스의 수학자 루이 바슐리에는 '브라운 운동Brownian motion'이라 불리는 기체 입자의 물리적 움직임에 기반해 주가 등락을 분석한 비교적 간단한 모델을 제시했다. 바슐리에는 주가 변동이 무작위로 일어나며, 그 변동폭은 '정규 분포'를 따른다고 생각했다.

정규 분포는 데이터를 나타낼 때 종 모양의 곡선 형태를 지니는 것으로, 이 곡선은 페이지 상단에 있는 방정함수식으로 나타낼 수 있다. 여기서 μ는 평균, 즉 곡선에서 가장 높은 곳에 해당하는 값을 의미하며, σ는 표준편차로 곡선의 폭이 얼마나 넓은지를 나타낸다. 이를 경제 용어로 기술하면 평균은 기대수익률, 표준편차는 변동성이 된다. 변동성이 낮은 것은 부드럽고 예측 가능한 곡선을 뜻하며, 변동성이 높은 것은 등락이 심하다는 의미이다.

어떤 주식의 연 수익률이 2%이고 변동성은 1%라면, 원칙적으로 총 투자기간의 대략 1/3 기간 중에는 수익률이 1-2%이고, 1/3 동안에는 2-3%이며, 나머지 1/3 기간 중에는 보다 큰 폭의 등락이 기대된다. 총 투자 기간이 20년이라면, 이 중 19년 정도는 연 수익률이 0%와 4% 사이일 것이다.

바슐리에는 이 모델을 사용해 파생금융상품financial derivatives의 가격을 평가했는데, 이것 역시 금융 붕괴의 핵심요인 중 하나였다.

서브프라임
모기지 위기

글로벌
신용 경색

글로벌 유동성
위기

파생상품

주식시장에서 전통적인 투자방식은 회사의 주식을 직접 사고 파는 것이다. 하지만 이 외에도 다양한 투자 방법들이 존재한다.

파생상품은 투자자가 (자산이 아닌) 권리를 사거나 파는 것을 가능하게 한다. 예를 들어 풋옵션^{put option}의 경우, 매입자에게 미래의 특정 시기(만기 또는 기간)에 특정 기초 자산(주식 또는 기타 자산)을 정해진 가격(행사가격)으로 팔 수 있는 권리를 부여하는데, 이때 옵션 행사 여부는 강제 의무가 아니다. 즉, 매입자는 약정된 특정 시기의 주식 가격이 정해진 가격보다 높을 경우에 옵션을 행사해서 가격차이만큼 수익을 얻는다.

$$V(P,S,x) = \begin{cases} -x, & P < S \\ P-x & P \geq S \end{cases}$$

V는 풋옵션에서의 수익률, P는 약정 시점에서의 기초 자산의 가격, S는 정해진 가격, 그리고 x는 옵션의 가격(프리미엄)이다.

옵션은 여러 측면에서 매우 강력한 도구이다. 이는 자산 가치가 폭락할 경우를 대비해 보험의 역할을 하기도 하지만, 투자자가 주가 변동에 따라 누릴 수 있는 이익과 손해의 폭을 더욱 크게 만들기도 한다. 특히 타인의 자본을 활용하는 '레버리징^{leveraging}'과 함께 사용하면 수익 또는 손실의 정도는 수 배 이상 더욱 커진다.

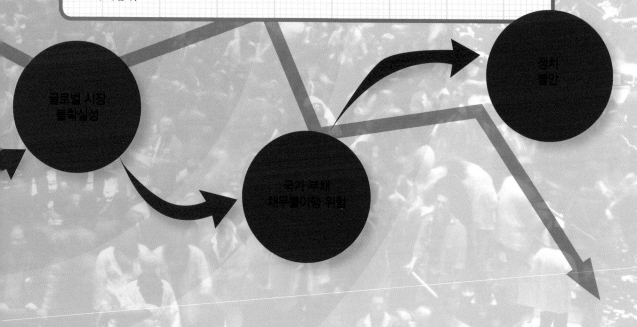

글로벌 시장
불확실성

국가 부채
채무불이행 위험

정치
불안

블랙-숄즈 방정식 The Black-Scholes Equation

1973년, 피셔 블랙과 마이런 숄즈는 바슐리에의 모델에 기반하여 만기 전에 파생상품의 가격을 합리적으로 산출하는 공식을 고안했다.

$$\frac{1}{2}\,\sigma^2 S^2 + \frac{\partial^2 V}{\partial S^2} + rS\,\frac{\partial V}{\partial S} + \frac{\partial V}{\partial t} - rV = 0$$

V 는 정해지지 않은 파생상품의 가치, S 는 기초 자산의 현재 가격, σ 는 변동성, r 은 무위험 금리, t 는 시간이다(각각의 ∂ 는 어떤 변수의 다른 변수에 대한 변화율을 의미하므로 $\partial V/\partial t$ 는 시간에 따른 가치 변화 정도를 나타낸다).

이 식은 상당히 복잡한 이차 편미분 방정식으로 이를 풀기 위해서는 몇 가지 수학적 해법을 필요로 한다. 이는 기초자산이 바슐리에의 모델을 따르고(기대 수익률와 변동성이 일정한 경우) 다른 몇 가지 조건이 충족되는 경우에는 완벽한 공식이 되고, 일부 조건만 충족되는 경우에도 상당히 잘 들어 맞는다.

문제는 조건이 충족되지 않는 경우에 발생하는데, 특히 자산이 정규 분포를 따르지 않는다면 완전히 틀어진 결과가 나올 수 있다.

독립성

당신이 만약 모기지(주택담보대출)를 신청하거나 대출을 받게 되면, 대개의 경우 당신의 채권은 다른 사람의 채권과 합쳐져 또 다른 누군가에게 팔린다. 여기서 중요한 원칙은 분산이다. 채무 불이행 위험을 지닌 단일 채권을 가지고 있다면 관련 원리금을 모두 받거나 또는 디폴트(채무 불이행 상태)가 될 수 있다. 유사한 채무 불이행 위험을 지닌 여러 독립적인 채권의 일정 부분만 가지고 있다면, 수익 및 상환의 신뢰구간이 훨씬 좁게 된다. 사실 채권 패키지에 개별 채권들이 많을수록 정규 분포에 가까워지고 투자 변동성은 감소할 것으로 기대되며 블랙-숄즈 방정식에 보다 적합하게 된다.

불행하게도 대출 채무 불이행은 서로 독립적인 사안이 아니다. 특히 서브프라임 모기지 사태에서와 같이

채무자의 신용등급이 낮고 자신의 대출 조건에 대해 완전히 이해하지 못하는 경우가 많을 시 더욱 그렇다. 2000년대 초반 무렵 서브프라임 모기지는 사회 전반에 퍼져 있었고 다른 모기지와 마찬가지로 패키지 되어 판매되었다.

하지만 경기가 나빠지자 대출을 상환하지 못하는 사람의 숫자가 급속도로 늘어났다. 그리고 패키지 모기지에 기반을 둔 파생상품의 가치는 급격하게 떨어져 가치를 파악하기조차 힘든 상태가 되었다. 엄청난 손실이 동반되었고, 심지어 그 규모를 정확히 아는 사람조차 아무도 없었다.

은행의 주가도 폭락했다. 정부가 프레지맥, 패니메오와 같은 주택담보금융업체에 자금을 지원하기도 했지만 모든 은행을 도와 줄 수는 없었다. 차입 비율이 매우 높았던 리먼 브라더스가 쓰러졌고, 다른 금융사들도 도미노처럼 뒤를 이었다.

은행이 지닌 채무의 규모를 파악하지 못하면 신뢰성을 잃어 다른 은행으로부터 융자가 불가하다. 결과적으로 은행간 자금 융통이 중지되고, 은행으로부터의 개인 대출 역시 사실상 중단되면서(이를 신용경색이라고 한다) 경제가 마비 상태에 빠졌다.

로맨스

오늘날 많은 커플들이 온라인 만남을 통해 상대를 만나기도 한다. 담배 연기
가득한 공간에서 수고스럽게 만날 필요가 없는 것이다. 물론 약간 어색한 부분이
없는 것은 아니지만 여기에는 멋진 수학적 원리도 숨겨져 있다.

• •

대표적인 온라인 만남 업체인 오케이큐피드OkCupid의
경우를 예로 들어 사랑의 문제를 수학적으로 접근해 보
도록 하자.

파트너 찾기
오케이큐피드에 가입하면 매우 개인적인 문제("바람 핀
적이 있는가?")에서부터 진부한 문제("차를 마실 때 설
탕을 넣는가?")에 이르기까지 여러 항목의 설문지를 작
성하게 된다. 여기에는 단답형 문제도 있고, 사지선다
형 문제도 있다.

하지만 질문에 답만 하는 것은 아니다. 유사점("좋
아하는 영화는?")이나 차이점("가장 싫어하는 집안일
은?")을 알아볼 수 있는 질문을 통해 원하는 상대를 찾

기도 하고, 상대의 대답이 자신에게 얼마나 중요한지
도 함께 기입한다.

당신이 상대방과 얼마나 잘 어울리는지를 파악하기
위해, 업체는 모든 설문지를 취합해 상대의 답변에 대
한 당신의 예상 만족도를 분석한다. 이는 각 질문에 부
여한 가중 포인트에 의해 좌우된다. 즉, 당신의 잠재적
상대가 "매우 중요한" 질문에 적절하게 대답을 한다면
250포인트를 얻는다. "약간 중요한" 질문에는 10포인
트, "별로 중요하지 않은" 질문에는 1포인트, 그리고
"무관한" 질문의 경우에는 원하는 대답을 하더라도 0포
인트로 처리된다.

《온라인 만남 잡지》에
의하면 미국에만
2,500개가 넘는
온라인 데이트
업체가 있으며 매년
1,000개가
새로 생긴다.

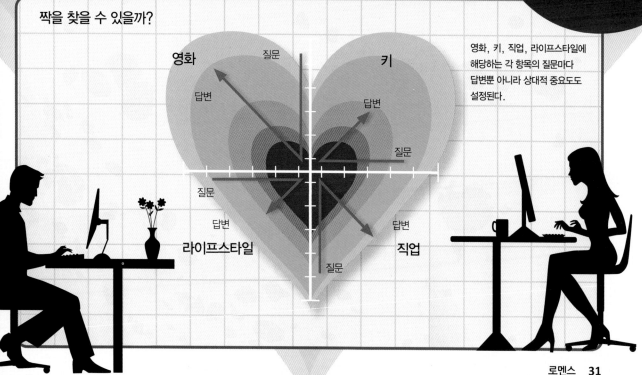

짝을 찾을 수 있을까?

영화, 키, 직업, 라이프스타일에
해당하는 각 항목의 질문마다
답변뿐 아니라 상대적 중요도도
설정된다.

영화 질문 키
답변 답변
질문
질문
답변 답변
라이프스타일 직업
질문

이들의 점수는 총 포인트 대비 취득한 포인트의 퍼센트이다. 예를 들어 "매우 중요한" 질문과 "별로 중요하지 않은" 질문에는 대답을 잘 하고, "약간 중요한" 질문에는 적절한 대답을 하지 못한다면 261포인트 중 251포인트를 얻게 되어 96.2%가 된다.

매치 확률을 구하기 위해서는 상대의 점수와 당신의 점수를 곱한 다음, 제곱근을 구한다(이를 기하평균이라고 한다). 이 숫자는 당신과 잠재적 파트너가 얼마나 잘 맞는지를 알려주는 지표이다.

물론 여기에는 오류의 여지가 있다. 예를 들어 당신과 파트너가 "별로 중요하지 않은" 질문에만 답변을 했다면, 대답이 서로에게 만족스럽다 하더라도 이를 100% 매치라고 할 수는 없다. 그렇기 때문에 컴퓨터는 "합리적 오류 범위", 즉 1/(답변한 질문의 수)를 제외한 후 계산하며, 결국 이를 반영한 오케이큐피드의 결과는 약간 더 보수적으로 나온다.

이는 아마도 가장 단순한 계산 중 하나일 것이다. 그러나 실제로 맞는 경우도 있다!

그만 만나고 정착할 시점은 언제인가?

1949년 수학자 메릴 엠 플러드$^{\text{Meriill M Flood}}$는 파트너를 선택하는, 잘 알려져 있지만 성차별적인 성격이 매우 강한 모델을 제안했다. 몇 명의 후보가 있고 당신은 이들을 한 명씩 평가한다. 평가가 끝날 때 "노"라고 말하면 그 사람과 이루어질 기회를 완전히 포기하는 것이고, "예스"라고 말하면 더 이상의 만남을 중단해 최상의 파트너를 만날 기회를 포기하는 것이다.

이렇게 제한적인 방식의 데이트에서 최적의 전략은 무엇일까? 놀랍게도 후보자의 순서나 점수 체계는 전혀 중요하지 않다. 이상형에게 "예스"라고 말할 가능성을 최대화시키기 위한 전략은 동일하다. 즉, 앞에서부터 약 37%에 해당하는 상대에게 점수를 부여한 다음, 이후의 후보 중에서 현재까지의 최고 점수를 넘는 사람을 고르면 된다.

가수 잭슨 브라운이 본인의 곡인 〈Take It Easy〉에 나오는 7명의 여성 중 파트너를 선택한다면, 처음 3명(3/7은 43%)의 점수 중 최고점을 확인한 다음, 이 점수를 넘는 여성을 선택하면 된다(있다면). 시뮬레이션 결과 잭슨이 올바른 선택을 할 확률은 약 40%였고, 차선을 택할 확률은 16%, 그리고 짝 없이 외롭게 생을 마감할 확률은 42%였다.

온라인 데이트 서비스를 이용하는 사람의 **33%**는 단 한 번도 데이트를 하지 못한다.

온라인 데이트를 하는 사람의 **20%**는 본인의 프로필을 드러내기 위해 친구의 도움을 얻는다.

소울메이트를 만날 가능성이 있을까?

이 세상 어딘가에 당신과 영원히 함께 할 운명의 상대, 즉 소울메이트가 존재한다고 주장하는 사람들이 있다.

그들의 주장이 모두 사실이라고 해 보자. 즉, 모든 사람에게는 마음이 통하고 만남과 동시에 서로에게 끌리게 되는 소울메이트가 존재하며, 우리 모두는 이러한 사람을 찾을 때까지 포기하지 않는다고 가정해보자. 이런 경우 소울메이트를 만날 확률은 얼마나 될까?

18세 생일부터 시작해서 하루도 빠지지 않고 매일 100명씩 만난다면 지구 상에 존재하는 70억 인구를 모두 만날 때까지 얼마나 걸릴까(동성애자가 아닌 이상, 이들 중 절반에게만 관심이 있다고 해도 전혀 무방하다)?

해답은 간단한 나눗셈으로 구할 수 있다. 즉, 70억 명을 하루 100명으로 나누면 7천만 일이므로 이들을 만나는 데에만 거의 20만 년이 소요된다. 만약 소울메이트를 만날 확률을 50-50으로 낮춘다면 이 기간의 70% 정도면 충분하다.

특정일에 모든 사람이 자신의 짝을 만날 가능성이 7천만 분의 1이라면 매일 100쌍의 커플만이 탄생할 것이고, 1년에 고작 4만 커플에 지나지 않는다. 하지만 사망자 수는 매년 5,500만 명에 이른다. 결국 전 세계 인구를 일정하게 유지하기 위해서는 운 좋게 짝을 만난 커플들이 일생 동안 1,400명의 아이를 낳아야 할 것이다.

오케이큐피드 해킹하기

당신이 크리스 맥킨레이처럼 수학적 재능이 뛰어나다면 오케이큐피드를 해킹해 진정한 사랑을 찾을 가능성을 극대화할 수도 있을 것이다.

우선 목표 집단에 속한 사람들에게 중요한 질문을 찾아야 한다. 이는 수학자라면 약간의 프로그래밍만으로도 가능할 것이다. 하지만 로봇처럼 비춰지지 않도록 조심하자(맥킨레이의 여러 시험용 계정들은 재빨리 삭제되었다). 그런 다음, 이들에게 최대한 어필할 수 있도록 답안을 파악하고(맥킨레이는 자신과 관심사가 비슷한 여성 집단을 찾기 위해 텍스트 마이닝을 이용했으며, 20대의 예술가 및 프로 작가가 해당된다는 결과를 얻었다). 당신의 프로필도 최적화해야 한다. 그들의 프로필을 체계적으로 분석해 당신의 존재를 알려야 하는 것이다(지능적인 소개 문구가 도움이 된다).

그런 다음 실제로 상대를 만나며 데이트를 해야 한다. 맥킨레이의 경우, 자신의 짝을 찾기까지 88번의 만남을 거쳤다. 결국 사랑을 이루기 위한 가장 중요한 수학적 기술은 머리가 아니라 끈기일 수도 있다.

온라인으로 만난 커플은 이혼할 가능성이 3배 더 높다.

자연의 세계

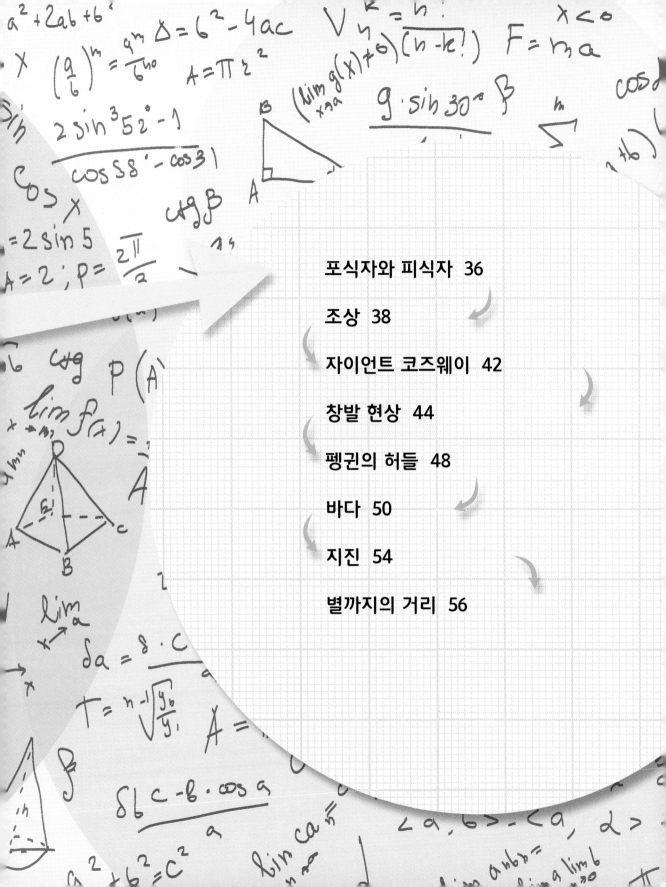

포식자와 피식자

$$pG-q\ln(G)+sL-r\ln(L)=k$$

자연에는 포식자와 피식자의 관계가 수없이 존재한다. 사자와 가젤, 올빼미와 쥐, 고래와 플랑크톤 등이 그 예이다. 여기서는 이들의 개체수가 서로에게 어떤 영향을 미치는지 살펴보도록 하자.

개체간의 상호작용을 조사하기 위해 사용되는 방법 중 하나로 로트카―볼테라$^{\text{Lotka - Volterra}}$ 모델이 있다. 이 모델은 포식자와 피식자에 관한 몇 가지 합리적이면서 단순한 가정을 전제로 한다.

포식자가 피식자를 잡아 먹을 때는 그 개체수가 늘어난다. 이런 일이 일어날 확률은 포식자와 피식자 각 개체수의 곱에 비례한다.

그러나 포식자가 지나치게 많아지면 피식자가 줄어들기 때문에 포식자의 개체수는 다시 감소한다.

피식자의 개체수는 포식자가 그들을 잡아 먹을 때마다 감소한다.

피식자는 번식을 통해, 개체수에 비례하여 늘어난다.

수학적으로, 이 시스템은 2개의 연립미분방정식으로 나타낼 수 있다. 예를 들어, 사자와 가젤 집단의 개체수를 각각 L과 G이라 할 때, 2개의 미분방정식은 다음과 같다.

$$dL/dt=pLG-qL$$
$$dG/dt=rG-sGL$$

p, q, r과 s는 특정 환경에서의 상수이다.
이 방정식은 특별한 경우를 제외하고는 L과 G를 시간에 대한 함수라 가정하고 해석적으로 풀어야 하기 때문에 상당히 까다롭다. 때문에 컴퓨터 시뮬레이션을 통

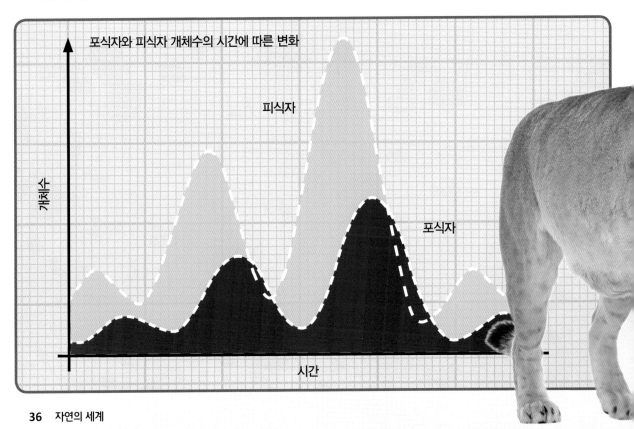

포식자와 피식자 개체수의 시간에 따른 변화

피식자

포식자

개체수

시간

해 근사치는 구할 수 있지만, 미래의 특정 시점에서의 사자와 가젤의 개체수에 대한 정확한 답은 얻을 수 없을 것이다. 포식자와 피식자의 개체수는 주기적으로 늘어났다가 줄어드는 양상을 반복하며, 각각의 고점과 저점은 서로 일치하지 않는다. 가젤의 개체수가 많아지면 사자의 개체수도 증가하지만, 그렇게 되면 다시 가젤의 개체수가 감소한다. 이제 사자의 식량이 상대적으로 감소한 상황이므로 사자의 개체수도 다시 줄어든다. 사자가 적어지면 가젤이 다시 많아지기 시작하며 이러한 상황은 계속 반복된다.

여기서 두 집단의 개체수가 서로에 대해 어떻게 달라지는지는 다음 식을 통해 알아볼 수 있다.

$$pG-q\ln(G)+sL-r\ln(L)=k$$

이때 k는 G와 L의 초기값에 의해 정해지는 상수이다.

이들 방정식은 위상평면 도표$^{phase\ plane\ diagram}$로 나타낼 수 있으며, 이는 다양한 초기값에 대한 변화 양상을 보여준다. 각 개체수는 닫힌 곡선으로 표현되며, 이는 초기값에 상관없이 시간이 지나면 결국 개체수가 원래대로 복원된다는 것을 의미한다.

그러나 이 모형에는 자명한 결함이 있다. 개체수를 연속변수로 간주하는 것은 개체수가 큰 값일 때만 가능한 것으로, 특정 k값에 대해서는 개체수가 매우 작을 수 있다. 예를 들어, 개체수가 100미만인 경우에는 실제로 그 숫자를 회복할 가능성이 매우 낮고, 2 미만인 경우에는 가능성이 거의 0에 가까워진다. 하지만 이 모델에서는 개체수가 매우 작아지더라도 결국은 원래의 숫자를 회복한다고 주장한다. 이렇게

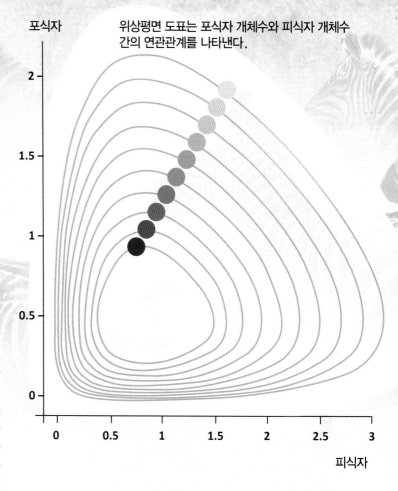

위상평면 도표는 포식자 개체수와 피식자 개체수 간의 연관관계를 나타낸다.

포식자

피식자

모델의 예측과 실제 상황이 다른 것을 아토-폭스 문제$^{atto-fox\ problem}$라고 부른다.

이때 방정식에 작은 무작위 오차$^{random\ error}$를 추가하면 이런 문제를 피할 수 있다. 이렇게 하면 개체수가 큰 경우에는 위에서 논의한 것과 매우 유사한 답을 얻을 수 있고, 만약 개체수가 작아지더라도 다른 곡선에서 해답을 얻을 수 있는데, 이 곡선에서는 적은 개체수가 지속적으로 유지되는 장점이 있다.

포식자와 피식자의 초기 개체수가 다르면 이들은 서로 다른 사이클에 속하게 된다.

조상

$$P_t = 7.5 \times 10^9 e^{-\frac{t}{300}}$$

어떻게 수학자처럼 완벽한 존재가 오직 우연에 의해 진화할 수 있을까?
진화론에 반대하는 창조론자들은 다음과 같이 주장한다. "생명체를 이루는
모든 요소들이 정확한 순서에 따라 짜 맞춰질 확률은 고철처리장에 토네이도가
휘몰아쳐 와 보잉 747 여객기가 조립될 확률과 비슷하다."

● ●

언뜻 보기에 이런 주장은 일리가 있는 것 같다. 생명체는 2,000개가 넘는 효소의 결합으로 이루어지며, 각각의 효소 또한 1,000여 개의 아미노산 결합으로 만들어진다. 프레드 호일Fred Hoyle (고철처리장 토네이도 이론을 주장한 사람)에 의하면 위의 방법으로 생명체가 탄생할 가능성은 $10^{40,000}$분의 1 정도라고 한다. 이는 100년 동안 매주 1등 복권에 당첨될 확률 정도로, 엄청나게 작은 숫자이다.

다행히 진화는 이런 식으로 일어나지 않는다. 호일은 차라리 건초 더미를 휩쓸고 간 토네이도가 허수아비를 만들어 낼 확률을 계산하는 것이 나을 뻔 했다. 그가 연구했던 것은, 모든 성분이 무작위로 결합해 단 한 번만에 생명체를 탄생시킬 확률이었다.

하지만 진화는 점진적이면서 누적되는 방식으로 이루어진다. 생명체는 오랜 세월에 걸쳐 지속적인 교배가 일어나는데, 이때 홀로 떨어져 있는 것보다는 군집을 이루는 것들이 지속되기 쉬우며, 다른 사슬chain의 종을 같은 형태로 유도하는 것들이 우위를 차지한다. 오랜 시간 동안 이런 경향이 반복되면서, 생존에 조금 더 유리한 사소한 성향들이 점차 누적된다. 이러한 교배는 지구 상의 모든 곳에서 동시다발적으로 일어나고 있다. 즉, 엄청난 규모의 진화 "실험"이 동시에 일어나는 것이다.

또한, 호일의 비유를 다시 가져오면, 747만이 유일한 비행기는 아니다. 747 못지않게 훌륭한, 엄청나게 많은 종류의 비행기들도 존재한다.

통계학자인 피셔R. A. Fisher에 의하면, 자연선택이란 매우 희박한 확률을 생성하는 메커니즘이다.

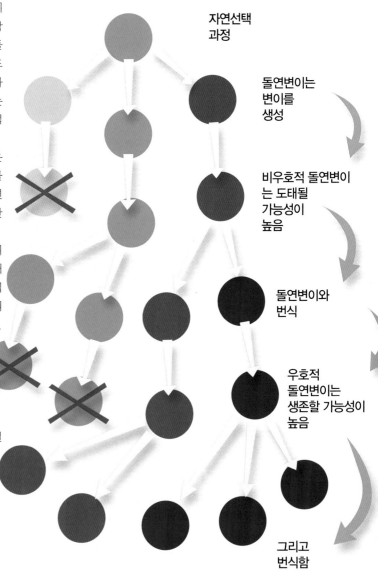

자연선택
과정

돌연변이는
변이를
생성

비우호적 돌연변이
는 도태될
가능성이
높음

돌연변이와
번식

우호적
돌연변이는
생존할 가능성이
높음

그리고
번식함

하디-바인베르크 원리

단순 구성의 집단에서는 하디-바인베르크 원리 Hardy-Weinberg Principle를 이용해 여러 유전자 조합의 확률 모델을 구할 수 있다.

이 원리는 수학자 하디G. H. Hardy(영화 〈무한대를 본 남자The Man Who Knew Infinity〉의 주인공 중 한 명)와 생물학자 빌헬름 바인베르크Wilhelm Weinberg의 이름을 딴 것으로 사실 각자 독립적으로 발견한 원리이다.

같은 위치에 있는 한 쌍의 대립유전자를 A와 a라 하고, 이들이 나타날 확률을 각각 P와 p라 할 때, 유전자형이 AA일 확률은 P^2이고, aa는 p^2이며, Aa는 $2Pp$이다(Aa와 aA는 동일하기 때문에).

이 원리는 낭성섬유증과 같은 유전 질환 보인자의 유병율을 추정하는 데 유용하게 쓰인다. 북유럽 혈통의 경우 낭성섬유증을 지닌 아기가 태어날 확률은 3,000분의 1이다. 이 질환은 열성 유전질환이기 때문에 유전자형의 두 대립유전자가 같아야 하며,

p^2 = 0.0003이므로 p는 약 0.018이 된다. 결국 하디-바인베르크 원리에 의하면 54명 중 1명이 유전 질환을 가지고 태어난다(연구에 의하면 실제 확률은 25분의 1로 약간의 차이가 있다).

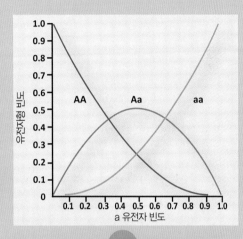

우리는 얼마나 가까운 사이일까?

가계도를 그려보면 생물학적 조상의 숫자에 일정한 패턴이 존재함을 알 수 있을 것이다. 즉, 부모는 2명, 조부모는 4명, 증조부모는 8명 등 세대가 올라갈 때마다 그 수가 2배로 증가하게 된다. 각 세대 간격을 25년으로 가정한다면, y년 전 당신의 현재 나이에 해당하는 조상의 수는 $2^{y/25}$가 된다. 예를 들어, 100년 전에는 당신 나이에 해당하는 고조부모가 16명이었을 것이다.

이 모형에 의하면 750년 전 당신 또래의 조상은 10억 명이 약간 넘는다. 하지만 11세기의 전 세계 인구는 3억 정도에 불과했다. 그렇다면 나머지 7억의 조상들은 다 어디로 간 것일까?

모형과 실제 사이에는 한 가지 중요한 차이점이 있다. 즉, 모형에서는 당신의 조상 모두가 서로 다른 사람이라고 가정했지만 실제로는 그렇지 않다(아인슈타인의 경우만 봐도 사촌과 결혼했기 때문에 그들의 자식들에게는 조부모가 8명이 아니라 6명이었다).

과거로 멀리 돌아갈수록 상황은 걷잡을 수 없이 복잡해진다. 조상의 수가 많을수록 겹칠 가능성도 올라가기 때문이다.

조상의 수를 계산하는 아래의 모형을 이용하면 전 세계 인구는 기하급수적으로 증가한다.

$$P_t = 7.5 \times 10^9 e^{-\frac{t}{300}}$$

이때 t는 과거 "몇" 년 전인지를 의미한다. 만약 t년 전 조상의 수가 그 다음 세대 조상 수의 2배라고 할 때, 조상들 중 2명이 같은 사람일 확률을 보정하여 t년 전 조상의 수를 구하는 공식은 다음과 같다.

$$A_t = 2A_{t\text{-}25}\left(1 - e^{-\frac{P_t}{2A_{t\text{-}25}}}\right)$$

이 공식은 풀이가 간단하지 않다. 하지만 계산해보면 600년 전까지는 전 세계 사람들 중 특정인이 당신의 조상일 확률은 1% 미만이다. 하지만 700년 전에는 이 확률이 35%로 급격하게 올라가고, 800년 전이 되면 80%가 되어 상당히 오랜 기간 유지된다(나머지 20%의 후손은 대가 끊겼다. 1200년대에 살던 사람의 후손이 아직까지 존재한다면, 당신이 그들 중 한 명일 가능성이 매우 높다).

이 모형은 몇 가지 약점을 가지고 있다. 첫째, 파트너 선택이 전 세계 인구를 대상으로 완전히 무작위로 이루어진다는 가정을 한다. 일반적으로 사람들은 근처에서 파트너를 찾고 가족과 가까운 곳에 거주하는 성향이 있지만, 이러한 점이 무시되었다. 둘째, 나이 차이를 고려하지 않는다. 현실에서는 모형에서와 같이 세대간의 나이 차이가 일정할 가능성은 없다!

그럼에도 불구하고 이 모형은 무작위로 선택한 두 사람이 얼마나 가까운 관계인지를 추정할 수 있는 첫 번째 시도라 할 수 있다. 만약 여러분이 전체 인구(P) 중에서 각각 A명의 조상을 가지고 있다면, 공통의 조상은 A²/P명일 것이다. 이를 포아송 분포Poisson distribution의 평균으로 보면, 공통의 조상을 가질 확률이 1%가 넘기 위해서는 300년(12세대) 전으로 돌아가야 하지만, 400년 전으로 돌아가면 90% 정도가 된다. 이 모형대로라면 여러분은 1600년대부터 지구 상의 모든 사람들과 조상을 공유했을 가능성이 높다.

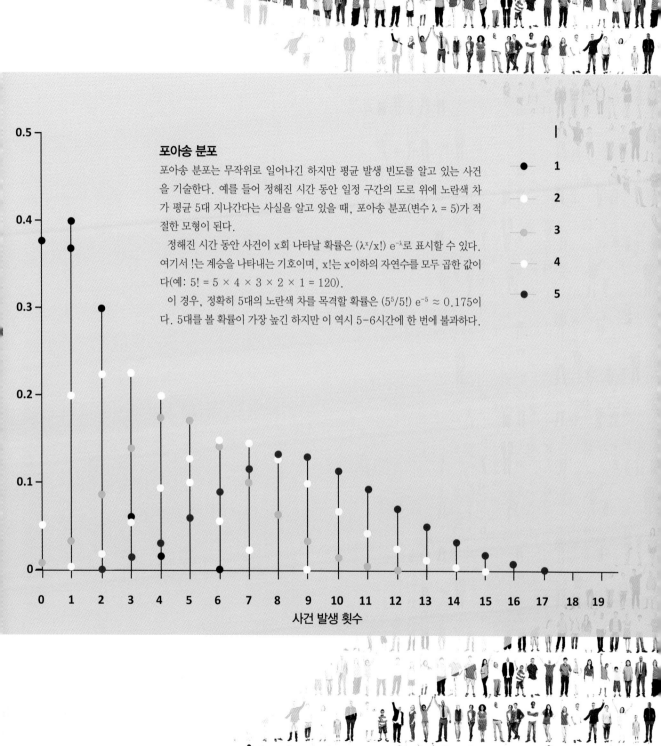

포아송 분포

포아송 분포는 무작위로 일어나긴 하지만 평균 발생 빈도를 알고 있는 사건을 기술한다. 예를 들어 정해진 시간 동안 일정 구간의 도로 위에 노란색 차가 평균 5대 지나간다는 사실을 알고 있을 때, 포아송 분포(변수 $\lambda = 5$)가 적절한 모형이 된다.

정해진 시간 동안 사건이 x회 나타날 확률은 $(\lambda^x/x!)\ e^{-\lambda}$로 표시할 수 있다. 여기서 !는 계승을 나타내는 기호이며, x!는 x이하의 자연수를 모두 곱한 값이다(예: $5! = 5 \times 4 \times 3 \times 2 \times 1 = 120$).

이 경우, 정확히 5대의 노란색 차를 목격할 확률은 $(5^5/5!)\ e^{-5} \approx 0.175$이다. 5대를 볼 확률이 가장 높긴 하지만 이 역시 5-6시간에 한 번에 불과하다.

사건 발생 횟수

자이언트 코즈웨이

전설에 의하면 스코틀랜드의 거인 베난도너Benandonner는 아일랜드 거인
핀 마쿨Finn macCool에게 결투 신청을 했다. 핀은 베난도너와 담판을 짓기 위해
아일랜드 해를 가로지르는 둑길을 만들고 이를 건너왔다. 그러나 안타깝게도,
전설에는 둑길에 대한 지질학적 내용이 자세히 설명되어 있지 않다.

약 5천만 년 전, 지금의 북아일랜드의 앤드림 카운티
일대에서 화산 활동으로 현무암질 용암이 백악층을 뚫
고 분출했다. 용암이 냉각되고 수축하면서 균열이 생겼
으며, 기다란 육각기둥 구조를 만들었다. 바다 건너 스
코틀랜드에서도 이와 유사한 과정이 일어났기 때문에
이들 기둥들이 한때 서로 연결되어 있었음이 밝혀졌으
며, 이를 "자이언트 코즈웨이The Giant's Causeway(거인
의 둑방길)"라 부르게 되었다.

수학자에게 거인은 그다지 흥미를 불러일으키지 못하
지만 육각형은 다르다. 왜 하필 육각형이었을까?

정답은 간단하다. 바로 에너지 때문이다. 마틴 호프
만Martin Hoffman이 이끄는 드레스덴 공과대학교의 연
구팀은 용암의 냉각에 관한 모의 실험을 진행했다. 용
암이 식을 때는 대개 가장 많은 에너지를 방출할 수
있는 방향으로 수축한다. 표면에서 가장 효율적인 방
법은 90도로 갈라지면서 사각기둥을 형성하고 임의의
방향으로 퍼져가는 것이다. 하지만 냉각이 진행되
어 암석을 형성하는 경우, 가장 효율적인 방법
은 120도로 갈라지면서 육각형 구조를 만드
는 것이다.

2.31
육각형의 넓이에
대한 둘레의
길이 비

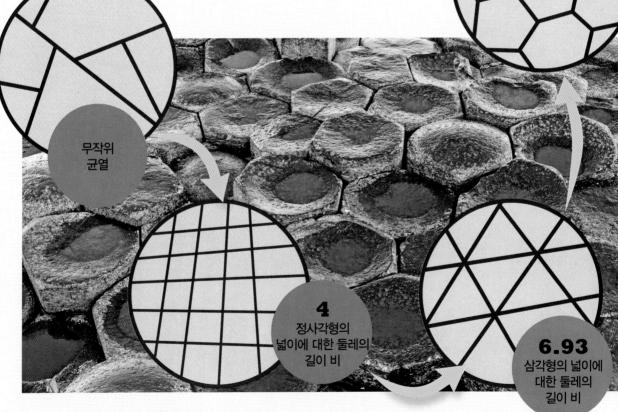

무작위
균열

4
정사각형의
넓이에 대한 둘레의
길이 비

6.93
삼각형의 넓이에
대한 둘레의
길이 비

보로노이 다이어그램

어떤 지역을 분할해 인근의 대도시에 일정 구역씩 나눠주려고 할 때, 보로노이 다이어그램Voronoi diagram을 이용하면 편리하다. 이것은 20세기 러시아의 수학자 조지 보로노이의 이름을 딴 것이지만 사실 이보다 훨씬 이전에 발견되었다(아마도 르네 데카르트에 의해). 무작위로 배치된 점들을 둘러싸고 있는 보로노이 다각형은 (대개의 경우) 육각형이 가장 많다. 그리고 "대도시" 기준점이 비교적 규칙적인 간격으로 분포하고 있다면 육각형 자체도 거의 규칙적으로 나타난다.

보로노이 다이어그램은 의사인 존 스노우John Snow가 1854년 런던에 창궐했던 콜레라의 원인을 추적하는 과정에서 사용했다. 그는 식수 펌프의 위치를 기준점으로 설정하여 관찰한 결과, 브로드가(街) 콜레라 희생자의 대다수가 가장 가까운 식수원으로 식수 펌프를 공유하고 있다는 사실을 밝혀냈다(하지만 이 시기는 세균론이 받아들여지기 전이었기 때문에, 콜레라가 물에 포함된 물질에 의해 발생하였다는 주장은 매우 혐오스러운 발상으로 간주되었다). 확실한 증거가 드러나자, 보건당국은 펌프의 손잡이를 제거해 펌프를 사용하지 못하게 했고, 이후 콜레라는 점차 사그라들었다.

왜 육각형이 가장 효율적인 방식일까? 아마도 다음의 몇 가지 특징 때문일 것이다.

암석을 관통하면서 아래로 퍼지는 무작위 균열은 3개가 한 군데서 만나는 경향이 있는데, 대칭론에 의하면 이 3개의 균열이 이루는 각도가 같을 경우 가장 효율적이다. 즉, 이들은 120도로 만나면서 육각형을 형성한다.

또한 육각형은 테셀레이션tessellation(같은 모양의 조각을 서로 겹치거나 틈이 생기지 않게 늘어놓아 평면이나 공간을 덮는 것)에 유리하다. 육각형은 테셀레이션이 가능한 정다각형(삼각형, 사각형, 육각형) 중에서 가장 원에 가깝고, 삼각형 및 사각형에 비해 둘레의 길이가 같을 때 면적이 가장 크기 때문에 빠르게 식는다.

처음으로 돌아가, 두 거인의 결투에서 누가 승리했는지 궁금할지도 모르겠다. 마쿨은 베난도너가 자신보다 훨씬 크다는 사실을 깨닫고 아내로 하여금 자신을 아기로 변장시키게 했다. 베난도너는 "아기" 마쿨을 보고 아버지는 엄청나게 큰 거인이려니 짐작하고 스코틀랜드로 도망친다. 그 와중에 마쿨이 따라오지 못하도록 둑길을 부쉈다고 한다. 마지막 순간에 게임 이론까지 등장하다니!

창발 현상

$$x_{n+1}= 4\,x_n(1-x_n)$$

단순한 규칙이 적용되었음에도 불구하고 복잡한 현상이 발생할 수 있다.
개미 집단이나 인공 생명, 그리고 예측 불가능한 날씨와 같은 현상들도 사실 평범해
보이는 모형의 결과로 나타난 것이다. 그렇다면 정말로 나비가 허리케인을 일으킬 수 있을까?

컴퓨터는 본질적으로 단순한 동작만 할 수 있다. 1과 0을 읽고 저장 시스템에 기록하며, 입력된 내용을 1과 0으로 바꾸고, 1과 0을 다시 출력으로 바꾸는 것이다. 입/출력 요소를 제외한다면, 내가 이 책을 쓰고, 음악을 들으며, 때때로 트위터를 통해 전 세계 친구들과 대화하고 있는 이 정교한 하드웨어는 사실 1930년대 튜링이 제안한 만능 기계와 거의 동일한 규칙을 따른다. 그리고 이 기기는 거의 모든 게임에서 나를 완패시킨다.

허리케인의 원인에 숨겨진 수학

과학 저술가들은, 어떤 주제에 대한 복잡한 주장을 듣고 나면 여기서 핵심만 뽑아 좀 더 단순한 주장으로 (이 주장은 잘못된 경우가 많지만) 축약하고 싶어 한다. "나비의 날갯짓이 허리케인을 유발한다"는 이야기는 바로 이런 단순화의 오류에 기인한다. 에드워드 로렌츠 Edward Lorenz는 날씨에 관한 컴퓨터 모델을 연구하던

중 멋진 계절성 패턴을 발견했다. 그러나 그가 다시 한 번 시스템에 수치를 입력하고 시뮬레이션을 재차 돌려 보았더니, 이번에는 결과가 엉망이 되어 버렸다. 주기적인 계절성 패턴은 사라지고 가뭄과 눈보라, 허리케인 등이 무작위로 나타난 것이었다.

이는 로렌츠가 소수점 아래의 값을 정확히 입력하지 않고 소수점 아래 몇 번째 자리에서 반올림한 수치를 적용했기 때문이었다. 그는 이렇게 근사치를 대입한 효과가 어느 정도였는지를 계산했는데, 이는 마치 나비의 날갯짓이 지구 반대편에서의 허리케인을 유발한 것과 같았다.

나비가 허리케인을 유발하는 것은 아니다. 날씨 시스템은 초기 조건에 무척 민감하기 때문에 약간의 변화만으로도 엄청나게 다른 결과가 초래될 수 있다. 이것이 바로 20세기 수학의 주요 혁명 중 하나인 카오스 이론 chaos theory의 토대가 되었다.

카오스: 초기 조건의 중요성

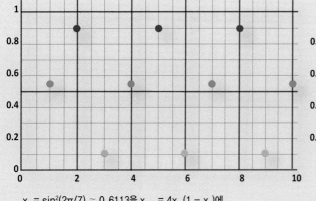

$x_0 = \sin^2(2\pi/7) \approx 0.6113$을 $x_{n+1} = 4x_n(1 - x_n)$에 대입할 경우, 규칙적인 패턴이 반복된다.

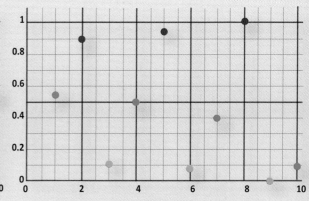

$x_0 = 0.61$을 넣고 10번 정도 반복하고 나면 완전히 예측 불가능한 패턴이 나타난다.

카오스의 수학

만약 날씨 시스템이 그렇게 무질서하다면, 어떻게 예측이 가능한 걸까? 창문을 열어 보니 이웃집 깃발이 서쪽을 향해 펄럭이고 있고, 동쪽에는 거대한 먹구름이 보인다. 이 정도면 곧 비가 올 것이라는 예측이 가능하다. 단기적으로는 어느 정도 예측이 들어 맞는다. 문제는 이 "어느 정도"이다. 만약 나의 폭풍 경로 추적 모델이 1시간 내 폭풍의 이동 경로를 2% 오차 범위 내에서 맞춘다고 한다면 몇 시간 동안은 큰 문제가 없을 것이다. 5시간 전 예보는 10% 정도의 오차 가능성이 있으므로 "마이애미는 오늘 밤 태풍의 영향권에 들지 않을 것 같습니다"라는 예보 정도는 가능할 수 있다. 하지만 하루 전에 예보를 하려면 문제가 커진다. 오차 범위가 250%가 넘기 때문에 사실상 무의미해지기 때문이다.

전문적인 용어로 표현하자면, 카오스계는 3가지 특성을 갖는다.

1. 초기 조건에 매우 민감하다
2. 위상 혼합성^{topologically mixing}을 보인다.
3. 조밀한 주기 궤도^{dense periodic orbit}를 가진다.

민감도 부분은 이미 언급했지만 다시 한번 살펴보자. 예를 들어, 당신이 연수익률 8% 금융상품에 30년간 1만 달러를 투자한다면, 이는 7.5% 상품에 비해 1,500 달러의 추가 수익을 가져다 준다. 0.5%의 차이가 상당한 차이를 유발하는 것이다. 하지만 이러한 모델은 예측이 가능하기 때문에 완전히 무질서한 것은 아니다.

위상 혼합성은 어떤 환경이든지 다른 환경으로 이어질 수 있다는 의미인데, 좀 더 강력하게는 유사한 환경 속의 어떤 군이든지 유사한 환경 속의 다른 군으로 이어질 수 있다는 것을 의미한다. 날씨의 예를 든다면, 지금은 영하 40도 이하의 강풍이 몰아치는 날씨라 하더라도 미래의 어느 시점에서는 반바지 차림으로 야외에서 칵테일을 마실 수도 있다는 것이다.

조밀한 주기 궤도는 좀 더 난해한 개념이다. 이는 현재 어떤 조건에 처해 있던 간에 조만간 예측 가능하고 주기적인 사이클이 반복된다는 의미이다(예를 들어 오늘은 눈, 내일은 비, 다음날은 화창, 그 다음날은 바람, 그리고 다시 눈, 비 …의 형태가 4일 간격으로 반복). 민감도를 고려한다면 이런 주기는 거의 불가능할 것이다. 하지만 이와 유사한 날씨의 조합은 가능할 수도 있으며, 이 둘의 차이는 나비의 날갯짓 너비에 불과하다!

단순해 보이는 시스템으로 무질서한 행동을 나타낼 수도 있는데, 3차원 공간에서는 다음의 방정식(로렌츠 방정식)으로 카오스 이론이 설명된다(s, r, b는 상수).

$$dx/dt = s(y-x)$$

$$dy/dt = (r-z)x - y$$

$$dz/dx = xy - bz$$

인공 생명에 숨겨진 수학

단순한 규칙이 복잡한 행동으로 이어진다면, 당신도 예측 불가능한 것을 프로그래밍 할 수 있다는 뜻인가? 프로그램을 코딩할 때 나오는 버그를 말하는 것은 아니다. 위의 질문에 대한 대답은 놀랍게도 "당연히 가능하다"이다.

이런 프로그램의 시초는 영국의 수학자 존 호튼 콘웨이[John Horton Conway]의 〈인생 게임[Game of Life]〉이다 (같은 이름의 보드 게임과 혼동하지 마시라). 이 게임은 사각형 격자판에서 시작하는데, 각 세포[cell](또는 칸)는 자신을 둘러싼 8개 세포(대각선도 포함)의 상태에 따라 일정한 규칙을 따른다.

죽은 세포(흰색)가 살아나려면(회색) 이웃한 세포들 중 3개가 살아 있어야 한다. 그 외의 경우에는 죽은 상태가 유지된다.

살아 있는 세포가 계속 살기 위해서는 이웃한 세포들 중 2개 혹은 3개가 살아 있어야 한다. 그 외의 경우에는 죽는다.

게임의 초기에는 세포들이 다소 지루하게 생존과 죽음을 거듭하다가 게임이 진행될수록 보트, 블록, 벌집, 깜빡이, 두꺼비 등 일정한 형태를 갖춘 패턴이 반복된다. 좀 더 재미있는 형태도 나타나는데, 세포들이 움직이면서 글라이더나 우주선과 같은 구조물을 만들기도 하고, 심지어 어떤 경우에는 글라이더를 만들거나 파괴하는 구조를 형성하기도 한다.

이를 좀 더 응용하면 이들 구조를 결합해 컴퓨터를 만들 수 있을 뿐 아니라, 직접 〈인생 게임〉 놀이를 하는 컴퓨터를 만들 수도 있다. 한 발 더 나간다면 이 게임 안에서 어떤 구조물을 만들 수도 있을 것이다.

규칙을 약간 바꾸면 더욱 흥미로운 결과가 나올지도 모른다. 세포가 살 수 있는 조건을 바꾸면 어떻게 될까? 두 개(생존과 죽음) 이상의 상태가 존재한다면? 게임판의 칸을 육각형 혹은 다른 모양으로 바꾼다면? 게임을 평면이 아닌 뫼비우스의 띠나 도넛 모양의 곡면에서 한다면? 3차원에서는? 가능성은 무궁무진하다.

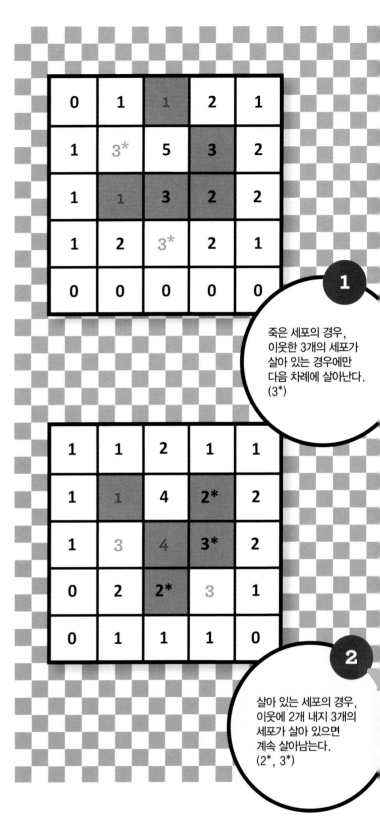

1

죽은 세포의 경우, 이웃한 3개의 세포가 살아 있는 경우에만 다음 차례에 살아난다. (3*)

2

살아 있는 세포의 경우, 이웃에 2개 내지 3개의 세포가 살아 있으면 계속 살아남는다. (2*, 3*)

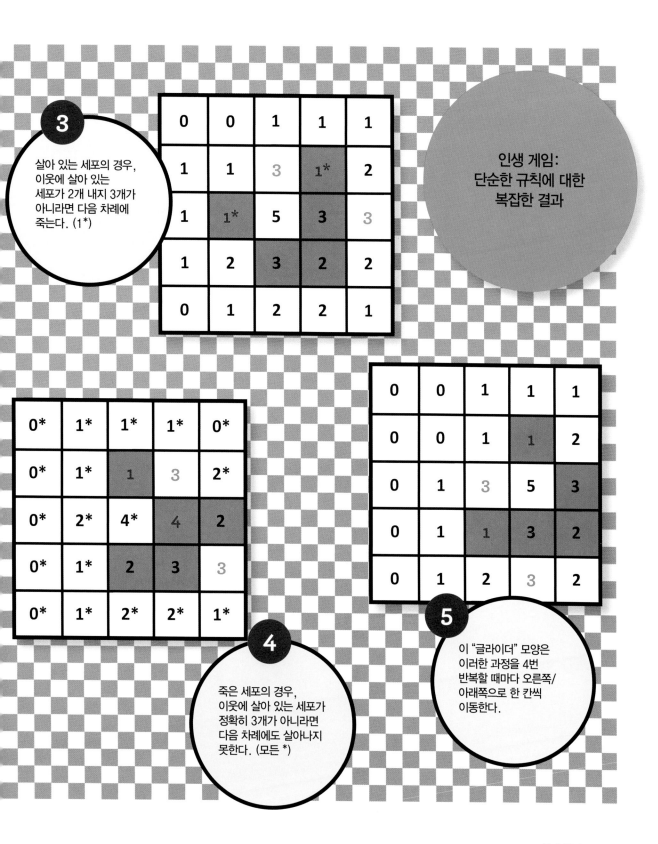

3 살아 있는 세포의 경우, 이웃에 살아 있는 세포가 2개 내지 3개가 아니라면 다음 차례에 죽는다. (1*)

인생 게임: 단순한 규칙에 대한 복잡한 결과

4 죽은 세포의 경우, 이웃에 살아 있는 세포가 정확히 3개가 아니라면 다음 차례에도 살아나지 못한다. (모든 *)

5 이 "글라이더" 모양은 이러한 과정을 4번 반복할 때마다 오른쪽/아래쪽으로 한 칸씩 이동한다.

펭귄의 허들

남극은 극한의 생존 환경이다. 한겨울에는 기온이 영하 20° C 아래로 내려가는 혹한의 어둠이 끊임없이 계속된다.

$$W = 20Pe$$

어떤 펭귄도 혼자서는 살아남을 수 없다. 수컷 황제 펭귄은 암컷들이 먹이를 구하러 바다로 간 사이에 거대한 무리(허들)를 형성해 알을 지킨다.

매서운 추위에 대처하기 위해 펭귄들이 택한 방법인 허들링은, 서로 밀착함으로써 추위에 노출되는 전체 표면적을 줄일 수 있기 때문에 수학적으로도 훌륭한 행동이다. 이 무리의 중앙에 위치한다면 더 바랄 나위가 없겠지만 사실 가장자리는 그다지 좋지 못하다. 그렇다면 바깥쪽에 있는 펭귄들은 어떻게 살아남을까?

아마도 수학자라면, 무리를 이루는 최적의 모양을 원이라고 말할 것이다. 면적이 주어졌을 때 둘레의 길이가 가장 짧은 도형이기 때문이다. 하지만 이는 바람이 없다는 전제하에서만 이상적이다. 남극과 같이 시속 수백 마일의 강풍이 몰아치는 환경에서는 풍속 냉각 지수로 인해 원이 길쭉해진다.

여러 모델에서, 가장 안정적인 펭귄의 무리는 시가^cigar 형태여야 한다고 주장하지만, UC 머시드 대학의 프랑소와 블란쳇^Francois Blanchette에 의하면 현실은 약간 다르다.

응용수학자로서 그는 이 문제에 대한 접근방식을 달리하였고, 결국 모든 펭귄들이 매 순간 좀 더 따뜻한 곳으로 움직이려고 하는 모델을 만들었다. 무리의 맨 앞에서 바람에 직접 노출되는 펭귄들은 바람을 피하기 위해 이동하고자 하지만, 중심에 위치한 펭귄들은 굳이 움직일 이유가 없다. 이 모델의 중심부에는 움직일 공간이 거의 없다. 하지만 전방의 펭귄들이 추위를 피해 이동하면서, 안쪽의 펭귄들이 조금씩 바람에 가까워지는 결과를 낳는다.

황제 펭귄은 두꺼운 체지방층과 깃털로 몸을 따뜻하게 한다. 이들은 매우 효과적인 절연체로 펭귄 체표면의 상당 부분은 주위 남극 기온보다 더 차갑다.

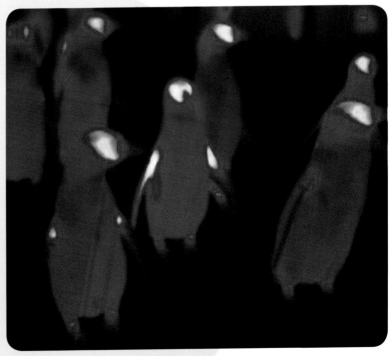

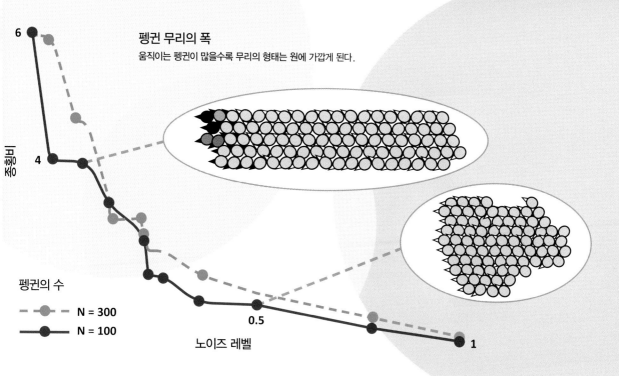

펭귄 무리의 폭
움직이는 펭귄이 많을수록 무리의 형태는 원에 가깝게 된다.

6

종횡비

4

펭귄의 수

-●- N = 300
—●— N = 100

0.5

노이즈 레벨

1

거북모양 형성
무리의 전방에서 바람에 노출된 펭귄들은 추위를 피해 뒤로 이동한다.

블란쳇의 결과는 이전의 모의 실험 결과와 일치했다. 펭귄들이 길고 얇은 띠를 형성했던 것이다. 이 띠의 폭은 페클렛 수$^{Peclet number}$(Pe)에 비례하는데, 페클렛 수란 '대류에 의한 열에너지 손실과 전도에 의한 열에너지 손실의 비'를 말한다. Pe 값이 작으면 둘레를 최소화해야 하기 때문에 무리의 형태는 거의 원에 가깝게 된다. 하지만 Pe 값이 클 경우에는 바람과 마주하는 펭귄의 수를 줄이는 것이 훨씬 중요하고, 따라서 무리의 모양은 길고 가늘어진다.

펭귄의 수 역시 무리의 모양에 영향을 미친다. 펭귄이 몇 마리 안될 경우에는 최적의 단면적을 얻는 것보다 서로 가깝게 붙어 있는 것이 훨씬 유리하다. 하지만 수가 많아지면 Pe 값에 따라 특징적인 종횡비^{aspect} ^{ratio}를 가진다.

블란쳇 모델이 탁월한 또 하나의 이유는 각 펭귄의 열 손실 함수에 노이즈를 추가했다는 사실이다. 일부 펭귄들이 다른 펭귄보다 추위를 더 많이 탄다고 가정하면 실험 결과는 실제 무리 모양에 좀 더 가깝게 나온다. 즉, 내부에 약간의 빈 공간이 있는 타원 형태가 되는 것이다.

이것은 매우 공평한 결과를 초래한다. 각각의 펭귄은 추위를 피하기 위해 순전히 이기적으로 행동하지만 전체 집단은 거의 고르게 열 손실을 공유하는 것이다.

물론 블란쳇의 모델에도 개선의 여지는 있다. 전문가들에 의하면 모델에 있는 빈 공간이 실제보다 약간 더 적다고 하지만, 그럼에도 불구하고 그의 모델은 무리의 다른 주요 특징들을 대부분 잘 반영하고 있다.

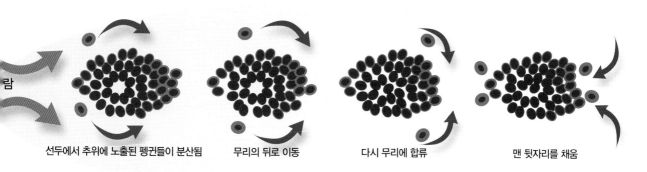

선두에서 추위에 노출된 펭귄들이 분산됨   무리의 뒤로 이동   다시 무리에 합류   맨 뒷자리를 채움

바다

$$\left(\frac{m_m}{m_s}\right) \div \left(\frac{d_m}{d_s}\right)^3$$

해안에서 매일 (대략) 두 번씩 만조가 일어난다는 사실을
알게 된 이래, 수학과 바다는 매우 밀접한 관계가 되었다. 손으로
그린 투박한 지도에서 아스트롤라베(고대 천체관측기구), GPS에 이르기까지,
바다를 항해하기 위한 끊임없는 도전은 수학자들에게 영감을 주는 존재이자
연구비의 원천이 되어 왔다.

●●●●●●●●●●●●●●●●●●●●●●●●●●●●●●●●●●

여기서는 항해의 기하학과 해안선의 길이, 그리고 조수
의 생성 원리에 대해 살펴보기로 하자.

조수

조수가 생기는 원인은 크게 두 가지이다. 즉, 달(천문
학적 관점에서 크기는 작지만 비교적 가까운 곳에 있
다)과 태양(매우 크지만 상대적으로 멀리 떨어져 있다)

이다. 이 중 어떤 것의 영향이 더 클까?
　정답은 뉴턴의 〈프린키피아^{Principia}〉에 나와 있다.
태양도 조수를 유발하지만 달에 비하면 영향력이 작다.
이들 두 천체에 의한 가속도를 비교해 보면 이 사실을
확인할 수 있다.
　뉴턴에 의하면 지구 표면에 어떤 입자가, m의 질량
을 가지고 d만큼 떨어져 있는 물체에 의해 받는 가속도

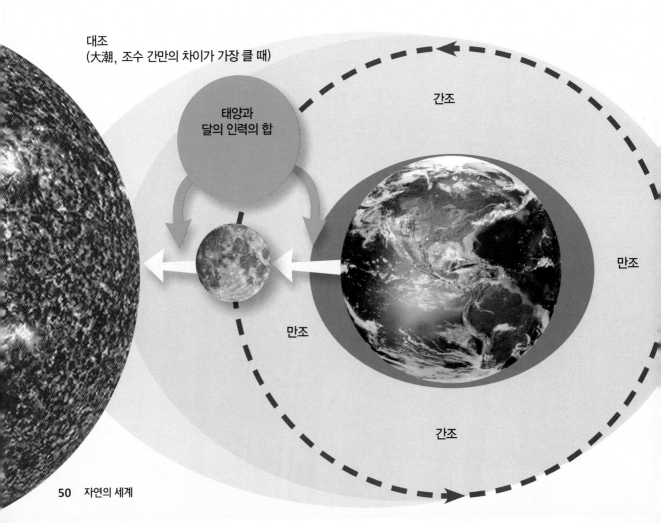

대조
(大潮, 조수 간만의 차이가 가장 클 때)

간조

태양과
달의 인력의 합

만조

만조

간조

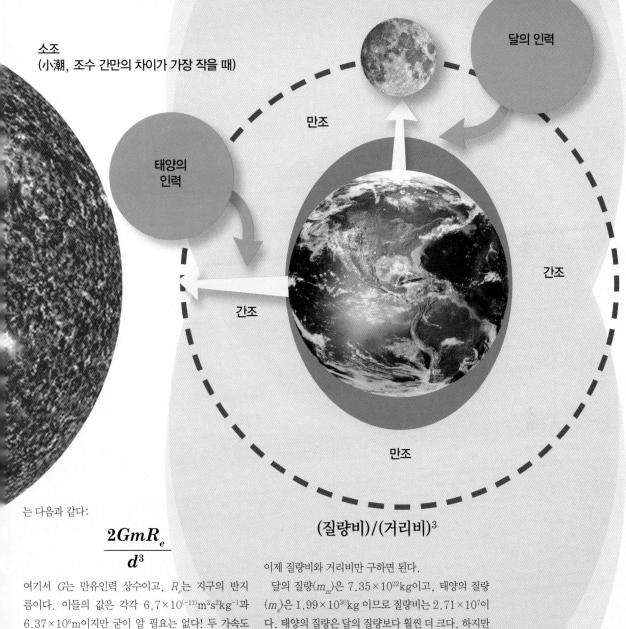

소조
(小潮, 조수 간만의 차이가 가장 작을 때)

달의 인력

만조

태양의
인력

간조

간조

만조

(질량비)/(거리비)³

는 다음과 같다:

$$\frac{2GmR_e}{d^3}$$

여기서 G는 만유인력 상수이고, R_e는 지구의 반지름이다. 이들의 값은 각각 $6.7 \times 10^{(-11)} \mathrm{m^3 s^2 kg^{-1}}$과 $6.37 \times 10^6 \mathrm{m}$이지만 굳이 알 필요는 없다! 두 가속도의 비만 알면 되기 때문이다.

$$\left(\frac{2Gm_mR_e}{d_m^3} \right) \div \left(\frac{2Gm_sR_e}{d_s^3} \right)$$

여기서 m_m과 m_s는 각각 달과 태양의 질량이고, d_m과 d_s는 달과 태양이 각각 지구로부터 떨어져 있는 거리를 말한다. 2와 G, R_e는 서로 약분되므로 식을 다음과 같이 간단히 나타낼 수 있다.

이제 질량비와 거리비만 구하면 된다.

달의 질량(m_m)은 $7.35 \times 10^{22} \mathrm{kg}$이고, 태양의 질량($m_s$)은 $1.99 \times 10^{30} \mathrm{kg}$ 이므로 질량비는 2.71×10^7이다. 태양의 질량은 달의 질량보다 훨씬 더 크다. 하지만 태양과 지구와의 거리는 $1.50 \times 10^{10} \mathrm{m}$인 반면, 달과 지구와의 거리는 $3.84 \times 10^8 \mathrm{m}$이므로 거리비는 390이고, 이를 세제곱하면 5.96×10^7가 된다.

결국 위의 분수의 값은 0.45이다. 즉, 조수에 대한 태양의 영향력은 달의 영향력의 45%에 불과하다. 달의 기조력(조수를 생성하는 힘)이 태양의 두 배가 넘는 셈이다.

조수를 유발하는 데 있어 태양의 영향력이 결코 작지는 않지만 가장 크지도 않다.

해안선

해안선의 길이를 측정하는 것은 그리 어렵게 느껴지지 않을 것이다. 지도를 펼쳐 자로 재기만 하면 되니까.

하지만 문제는 굴곡이다. 해안선의 길이는 굴곡을 어떻게 측정하느냐에 따라 달라진다. 노르웨이를 예로 들어 보자. 미국 중앙정보국 월드팩트북CIA World Factbook에 따르면 노르웨이 해안선의 총 길이는 16,000마일이다. 하지만 60마일 자로 재면 고작 1,900마일에 그치게 된다. 이를 지도로 보면 피오르드나 강어귀와 같은 세부 지형이 모두 생략되었다는 사실을 알 수 있다.

30마일 자를 사용하면 해안선의 길이가 3분의 1정도 늘어나면서 해안선의 굴곡이 일부 포함된다. 조금 더 그럴듯한 그림이 되긴 했지만 15마일 자로 바꾸면 굴곡이 더 많이 드러나게 되고 해안선의 길이도 더욱 확장될 것이다.

이론적으로는 이렇게 지도를 정밀화하는 과정을 계속 반복할 수 있기 때문에 해안선의 길이는 거의 무한대라고 결론을 내릴지도 모르겠다. 당신의 측정치에는 한계가 있을 수 밖에 없겠지만 말이다(예를 들어 발 크기 정도의 자로 잰다고 해도, 해안선의 정확한 형태를 반영한 길이를 재는 것은 불가능하다).

하지만 수학자들에게는 이것으로 충분하지 않다. 해안선의 구조를 좀 더 자세히 들여다보면 프랙탈fractal이라 알려진 또 다른 구조를 볼 수 있다. 수학자들은 해안선을 1차원 곡선이나 2차원 형태가 아니라 이 둘의 중간 정도로 간주한다.

이해를 돕기 위해 예를 들어 보자. 정육면체의 한 변의 길이를 1cm에서 3cm로 늘리면 모든 변과 대각선의 길이도 모두 3배가 된다. 반면 면적(전체 표면적 또는 한 면의 면적)은 3^2인 9배로 늘어나고, 부피는 3^3인 27배로 늘어난다. 이때 거듭제곱의 지수인 2와 3은 차원을 나타내는 것으로, 길이는 1차원, 면적은 2차원, 부피는 3차원이다.

노르웨이 해안선 문제도 마찬가지로 접근할 수 있다(측정 자의 길이를 줄이는 것은 정육면체의 길이를 늘리는 것과 같은 효과를 유발한다). 즉, 자의 길이를 반으로 줄여 해상도를 2배로 높일 경우, 해안선의 길이는 $2^{1.52}$배만큼 길어질 것이다. 해상도를 n배로 높이면 해안선의 길이는 $n^{1.52}$배만큼 길어지므로, 정확한 해안선의 길이를 측정하는 것은 불가능함을 알 수 있다.

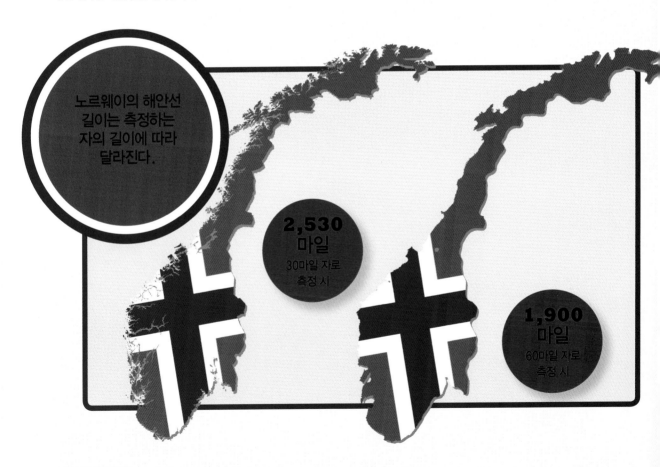

노르웨이의 해안선 길이는 측정하는 자의 길이에 따라 달라진다.

2,530 마일
30마일 자로 측정 시

1,900 마일
60마일 자로 측정 시

삼각측량을 이용한 항해술

GPS가 발명되기 이전 시대에 바다를 항해하는 것은 지금보다 훨씬 위험한 일이었다.

해안가에서는 알려진 지형지물을 이용해 삼각측량을 하면 당신의 위치를 알아낼 수 있다. 당신의 위치를 포함한 세 지점을 직선으로 연결하여 만든 삼각형에서 이웃하는 선분들 사이의 각의 크기를 알면 당신의 위치와 각 지점에 대한 상대적 방향을 알 수 있다. 예를 들어, 두 등대 사이의 거리가 14마일이고, 당신이 위치한 곳에서 바라볼 때 두 등대가 45°의 각을 이룬 곳에 있다고 하자. 이때 사인법칙을 이용하면 두 등대와 당신의 위치를 꼭짓점으로 하는 삼각형의 외접원을 그릴 수 있다. 이 원의 지름의 길이는 $14/\sin(45°) \fallingdotseq 19.8$마일이고, 중심은 두 등대를 이은 선분의 수직이등분선 상에 있다. 이들 등대 중 하나와 당신의 위치, 또 다른 세 번째 지형지물을 이용해 같은 방법으로 또 다른 외접원을 그리면, 두 원의 교차지점은 공통으로 사용된 등대와 당신의 위치가 된다. 이제 당신은 지도 상에 당신의 위치를 정확히 표시할 수 있게 된다.

하지만 바다 멀리 나가게 되면 삼각법을 사용하기가 쉽지 않다. 바다에는 지형지물이 많지 않기 때문이다. 하지만 항해를 도울 수 있는 것이 있는데, 이것은 바다가 아니라 하늘에 존재한다.

예를 들어, 수평선과 달이 이루는 각의 크기(H_0)를 알고 있다고 하자. 달은 지구 상의 한 특정 지점 바로 위에 위치하므로 당신의 위치는 반지름이 대략 $60(90-H_0)$해리인 원 위에 있게 될 것이다. 이것을 다른 항성이나 행성, 위성을 이용해 반복하면 여러 개의 원이 그려지며, 이들의 교차 지점이 당신의 위치가 된다.

이 방법을 활용할 때 가장 중요한 것은 천체의 위치를 정확히 파악하는 것이다. 천문학자들은 특정 시기에 관찰하기 쉬운 여러 천체들의 위치를 기입한 방대한 양의 천문력을 제작했는데, 이는 현재 시각만 안다면 매우 유용했다. 18세기에 이르러 드디어 신뢰할 수 있는 해상시계가 발명되면서, 바다 항해는 훨씬 쉬워졌다.

육분의를 사용한 바다 항해

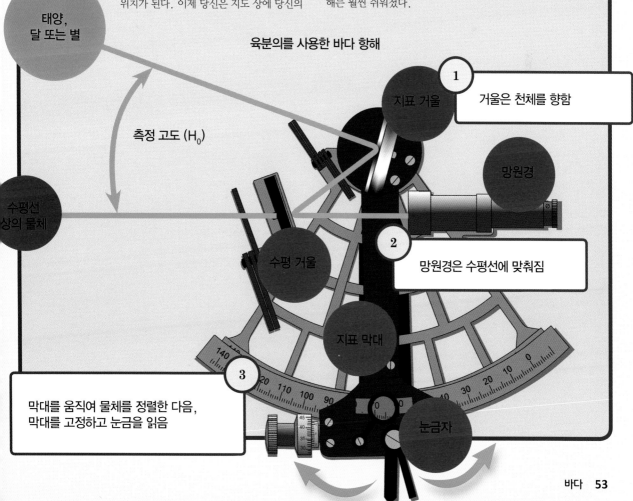

태양, 달 또는 별

측정 고도 (H_0)

수평선 상의 물체

지표 거울

1 거울은 천체를 향함

망원경

2 망원경은 수평선에 맞춰짐

수평 거울

지표 막대

눈금자

3 막대를 움직여 물체를 정렬한 다음, 막대를 고정하고 눈금을 읽음

지진

지진이 일어나는 이유는 무엇일까? 2011년, 일본에서 규모 9의 대지진이 발생했다. 규모 9의 지진은 규모 6의 지진에 비해 얼마나 더 강할까?

$$M_w = \frac{2}{3} \log_{10}(M_0) - 10.7$$

지각은 여러 개의 거대한 판$^{tectonic\ plate}$으로 이루어져 있다(7-8개의 주요한 판들과 수십 개의 작은 판들). 이들은 서로에게 영향을 끼치며 조금씩 이동하고 있는데, 예를 들면 북대서양을 분할하고 있는 유라시아판과 북아메리카판은 서로 멀어지고 있으며 이는 특히 화산 활동이 활발한 아이슬란드에서 두드러진다. 인도판과 유라시아판은 서로 가까워지면서 히말라야산맥 형성의 원인을 제공하기도 하였다. 북아메리카판과 태평양판은 서로 매우 거칠게 부딪히며 미끄러져 지나치고 있기 때문에 샌프란시스코 지역은 추후 대지진이 일어날 것으로 예상된다.

지진은 어떻게 측정할까?

"이탈리아에서 규모 6.5의 지진이 발생했습니다"라는 뉴스를 들어도 이 지진의 규모가 큰 것인지 작은 것인지 사실 잘 와 닿지 않는다(실제로는 중간보다 좀 더 큰 규모이다. 2011년 일본에서 발생했던 규모 9.0의 지진에 비하면 작지만 유럽 대륙에서 발생한 지진치고는 큰 편이다).

수치가 주어지기 때문에 어느 것이 더 강한 지진인지 비교하는 것은 어렵지 않다(일본 지진이 이탈리아 지진보다 강하다). 그렇다면 정량적인 비교는 어떨까? 9는 6.5보다 절반 정도 더 크기 때문에 숫자 상으로는 일본의 지진이 이탈리아 지진에 비해 절반 정도 더 크다고 생각할 수도 있을 것이다. 하지만 실제는 5,500배나 차이가 난다.

지진의 규모는 로그 단위를 사용하므로 0.2씩 커질 때마다 강도는 약 두 배씩 증가한다(우측 위의 공식 참고).

상용로그의 값은 10의 거듭제곱에 대한 지수로 생각하면 간단하다. 1,000,000에는 10^6이므로 $\log_{10}(1,000,000)$의 값은 6이다. 1,000은 10^3이므로 $\log_{10}(1,000)$은 3이다. 이때 로그값의 정수 부분은 몇 자리 수인지를 나타내며, 소수 부분은 다음 자리수의 10의 배수와 얼마나 차이가 나는지를 나타낸다(물론 이것도 선형 스케일은 아니다). 예를 들어 어떤 수의 로그값이 3.5라면 이 수는 1,000(10^3)과 10,000(10^4) 사이의 수일 것이다. 이 수치는 산술평

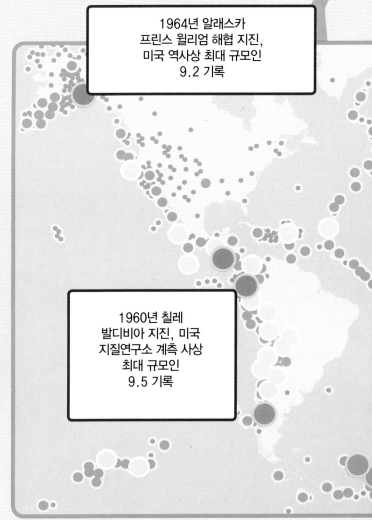

1964년 알래스카 프린스 윌리엄 해협 지진, 미국 역사상 최대 규모인 9.2 기록

1960년 칠레 발디비아 지진, 미국 지질연구소 계측 사상 최대 규모인 9.5 기록

균(두 숫자를 더한 다음 2로 나눔)이 아니라 기하평균(두 숫자를 곱한 다음 제곱근을 구함)이기 때문에 로그값이 3.5인 수는 약 3,162.3이고 정확히 나타내면 $10^{3.5}$이다.

지진의 강도는, 인간이 느끼지 못하는 약한 지진에서부터 쓰나미를 일으켜 도시를 완전히 파괴하는 대지진에 이르기까지 매우 다양하기 때문에, 지진의 규모를 나타낼 때는 로그를 사용하여 나타내는 것이 합리적이다. 인간이 느낄 수 있는 가장 약한 지진은 규모 3.5 정도이고, 현재까지 측정된 가장 큰 지진은 규모 9이다. 이 수치는 지진 모멘트$^{\text{seismic moments}}$보다 다루기에 훨씬 용이한데, 두 지진의 지진 모멘트는 각각 2×10^{21}, 3.5×10^{29} 다인센티미터$^{\text{dyne-centimetre}}$이

다(다인센티미터는 1cm 길이에 작용하는 1다인^{dyne}의 힘(10만분의 1 뉴턴^{newton})을 말하며, 천만 분의 1 뉴턴-미터$^{\text{newton-metre}}$에 해당한다).

지진 모멘트는 판의 움직임으로 인해 분출되는 에너지의 양을 측정한 것이다. 지진파의 에너지는 지진계를 이용해 측정하는데, 이것은 지진에 의해 방출된 전체 에너지의 일부에 불과하지만 지진의 규모를 측정하기에는 충분하다.

모멘트 규모

모멘트 규모$^{\text{moment magnitude scale}}$(MMS)는 리히터 규모$^{\text{Richter scale}}$와 동일하지는 않지만, 5-7 정도의 중간 규모 지진에 대해서는 리히터 규모와 유사한 값을 갖는다. 리히터 규모는 7 이상의 강진에 대한 신뢰성이 떨어지는 반면, 모멘트 규모는 지진 규모 측정에 상한선이 없다. 다만 소규모 지진에 대해서는 문제점이 많기 때문에 3.5미만의 지진에 대해서는 모멘트 규모를 사용하지 않는다.

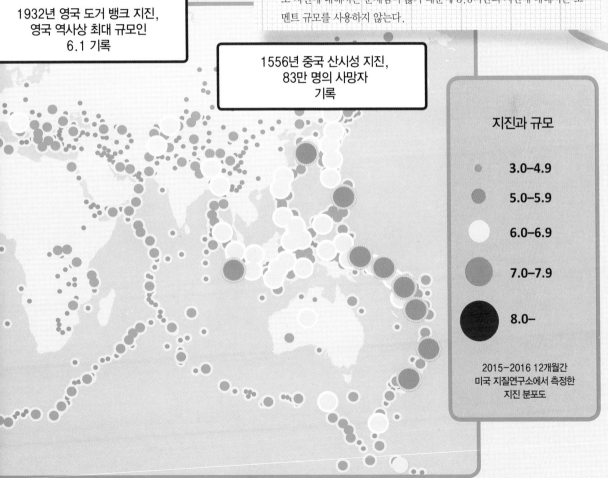

1932년 영국 도거 뱅크 지진, 영국 역사상 최대 규모인 6.1 기록

1556년 중국 산시성 지진, 83만 명의 사망자 기록

지진과 규모

3.0–4.9

5.0–5.9

6.0–6.9

7.0–7.9

8.0–

2015-2016 12개월간 미국 지질연구소에서 측정한 지진 분포도

별까지의 거리

$$R=\sqrt{\dfrac{L}{4\pi l}}$$

〈은하수를 여행하는 히치하이커를 위한 안내서 The Hitchhiker's Guide to the Galaxy〉'라는 책에는 "우주는 크다. 정말로 크다"라는 표현이 등장한다. 그렇다면 우주에서의 거리는 어떻게 측정할까?

이론상으로 지구에서 별까지의 거리를 측정하는 방법은 간단하다. 우선 멀리 떨어져 있는 별들 중에서 잘 알려진 별을 하나를 선택해 이 별과 당신을 연결하는 직선을 긋고, 거리를 측정하려는 별과 당신을 연결하는 직선을 하나 더 그은 다음, 이들 두 직선이 이루는 각의 크기를 잰다. 그리고 나서 6개월 후에 같은 과정을 반복한다. 당신의 위치가 얼마나 이동했는지 알 수 있기 때문에(태양까지의 거리의 2배), 삼각법을 이용하면 별까지의 거리를 계산할 수 있다.

하지만 불행하게도 이 방법은 생각만큼 쉽지 않다. 태양까지의 거리에 비해 별까지의 거리가 훨씬 멀기 때문이다. 태양은 8광분 떨어져 있지만 프록시마 센타우리 Proxima Centauri 까지의 거리는 4광년이 넘기 때문에 태양까지의 거리의 28만 배에 이른다. 따라서 태양, 프록시마 센타우리, 그리고 당신의 위치를 연결하면 가늘고 기다란 삼각형을 그리게 되며, 만약 각을 관측할 때 미미한 오차가 생기거나 태양까지의 거리를 조금만 잘 못 알고 있어도 연주시차법 stellar parallax 을 사용해 얻은 값은 매우 부정확하게 나올 것이다. 프록시마 센타우리는 태양계에서 가장 가까운 별이지만 이 별의 정확한 움직임을 측정하는 것은 3마일 떨어진 곳에 있는 십 원짜리 동전의 움직임을 보는 것만큼이나 어렵다.

이렇게 천체 사이의 각의 크기를 측정하는 것이 무척 어렵다는 사실은 지동설을 반대하는 논거로 이용되었다. 별들이 서로 움직이지 않는 것처럼 보여, 천체가 고정된 것이라 생각되었기 때문이다. 1838년에 이르러서야 비로소 프리드리히 베셀 Friedrich Bessel 이 연주시차를 이용한 관측에 성공하였다.

오늘날 관측 기술이 발전했음에도 불구하고, 이 방법은 아직까지 1,000광년 이내의 별에만 적용 가능하다. 하지만 정확도는 점차 개선되고 있다.

유사한 종류의 별

보다 멀리 떨어진 별까지의 거리를 측정하기 위한 방법으로 헤르츠스프룽－러셀도 Hertzsprung - Russell diagram

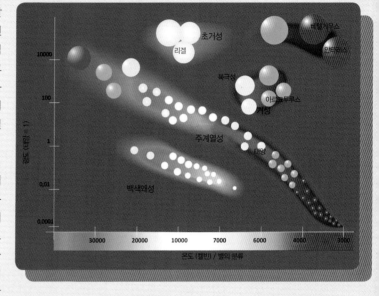

가 있다.

가로축은 별의 분광형 또는 색지수를 나타내는데, 이는 항성에서 방출되는 빛의 파장으로 알 수 있으며, 이로부터 온도를 추정할 수 있다(가장 뜨거운 항성이 도표의 좌측에 위치). 세로축은 항성의 광도, 즉 별이 방출하는 빛의 양을 나타낸다(가장 밝은 별이 상단에 위치).

관측되는 대부분의 항성은 그래프에서 대각선으로 보이는 주계열성의 근방에 위치하지만, 백색왜성, 거성, 초거성 등은 약간 다른 곳에 위치한다.

항성의 종류와 색지수를 알고 있다면 거리를 추정할 수 있다. 헤르츠스프룽－러셀도를 사용하면 광도, 즉 실제 밝기를 알 수 있는데, 이를 하늘에서 보이는 밝기와 비교하면 된다.

항성의 에너지 중 지구에 도달하는 비율은 별과 지구와의 거리를 반지름으로 하는 구의 표면적에 반비례한다. 즉, 별의 광도가 L이라면 (R만큼 떨어져 있는) 우리는 l만큼의 에너지를 받게 된다. $l = L/(4\pi R^2)$의 공식에 대입하여 별까지의 거리 $R = \sqrt{(L/4\pi l)}$를 구할 수 있다.

헤르츠스프룽－러셀도는 항성의 절대등급(또는 광도)과 온도와의 관계를 나타낸다.

6개월 후 별의 위치

초기 위치

연주시차 측정

시차를 측정하기 위해서는 6개월 동안 별이 이동한 각도, 즉 그림에서의 $2p$를 재야 한다. 삼각법에 의하면 $\sin(p) = 1/d$이며 여기서 d는 천문단위로 나타낸 별까지의 거리이다. p값은 매우 작기 때문에 $\sin(p) \approx p$, 그러므로 $d = 1/p$가 된다.

각도는 $2p$로 측정

p

d

삼각형의 밑변은 1AU(천문단위), 즉 태양까지의 거리임

$\sin(p) = 1/d$, 그러므로 $d = 1/p$ AU

1

별자리를 이루고 있는 별들은 서로 가까이 붙어 있을까?

아니다. 사실 그럴 필요가 없다.

적어도 내 경우에는, 별들까지의 거리가 모두 다르다는 사실을 받아들이기란 쉽지 않다(공룡의 경우도 마찬가지다. 트리케라톱스가 살던 시기는 스테고사우루스가 살던 시기보다 오늘날에 더 가깝다). 우리가 별자리에 대해 이야기할 때에는 각각의 별들까지의 거리가 제각각이라는 사실을 전혀 고려하지 않는다.

지구가 거대한 농구공으로 둘러싸여 있다고 상상해보자. 각각의 별들은 공의 안쪽면에 투영되어 있다. 오늘날 천문학자들은 하늘 전체(농구공 안쪽면)를 88개의 별자리로 나누고, 각 별자리를 직사각형 영역으로 구별하였다. 그 영역을 관통하는 직선 위에서 볼 수 있는 별은 어떤 것이든지 그 별자리에 속한다. 각 영역의 경계선들은 수평이나 수직이어야 하지만 지구의 축이 정지되어 있지 않은 탓에 약간 비뚤어져 있다.

별은 하늘에 고정되어 있지 않고(은하계 내에서 각자의 궤도를 따라 돈다), 별자리 내에서 또는 별자리 사이를 이동한다. 예를 들어 황도대가 처음 생겼을 무렵에는 태양이 1년 동안 12궁을 비교적 고르게 지나갔다. 하지만 현재 태양은 전갈자리를 지나가는 대신 뱀주인자리를 통한 지름길을 택했고, 이로 인해 기존의 날짜들도 모두 달라지고 말았다.

수만 년 이상의 긴 시간이 지나면 우리에게 익숙한 밤하늘은 더 이상 존재하지 않을 것이다. 이는 곧 트리케라톱스와 스테고사우루스도 오늘날의 밤하늘을 지침 삼아 이동하기는 어려울 것이란 말이기도 하다.

별에 도달하려면 얼마나 오래 걸릴까?

이 책을 쓰는 동안, 4광년 떨어져 있는 프록시마 센타우리 궤도를 공전하는 행성에 생명체가 존재할 지도 모른다는 확인되지 않은 기사를 접했다. 우주선을 타고 가서 이를 확인하려면 얼마나 걸릴까?

최단 시간을 계산하는 것은 간단하다. 프록시마 센타우리는 4.24광년 떨어져 있고, 빛보다 빠른 물체는 없으므로 최소 4.24년이 소요될 것이다.

하지만 불행하게도 우리는 빛의 속도로 여행할 수 없다. 인류가 만든 가장 빠른 물체는 1976년 서독이 태양을 탐사하기 위해 개발한 헬리오스 2호 탐사선으로 당시 속도가 초속 7만 미터였다. 빛의 속도는 초속 3억 미터이므로 이보다 약 4천 배 빠르다. 즉, 가장 빠른 우주선으로 간다 해도 별에 도달하기까지 4천 배 더 오래 걸릴 것이므로 대략 17,000년이 소요된다. 인류가 농경 생활을 시작한지 10,000년 밖에 되지 않았다는 점을 상기해보면 얼마나 긴 시간인지 알 수 있을 것이다.

우주의 단위

과학의 영역에서 거리는 대개 미터 또는 이의 배수로 측정한다. 1킬로미터는 1,000미터이고, 1미터는 1,000밀리미터이다. 매우 단순하면서도 자명하다.

하지만 천문학에서는 숫자가 매우 커진다. 지구와 가장 근접한 항성인 태양은 지구에서 약 150,000,000,000미터 떨어져 있다. 따라서 천문학자들은 이를 좀 더 간단하게 표기하기 위해 새로운 단위를 도입했다.

지구에서 태양까지의 평균 거리를 1 천문단위astronomical unit (AU)로 정의하는데, 이는 태양계 내에서 거리를 언급할 때 주로 사용된다. 더 흔한 방법은 빛의 속도로 이동할 때 소요되는 시간으로 거리를 표시하는 것이다. 태양은 8광분만큼 떨어져 있다. 이는 빛의 속도로 이동할 때 8분이 걸린다는 의미이다. 1광년은 약 9,500조 미터이며, 관측 가능한 우주는 그 크기가 500억 광년 정도이다.

천문학자들은 파섹parsec이라는 단위도 사용하는데, 이는 3.26광년에 해당한다. 이 수치는 연주시차와도 연관되는데 지구에서 1파섹 떨어진 물체는 6개월 후 관측할 경우 3600분의 1도만큼 이동한다.

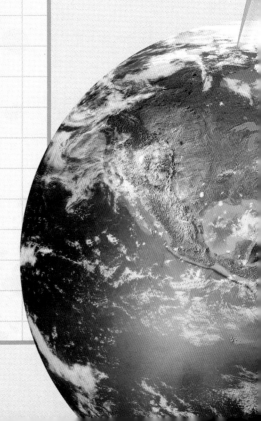

안드로메다 은하
250만 광년

헤라클레스 구상성단
25,000광년

알파 센타우리
4.4광년

태양
8.3광분

달
1.3광초

지구에서부터 빛의 속도로
(초속 299,792km)
이동 시 소요 시간

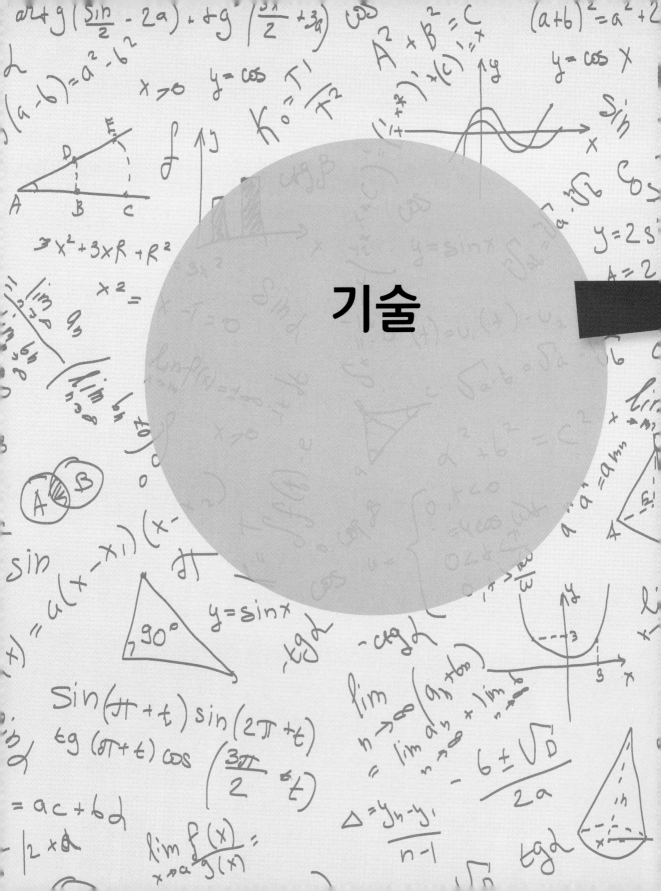

기술

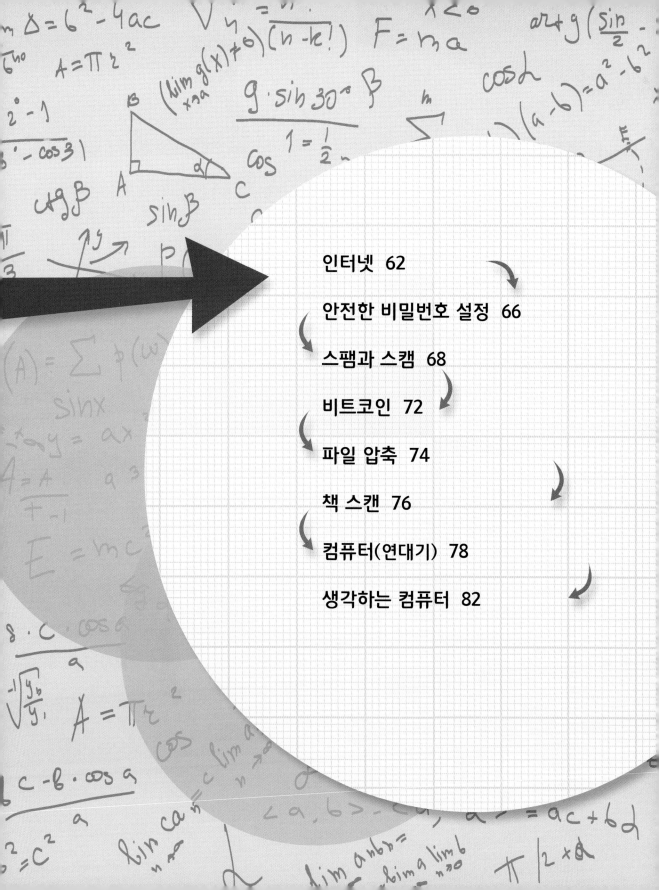

인터넷

1989년, 유럽 입자물리연구소(CERN)의 연구원이었던 팀 버너스-리^{Tim Berners-Lee}는 하이퍼텍스트와 접속 프로토콜, 그리고 도메인 이름 체계를 결합한 새로운 방안을 생각해 냈고, 이를 "월드와이드웹^{World Wide Web}"이라 불렀다.

Tim Berners-Lee의
이진코드 =
01010100 01101001
01101101 00100000
01000010 01100101
01110010 01101110
01100101 01110010
01110011 00101101
01001100 01100101
01100101

웹(우리가 보통 "인터넷"이라고 할 때 의미하는 컨텐츠)과 인터넷(웹을 구동시키는 기반시설)은 다른 개념이다. 인터넷은 네트워크들을 유무선으로 연결시킨 네트워크로, 장애를 대비하는 방식으로 설계되어 있어 네트워크 연결에 문제가 발생하더라도 기능의 저하 없이 프로그램이나 시스템이 작동하도록 되어 있다.

여기서는 인터넷이 작동되는 방법과 현재와 같은 형태로 만들어진 이유, 또 그림으로 표현하기가 어려운 이유에 대해 주로 설명하려고 한다.

컴퓨터는 정보를 어떻게 전달할까?

컴퓨터는 일반적으로 "1과 0으로 구성된 수"만으로 표현이 가능하다. 어떤 내용을 표현하려고 할 때 텍스트의 문자 하나하나는 수로 변환되고, 이 수를 다시 1과 0으로 구성된 이진수로 바꾸어 나타낸다. 예를 들어, 각 문자에 하나의 수를 대응시키는 표준코드 ASCII는 "A"를 65, "q"를 113으로 대응시킨다. 이 표준코드에 따라 "Antique"는 65-110-116-105-113-117-101과 같이 나타내며, 각 수를 이진수로 바꾸어 표현한다. 이때 A에 해당하는 65를 이진수로 나타내면 1 000 001이고, 101은 이진수로 1 100 101이 된다. 결국 모든 문자가 1과 0의 조합으로 변환된다. 비트맵 이미지에서 각 픽셀은 빨간색, 초록색, 파란색의 정도에 따라 0부터 255까지의 값을 갖는데, 이들 역시 이진수로 변환될 수 있다. 또 다른 1과 0의 조합인 것이다(255는 임의의 수가 아니다. 이는 이진수로 11 111 111인데, 8자리 이진수, 즉 8비트^{bit}로 만들 수 있는 가장 큰 수이다).

오늘날의 파일은 ASCII나 비트맵을 거의 사용하지 않는다. 훨씬 효율적으로 텍스트나 이미지, 음성, 동영상 등을 이진수로 변환하는 프로그램이 있기 때문이다. 하지만 원리는 동일하다. 컴퓨터의 모든 작업은 1과 0으로 표현될 수 있다. 통신망을 통해 데이터를 전송할 때는 연속적으로 전송하지 않고 전송할 데이터를 적당한 크기로 나누어 패킷의 형태로 구성한 다음, 이들을 하나씩 보낸다. 데이터 통신망에서 패킷은 1과 0으로 구성된 이진수로 되어 있으며, 데이터를 전송할 때는 패킷이라는 기본 전송단위로 데이터를 분해하여 전송한 후, 다시 원래의 데이터로 재조합한다.

파일을 자르는 것은 그다지 어려운 일이 아니다.

파일을 표준화된 패킷으로 분할하면 상이한 시스템 간에도 안정적인 전송이 가능하며 맞은 편에서의 재조합도 가능하다.

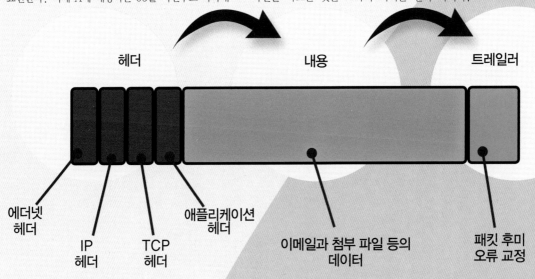

헤더	내용	트레일러
에더넷 헤더	이메일과 첨부 파일 등의 데이터	패킷 후미 오류 교정
IP 헤더		
TCP 헤더		
애플리케이션 헤더		

송신 컴퓨터

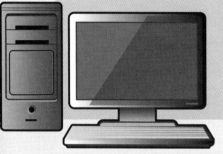

수신자 컴퓨터

새로운 이메일
메시지

패키지가 송신자의
메일 서버에
도착

서버는 DNS
설정으로 송신자와
수신자를 연결

수신자
메일 서버

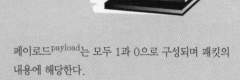

내 데스크탑에는 125킬로바이트의 정보를 포함하고 있는 MS 워드 파일로 된 보고서가 있다. 1바이트가 8비트이므로 125킬로바이트는 100만 비트가 된다. 일반적인 패킷 하나는 1,000비트보다 약간 작기 때문에 100만 개의 1과 0으로 이루어진 데이터는 약 1,000개의 패킷으로 분할된다.

각각의 패킷은 실제 우편 패킷과 유사하게 세 부분으로 구성된다.

헤더^{header}는 패킷의 출발지와 목적지, 프로토콜(이메일, 웹 페이지, 비디오 파일 등 패킷의 종류), 그리고 일련번호를 포함한다. 이는 우편 라벨과 비슷하다.

페이로드^{payload}는 모두 1과 0으로 구성되며 패킷의 내용에 해당한다.

푸터^{footer}는 정보가 끝나는 지점을 컴퓨터에게 알려주며, 패킷에 변화가 없는지 확인하는 기능도 맡는다. 말하자면 패킷의 봉인인 셈이다.

패킷이 제대로 전해졌는지 확인하는 방법은 여러 가지가 있다. 가장 간단한 방법은 전송 전 패킷에 포함된 1의 개수를 파악해 이를 푸터에 전달하는 것이다. 이 숫자가 페이로드에 도착하는 1의 숫자와 같다면 안전하게 전송되었을 가능성이 매우 높다. 만약 이들이 일치하지 않는다면 분명 오류가 있을 것이다.

수신자가 패킷을 모두 받았다면 올바른 순서대로 정렬하고, 각각의 패킷에서 페이로드를 추출하며, 1과 0의 열을 재조합하기만 하면 된다. 그러면 전송 전과 동일한 파일을 받을 수 있는 것이다.

영국 인구의
89%는
인터넷을 사용하며, 그 중
50%는 소셜미디어를
이용하고 있다.

그림 1: 모든 인터넷의 노드들이 비슷한 수만큼의 이웃노드들과
연결되어 있을 것이라 생각할 수도 있다.

인터넷의 형태

얼핏 생각해도 인터넷의 형태에 대해 말하는 것은 논리적으로 보이지 않는다. 이는 마치 고속도로의 색이나 우주 탐사 프로그램의 비중을 논하는 것과 같다. 하지만 타당한 면도 적어도 두 가지는 있다.

첫 번째는 지리학적 형태의 연결이다. 인터넷은 20세기 전신^{telegraph}과 매우 유사한 패턴을 따르며, 지난 수세기 동안 형성된 무역 통상로와도 거의 같은 패턴을 보인다. 이러한 양상은 일견 타당한데, 뉴욕과 런던 간의 비즈니스가 활발하다면 두 지역 사이에 통신이 적절하게 연결되기를 원할 것이기 때문이다.

하지만 이것이 수학적인 형태는 아니다. 수학적으로 살펴보기 위해서는, 인터넷을 그래프로 나타내야 한다. 이때의 그래프는 고등학교 수업시간에 그렸던 포물선 $y=x^2-4$와 같은 유형의 그래프를 말하는 것은 아니다. 케이블이 연결되는 위치를 나타내는 모든 노드^{node}들과 각 노드를 연결하는 케이블을 나타내는 변^{edge}으로 이루어진 것을 의미하는 것이다.

아마도 각 노드가 대여섯 군데의 이웃 노드와 연결되어 있는 그림 1과 비슷한 그래프를 기대할 지도 모르지만 실상은 그렇지 않다.

실제로는 그림 2와 같이 다수의 "단말노드^{leaf}(다른 노드와 단 한 번만 연결됨)들"로 구성된 그래프가 그려진다. 두 개의 연결을 지닌 노드의 개수는 좀 더 적고, 세 개의 연결은 더 적으며, 매우 많은 연결을 지닌 노드는 고작 몇 군데에 지나지 않는다. 이는 항공사들이 비행 노선을 짜는 것과 유사하다. 몇 개의 지역 허브가 다수의 공항을 담당하고, 대부분의 공항은 몇 개 도시와만 연결되는 것이다.

인터넷의 형태는 왜 중요할까? 이러한 패턴을 따르는 시스템은 쌍곡기하학$^{hyperbolic\ geometry}$으로 표현할 수 있다. (기존의 지도 대신) 이러한 지도를 사용하게 되면 데이터 이동에 소요되는 물리적 거리뿐 아니라 속도도 나타낼 수 있으며, 인터넷 케이블을 따라 좀 더 효율적인 전송이 가능해진다. 즉, 당신의 이메일이 더 빨리 도착하고, 인터넷이 다운되는 경우가 줄어든다는 말이다!

그림 2: 사실 소수의 노드들(허브)은 여러 이웃 노드들과 연결되어 있지만, 대부분의 노드들은 오직 하나의 노드와만 연결되어 있다.

쌍곡기하학

쌍곡기하학은 비유클리드기하학의 하나로 19세기에 발견되었다. 유클리드기하학에서는 하나의 직선 l과 이 직선 위에 있지 않은 점 P가 있을 때, 점 P를 지나면서 직선 l에 평행한 직선은 오직 하나만 존재한다. 이에 반해 쌍곡기하학에서는 점 P를 지나면서 직선 l에 평행한 직선이 적어도 2개 이상 존재한다. 이는 특수한 곡률을 갖는 공간으로 생각할 수 있다. 실제로 쌍곡기하학은 물리적 우주를 설명할 때 유클리드 기하학보다 훨씬 더 많이 언급된다.

그림과 같이 쌍곡기하학에서 "직선"은 원의 호 모양으로 그려지며, 점 P를 지나는 3개의 검은색 직선들은 빨간색 직선 l과 평행하다.

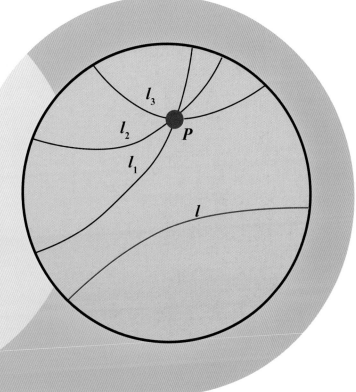

안전한 패스워드 설정

영화를 보면, 컴퓨터 앞에 앉아 현란하게 자판을 두드리며 마스터 패스워드를 알아내는 해커의 모습이 자주 등장한다. 그렇다면 실생활에서는 어떨까? 나의 패스워드는 과연 안전할까? 그것은 아마도 패스워드가 얼마나 잘 만들어졌는지에 달려있을 것이다.

자전거 자물쇠와 개인식별번호(PIN)

자전거나 핸드폰 또는 은행에서 흔히 사용하는 패스워드는 대개 4자리 숫자로 되어 있다. 하지만 4자리 PIN은 그다지 안전하지 않다. 각 자리마다 0부터 9까지의 10개의 수 중 하나를 선택할 수 있기 때문에 만들 수 있는 모든 코드의 개수는 10^4, 즉 10,000개이다. 이는 컴퓨터로 순식간에 확인해 볼 수 있는 개수에 불과하므로 신용카드나 핸드폰의 경우 PIN을 몇 차례 잘못 입력하면 더 이상 입력이 불가능하도록 설정되어 있다 (자전거 자물쇠의 경우 1초에 3번 정도 시도할 수 있다면 10,000/3초 즉, 한 시간 이내에 PIN을 알아낼 수 있을 것이다).

단어로 된 패스워드

패스워드로 단어(예를 들면, 알파벳 여섯 글자로 이루어진 단어)를 사용하면 좀 더 나을 수도 있다. 이때 만

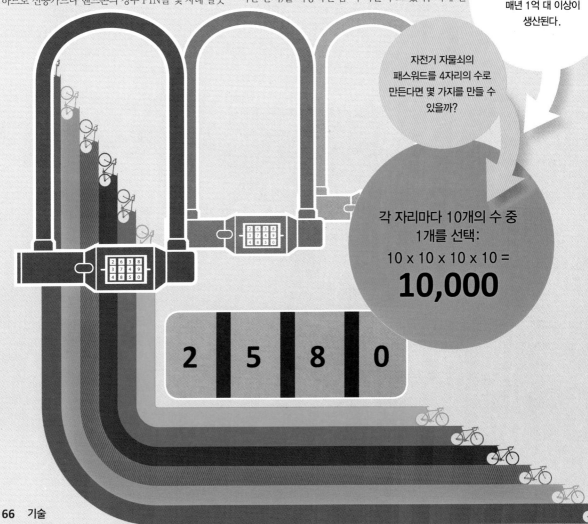

전 세계에는 10억 대 이상의 자전거가 있고, 매년 1억 대 이상이 생산된다.

자전거 자물쇠의 패스워드를 4자리의 수로 만든다면 몇 가지를 만들 수 있을까?

각 자리마다 10개의 수 중 1개를 선택:

10 x 10 x 10 x 10 =

10,000

2 5 8 0

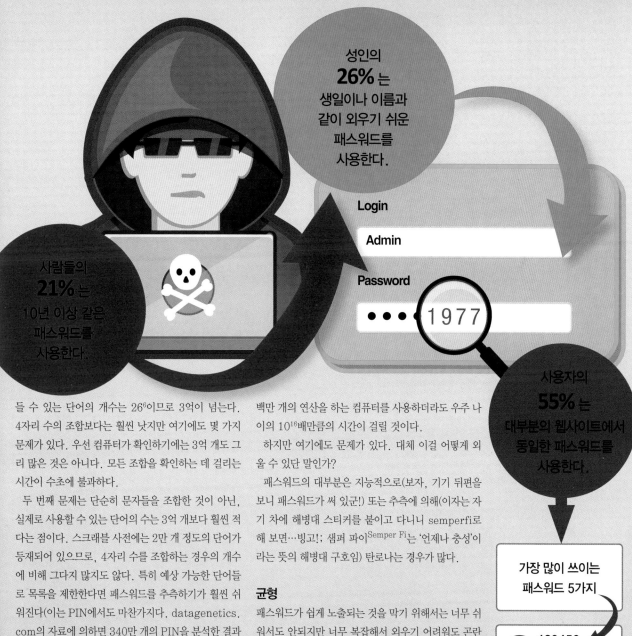

성인의 **26%** 는 생일이나 이름과 같이 외우기 쉬운 패스워드를 사용한다.

사람들의 **21%** 는 10년 이상 같은 패스워드를 사용한다.

Login

Admin

Password

● ● ● ● 1977

사용자의 **55%** 는 대부분의 웹사이트에서 동일한 패스워드를 사용한다.

가장 많이 쓰이는 패스워드 5가지

123456

password

12345

12345678

qwerty

들 수 있는 단어의 개수는 26^6이므로 3억이 넘는다. 4자리 수의 조합보다는 훨씬 낮지만 여기에도 몇 가지 문제가 있다. 우선 컴퓨터가 확인하기에는 3억 개도 그리 많은 것은 아니다. 모든 조합을 확인하는 데 걸리는 시간이 수초에 불과하다.

두 번째 문제는 단순히 문자들을 조합한 것이 아닌, 실제로 사용할 수 있는 단어의 수는 3억 개보다 훨씬 적다는 점이다. 스크래블 사전에는 2만 개 정도의 단어가 등재되어 있으므로, 4자리 수를 조합하는 경우의 개수에 비해 그다지 많지도 않다. 특히 예상 가능한 단어들로 목록을 제한한다면 패스워드를 추측하기가 훨씬 쉬워진다(이는 PIN에서도 마찬가지다. datagenetics. com의 자료에 의하면 340만 개의 PIN을 분석한 결과 6개 중 하나는 1234 또는 1111이었다. 해커가 가장 먼저 시도할 숫자 조합인 것이다).

알파벳의 확장

무작위로 넣어보는 것만으로는 알아내기 어려운 패스워드를 만들기 위해서는 두 가지 사항에 유의해야 한다. 즉, 패스워드를 길게 그리고 다양한 문자의 조합으로 만드는 것이다. 자판에 있는 90개의 문자, 숫자, 특수기호를 사용한 20자리 패스워드는 90^{20}, 즉 10^{30}가지의 조합이 가능하다. 이를 해킹하기 위해서는 초당

백만 개의 연산을 하는 컴퓨터를 사용하더라도 우주 나이의 10^{16}배만큼의 시간이 걸릴 것이다.

하지만 여기에도 문제가 있다. 대체 이걸 어떻게 외울 수 있단 말인가?

패스워드의 대부분은 지능적으로(보자, 기기 뒤편을 보니 패스워드가 써 있군!) 또는 추측에 의해(이자는 자기 차에 해병대 스티커를 붙이고 다니니 semperfi로 해 보면…빙고!; 샘퍼 파이$^{Semper\ Fi}$는 '언제나 충성'이라는 뜻의 해병대 구호임) 탄로나는 경우가 많다.

균형

패스워드가 쉽게 노출되는 것을 막기 위해서는 너무 쉬워서도 안되지만 너무 복잡해서 외우기 어려워도 곤란하다(HSgD58fAR4는 안전하긴 하지만 한번 외워 보시라!). 결국 이 두 가지가 균형을 이루는 지점을 찾아야 한다. 〈위험한 과학책〉의 저자인 랜들 먼로$^{Randall\ Monroe}$는 스토리로 만들 수 있는 4개의 단어를 추천한다("correct horse battery staple"; 말(horse)이 배터리(battery)에 박힌 스테이플러 침(staple)를 보며 '이건 배터리 스테이플러 침이군!'이라고 말하자, 내가 맞아(correct)!라고 대답한다). 이렇게 만든 패스워드는 아마도 지금 당신이 사용하는 것보다는 나을 것이다.

스팸과 스캠

$$p = \frac{s_1\,s_2\,s_3\ldots s_N}{s_1\,s_2\,s_3\ldots s_N + h_1\,h_2\,h_3\ldots h_N}$$

1978년 디지털 장비회사인 DEC^{Digital Equipment Corporation}는
자사의 컴퓨터를 홍보하기 위한 이메일을, 당시로서는 상당한 규모인
400명의 사용자에게 보냈다. 그러나 이 일은 DEC에게 씻을 수 없는 오명을
남기게 되었는데, 이것이 바로 스팸^{spam} 메일의 시초였기 때문이다.

● ●

DEC의 홍보가 얼마나 효과를 거두었는지는 알 수 없다. 하지만 스팸 메일을 활용해 수익을 거두려는 시도는 40여 년이 지난 오늘날까지 골칫거리가 되고 있다. 이제 스팸과 스캠^{scam}, 그리고 다른 인터넷 범죄에 숨겨진 수학에 관해 살펴보자.

스팸 차단

누군가가 보낸 메시지가 스팸인지를 판단하기 위해 이메일 서비스 업체가 사용하는 방법은 매우 단순한 방법에서부터 극도로 복합적인 방법에 이르기까지 수십 가지에 달한다. 여기서는 비교적 단순한 방식인 나이브 베이즈 분류^{Naive Bayes classifier}에 관해 알아보자.

스팸에 대한 정보가 전혀 없는 컴퓨터가 있고, 당신은 이 컴퓨터가 수신하는 이메일을 이용해 스팸 판별법을 훈련시키고자 한다. 이제 메일함에 다음과 같은 메일이 도착했다고 가정해보자. 도서관에서 대출도서

의 연체를 고지하는 소식은? 합격. 문제 없는 메일이다. 근황을 알려주는 친척의 메일은? 역시 합격. 그렇다면 산 적도 없는 복권에 당첨되었다는 소식은? 이건 불합격. 스팸이다. 반기문 총장이 보낸, UN에서 자금을 송금하기 위해 도움이 필요하다는 메시지는 어떨까? 역시 불합격.

자, 이제 컴퓨터는 이메일에서 사용된 단어를 분석해 이후에 수신되는 메시지의 스팸 여부를 판단할 것이다. 방법은 간단하다. 모든 메시지를 단어로 쪼갠 다음, 특정 단어가 포함된 메시지가 스팸일 가능성을 결정하는 것이다. 이 방법에 의하면 "복권"은 스팸일 가능성이 80%이다. "사무총장^{Secretary-General}"은 95%, "베이즈"는 2% 정도 된다(일부 스팸 메일은 필터를 통과하기 위해 본문의 내용 중 단어 일부를 버리기도 한다). 이 비율을 단어의 스팸성^{spamicity}이라고 한다.

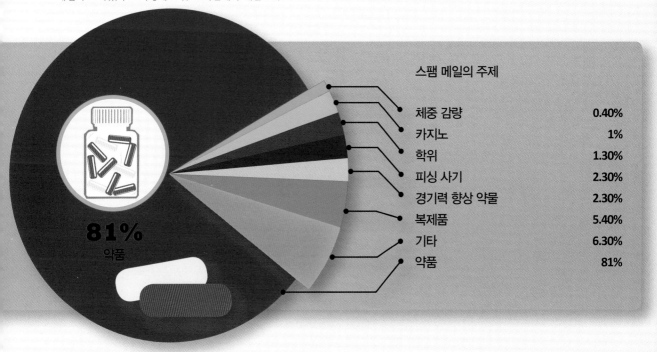

스팸 메일의 주제

주제	비율
체중 감량	0.40%
카지노	1%
학위	1.30%
피싱 사기	2.30%
경기력 향상 약물	2.30%
복제품	5.40%
기타	6.30%
약품	81%

81%
약품

스팸 메일의 국가별 비중

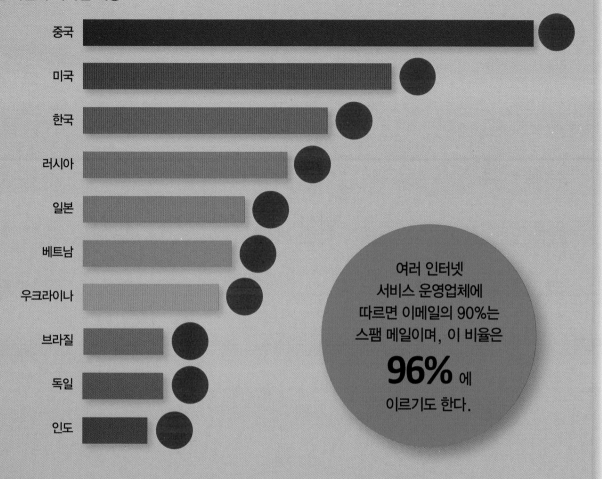

중국
미국
한국
러시아
일본
베트남
우크라이나
브라질
독일
인도

여러 인터넷 서비스 운영업체에 따르면 이메일의 90%는 스팸 메일이며, 이 비율은 **96%**에 이르기도 한다.

특정 메시지가 스팸일 확률을 구하기 위해 컴퓨터는 모든 단어에 대한 충분한 데이터를 바탕으로 전체 메시지의 스팸성 비율spamminess value을 다음과 같이 계산한다.

$$p = \frac{s_1\, s_2\, s_3 \ldots s_N}{s_1\, s_2\, s_3 \ldots s_N + h_1\, h_2\, h_3 \ldots h_N}$$

여기서 p는 스팸성 비율이며, s_1, s_2…등은 N개의 단어 각각의 스팸성이다. h_1, h_2…등은 각 단어의 비스팸성non-spamicity이다($h_k = 1 - s_k$로 표현할 수 있다). 만

약 p의 값이 설정한 기준(예를 들어 90%)을 넘으면 해당 메시지는 이메일 시스템에 의해 스팸메일함으로 옮겨지고, 기준을 넘지 않는다면 받은메일함으로 무사히 들어간다. 이러한 과정을 반복하면 시스템의 스팸메일 처리 능력을 향상시킬 수 있을 것이다!

이러한 가정은 이메일에 쓰인 단어들이 독립적이라는 전제하에 가능하지만 실상은 그렇지 못하다. UN이라는 단어를 사용하지 않으면서 Secretary-General(사무총장의 의미이지만 거의 UN 사무총장을 가리킴)이라는 단어가 쓰이는 경우가 얼마나 되겠는가? 그렇다 하더라도 나이브 베이즈 분류는 메시지가 스팸인지 아닌지를 구분하는 데 상당히 튼튼한 토대를 제공한다.

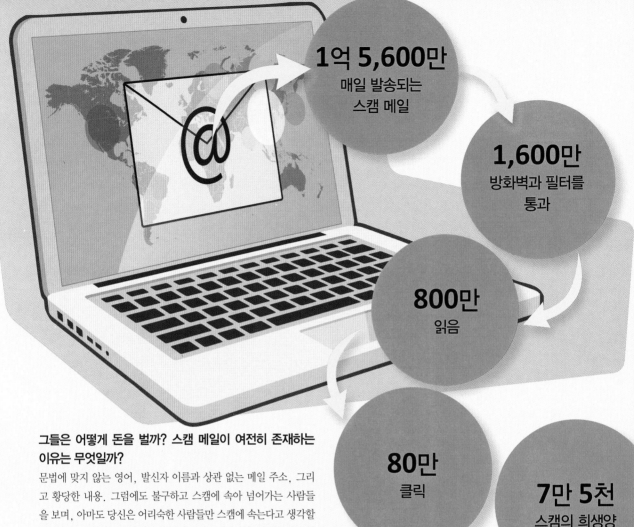

1억 5,600만
매일 발송되는
스캠 메일

1,600만
방화벽과 필터를
통과

800만
읽음

80만
클릭

7만 5천
스캠의 희생양

그들은 어떻게 돈을 벌까? 스캠 메일이 여전히 존재하는 이유는 무엇일까?

문법에 맞지 않는 영어, 발신자 이름과 상관 없는 메일 주소, 그리고 황당한 내용. 그럼에도 불구하고 스캠에 속아 넘어가는 사람들을 보며, 아마도 당신은 어리숙한 사람들만 스캠에 속는다고 생각할지도 모르겠다. 어느 정도는 맞는 말이다. 왜냐하면 이러한 메일의 거의 대부분은 스팸메일함으로 직행하기 때문에 일부러 찾지 않는 한 읽을 일이 없기 때문이다(참고로 스캠메일은 이메일을 통해 신용 정보를 빼내어 금전적인 피해를 주는 금전사기 이메일을 말한다).

하지만 사기범들은 다음 두 가지 요소에 주목한다. 첫째, 이메일은 아무리 많이 보내더라도 비용이 거의 들지 않는다. 둘째, 그들은 당신처럼 이성적이며 분별력을 가진 사람을 노리지 않는다. 위험 신호를 인지하지 못하고 쉽게 속는 사람이나, "사소한 문제"를 해결하기 위해 계속해서 돈을 보낼 정도로 남의 말을 잘 믿는 사람을 목표로 하는 것이다. 그리고 발송하는 이메일의 수가 많을수록 어리숙한 사람이 걸릴 확률도 급격히 올라가게 된다.

반면 합법적인 비즈니스의 경우에도 판매 또는 제안 목적의 이메일 뉴스레터를 보내기도 한다. 그들은 (이메일 발송 대상자의 수) × (응답하는 사람의 비율) × (응답자가 지출하는 평균 금액)을 계산해 뉴스레터의 가치를 책정한다. 이메일 발송 대상자의 수는 비즈니스의 종류에 따라 수십에서 수 백만에 이르기까지 다양하며, 응답자의 비율은 대개 수 퍼센트 정도이다. 그리고 평균 소비 금액 역시 비즈니스의 종류에 따라 변화의 폭이 크다.

스팸 발송자들도 같은 공식을 사용한다. 이 경우 응답하는 사람의 비율은 미미하지만 이메일 발송 대상자의 수는 어마어마하게 크며(동의를 구하는 번거로운 절차를 생략하므로), 송금하는 금액 역시 상당히 큰 편이다. 추정에 의하면 희생자들은 평균 미화 2억 달러를 보내며, 전 세계에 존재하는 약 25만 명의 스캠메일 사기단들은 연간 총 15억 달러를 벌어들인다고 한다(이는 곧 매년 75,000명이 속는다는 뜻이다).

다단계 사기는 왜 붕괴할 수 밖에 없을까?

나이지리아 스캠이란, 거래처로 위장해 허위로 거래 대금 송금을 유도한 다음 중간에서 이를 가로채는 방식을 말한다. 나이지리아 스캠과 더불어 인터넷에서 유행하고 있는 또 하나의 사기가 바로 다단계 사기이다.

전형적인 예는 다음과 같다. 당신이 친구를 통해 다단계 조직에 가입하면 당신은 친구에게 10달러, 그리고 그 친구를 모집한 사람에게 10달러를 낸다. 그리고 동일한 조건으로 신규 회원 6명을 가입시켜야 한다.

표면적으로는 유리한 거래로 보인다. 20달러를 내지만 2명의 신규 회원만 모집하면 본전은 뽑게 된다. 만약 6명의 신규 회원을 모집하고, 이들이 각각 6명씩을 추가로 모집한다면 당신은 60달러 + 360달러 = 420달러를 벌게 된다. 투자 금액의 무려 2,000%를 받는 것이다!

하지만 여기에는 문제점이 있다. 모집할 수 있는 사람이 곧 바닥나는 것이다. 1단계에서 6명을 모았다면, 2단계에서는 36명, 3단계에서는 216명이 된다. 10단계가 되면 1,250만 명의 기존 회원에 6천만 명이 추가로 필요하게 된다. 그리고 13단계에 이르면 전 세계 인구를 넘어서게 된다.

n 단계의 사람 수: 6^n

n 단계까지의 전체 인원 수: $6(6^n -1)/5$

인터넷 다단계 조직이 다음 단계마다 k 명의 신규회원을 가입시키면, n 단계의 사람 수는 k^n명이고, n 단계까지의 전체 인원 수는 $k(k^{n-1})/(k-1)$명이다.

다단계의 위쪽에 있는 사람들은 투자 금액에 비해 높은 수익을 얻을 수 있지만, 이러한 사기에는 항상 승자보다는 패자가 많다.

피라미드의
13단계
에서는 전 세계
인구보다 많은 참여자를
필요로 함

6
1단계

36
2단계

216
3단계

1,296
4단계

7,776
5단계

46,656
6단계

279,936
7단계

1,679,616
8단계

10,077,696
9단계

60,466,176
10단계

비트코인

비트코인은 안전하고, 추적이 불가능하며, 편리하고, 수수료가 거의 발생하지 않는다는 점에서 현명한 대금 지불 방식이라 할 수도 있다. 하지만 기존의 은행을 위협하고, 규제를 받지 않으며, 감시 체제에서 벗어나 무질서를 초래하며, 자금 세탁 및 기타 범죄의 온상이라는 시각도 있다. 사실 비트코인은 이들 모두에 해당한다(아마도 안전하고 추적이 불가능하다는 주장은 사실이 아닐 것이다). 이는 또한 수학적인 면에서 매우 흥미로운 대상이기도 하다.

비트코인의 원리

2008년 사토시 나카모토Satoshi Nakamoto라는 정체불명의 프로그래머에 의해 탄생한 비트코인은 블록체인이라는 분산 거래 장부를 기반으로 한다. 모든 거래는 네트워크로 전송되어 각 네트워크 노드(개별 참가자)에 의해 독립적으로 검증된 다음, 블록체인에 추가된다. 그리고는 다시 각 노드로 재전송되어 데이터베이스가 동기화 되도록 한다. 이후 10분 정도 경과하면 거래 목록이 승인되고, 네트워크의 모든 노드로 전송된 다음, 영구히 비트코인 장부에 기록된다.

이 부분이 바로 수학이 개입하는 지점이다. "10분" 정도 간격으로 새로운 블록이 기록되는 것은 운 좋은 채굴자miner가 있기 때문이다. 채굴자는 컴퓨터를 사용해 지난 블록까지의 거래 전부가 포함된 새 블록을 생성한다. 이러한 과정은 채굴자 입장에서는 불행하게도 일방향 해시 알고리즘one-way hashing algorithm을 거쳐야 하는데, 이 해시값의 앞부분에는 특정 개수의 0이 포함된다. 이때 수 주마다 0의 개수 조절을 통해 "10분"이라는, 승인에 소요되는 시간을 거의 일정하게 유지할 수 있다. 하지만 다른 채굴자들도 같은 일에 매달린다. 가장 먼저 성공하는 사람은 보상을 받고 추후 발생하는 거래에 대한 수수료도 챙길 수 있게 되지만, 나머지 채굴자들은 이제 처음부터 다시 시작해야 한다.

해시 알고리즘은 일련의 문자열을 큰 수로 바꾸는 방법으로, 이 수는 원래의 문자열에 비해 훨씬 더 적은 저장 공간을 차지한다. 하지만 일방향 해시의 문제점은 반대 방향으로 푸는 것이 매우 어렵다는 점이다. 기록된 거래 내역에 새로운 블록을 추가하는 유일한 방법은 1비트씩 바꿔가면서 무작위로 입력값을 대입해 해시값을 구해보는 것이다.

작업 증명proof of work이라고 불리는 이 시스템에서는 엄청난 횟수의 시도를 통해야지만 채굴에 성공해 보상을 받고 블록체인에 기록할 수 있으며, 이미 기록된 블록체인을 수정하는 것은 거의 불가능에 가깝다. 예를 들어 방금 지불한 대금의 거래 내역을 없애려고 하는 경우, 이 블록체인을 수정하기 위해서는 우선 다음번 채굴자가 되어야 한다. 평균적으로 2×10^{17}번 정도(2015년 기준이며, 지금은 훨씬 더 많아졌다) 시도해야 성공할 수 있기 때문에 가능성이 거의 없다고 할 수 있다!

비트코인은 정말 안전하고 익명성이 보장되는가?

비트코인은 현금에 비해 더 안전하다. 물론 비트코인 주소가 노출되지 않도록 주의해야 하지만, 비트코인의 암호법은 엄청나게 강력하기 때문에 훔치기는 매우 어렵다. 하지만 익명성은 약간 떨어진다. 모든 거래 내역이 장부에 기록되기 때문이다. 비록 익명이긴 하지만 소비 패턴을 분석해 누군지를 추측하는 것이 가능한 경우도 있다. 이를 막기 위해 코인을 결합하는 서비스를 사용하거나 주소를 변경하는 등의 방법이 있긴 하지만, 일반 사용자들에게는 너무나도 복잡한 방법이다.

비트코인은 현금과 마찬가지로 위험성을 내포하고 있기도 하다. 코인을 사용했거나 잃어버렸을 경우에는 영영 다시 쓸 수 없게 된다. 비트코인의 세계에서 소비자 보호의 개념을 기대하기는 어려울 것이다!

앨리스(송신자)는 밥(수신자)에게 메시지를 보내려 하고, 서명을 통해 그녀가 메시지를 보낸 것이라는 표시를 하려 한다.

앨리스는 개인키private key와 공개키public key를 생성한다. 개인키 D는 1과 타원곡선 위수 사이의 수이며, 공개키 Q는 **타원곡선 곱셈**을 이용해 타원곡선 상의 기준점에 D를 곱한 값이다. 개인키는 노출되지 않도록 해야 하지만 공개키는 알려져도 무방하다.

1. 앨리스는 해시함수를 이용해 서명하고자 하는 메시지를 수 z로 변환한다.
2. 1과 타원곡선의 위수 n 사이에 있는 임의의 수인 k를 선택하고, 모듈로 n에 대하여 k의 곱셈에 대한 역원 k^{-1}을 구한다.
3. 타원곡선 곱셈을 이용하여 기준점 G에 k를 곱한 다음, x-좌표가 정수 x인 한 점을 정한다.
4. x를 n으로 나눌 때, 그 나머지를 구하고, r이라 한다.
5. $k^{-1} \times (z + r \times D)$를 n으로 나눌 때, 그 나머지를 구하고, s라 한다.
6. r과 s를 메시지와 함께 보낸다.

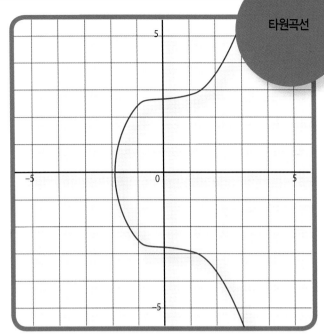

비트코인 보안의 핵심은 타원곡선에 기반한 공개키 암호법이다.

밥은 메시지를 받은 다음, 앨리스가 실제로 서명한 게 맞는지 확인하고자 한다.
1. 밥이 메시지와 서명(r, s)을 받는다.
2. 해시 함수를 사용해 메시지를 수 z로 바꾼다.
3. 모듈로 n에 대하여 s에 대한 곱셈의 역원 w와 r에 대한 곱셈의 역원 v를 구한다.
4. $u \times G + v \times Q$의 값을 구한다. 이때 G는 기준점이고, Q는 앨리스의 공개키로 이 값의 x-좌표는 x이다.
5. x와 r을 각각 n으로 나눌 때 나머지가 서로 같다면, 서명은 유효하다.

기준점base point: 비트코인 타원곡선 상의 서로 약속한 점으로 x-좌표의 값은 60,007,469,361,611,451,595,808,076, 307,103,981,948,066,675,035,911,483,428,688,40 0,614,800,034,609,601,690,612,527,903,279,981,4 46,538,331,562,636,035,761,922,566,837,056,280, 671,244,382,574,348,564,747,448이다.

비트코인 타원곡선elliptic curve: 비트코인의 암호는 타원곡선 $y^2 = x^3 + 7$을 바탕으로 한다.

타원곡선 위수curve order: 비트코인 타원곡선의 상수로 115,7 92,089,237,316,195,423,570,985,008,687,907,852, 837,564,279,074,904,382,605,163,141,518,161,49 4,337이다.

타원곡선 덧셈elliptic curve addition: 타원곡선 상의 두 점을 더하기 위해서는 이들을 연결하는 직선을 긋고, 이 직선이 타원곡선과 만나는 점을 찾는다. 그리고 이 점을 x축에 대하여 대칭이동한 점이 바로 두 점의 합이다. 한 점을 두 번 더하기 위해서는 그 점에서의 접선을 그리면 된다.

타원곡선 곱셈elliptic curve multiplication: 타원곡선 상의 점에 정수를 곱하기 위해서는 타원곡선 덧셈을 해당하는 정수 횟수만큼 시행한다. 이는 일방향 함수로 시점과 종점을 알고 있다고 하더라도, 시점에 곱해진 정수를 알아내기란 쉽지 않다.

해시 함수hash function: 메시지를 수로 변환하는 함수. 해시 함수는 대개 일방향 함수이며, 출력값을 통해 입력값을 알아내기가 쉽지 않다.

모듈로 n에 대한 곱셈의 역원multiplicative inverse modulo n: 어떤 수에 그 수의 모듈로 n에 대한 곱셈의 역원을 곱한 다음, 그 값을 다시 n으로 나누면, 나머지가 1이 된다. 예를 들어, 7×8을 11로 나누면 몫은 5이고 나머지가 1이므로, 모듈로 11에 대한 7의 곱셈에 대한 역수는 8이다.

파일 압축

"65자 미만으로 표현할 수 없는 가장 작은 수는 무엇일까?"라고 묻는 오래된 수학적/철학적 수수께끼가 있다. 이 질문에 대한 정답은 없다. 그런 수가 존재한다면 64자만 사용해서 "65자 미만으로 표현할 수 없는 가장 작은 수"를 나타낼 수 있을 것이다.

$$\Sigma p_i \log_2 p_i$$
섀넌의 정보 이론

- -

이러한 논의는 다른 수들에 비해 몇몇 수들을 보다 간결하게 표현할 수 있는 방법이 있을 것이라는 생각에서 비롯되었다. 이를 위해 기호를 사용하기도 하고 (3.1415926535879…를 π라 칭하지만, 이는 실제로 그 수를 나타내는 것은 아니다!), 10^{10}과 같은 표기를 통해 10,000,000,000을 훨씬 더 간결하게 표현할 수도 있다. 심지어 컴퓨터는 이 문자열을 "1개의 1 다음에 10개의 0"로 나타내기 위해 "1*1, 10*0"으로 코딩하기도 한다.

클로드 섀넌은 정보가 최대한 압축될 수 있는 이론적 하한선을 발견했다. 어떤 메시지를 몇 개의 알파벳으로 나타내고, 각 글자의 상대적 빈도율을 p_i라 할 때, 메시지의 엔트로피는 $\Sigma p_i \log_2 p_i$이다. 정보의 손실 없이 이보다 더 작은 비트로 메시지를 압축하는 것은 불가능하다.

허프만 코딩

메시지를 압축하는 방법 중 하나인 허프만 코딩[Huffman coding]은 알파벳의 각 글자마다 1비트 이상의 코드를 부여하는 것이다. 자주 쓰이는 글자에는 짧은 코드를, 드물게 쓰이는 글자에는 긴 코드를 배정한다.

예를 들어, "WATCH OUT WHERE THE HUSKIES GO AND DO NOT EAT THE YELLOW SNOW"라는 메시지에는 12개의 빈칸, 7개의 E, 6개의 T와 O…그리고 1개의 R, I, C, K, Y가 있다. 허프만 코드를 생성하기 위해서는 가장 적게 사용된 알파벳 그룹들을 하나로 통합하는 과정을 반복한다. 최초의 과정은 다음과 같다. (빈칸) (12), E (7), T (6),

무손실 압축에서는 파일 크기가 작아졌다가 원래 상태대로 정확하게 복원된다. 손실 압축의 경우 파일 크기는 훨씬 작아지지만 질적 저하가 동반된다.

무손실

| 100MB | 50MB | 100MB |
| 원본 | 2:1 압축 수학적 무손실 | 압축 해제 수학적 무손실 |

손실

| 100MB | 20MB | 2MB |
| 원본 | 5:1 압축 시각적 무손실 | 50:1 손실 압축 |

표 1

(빈칸)	12
E	7
T	6
O	6
H	5
W	4
A	3
S	3
N	3
D	2
(R, I)	2
(C, K)	2
Y	1

표 2

(빈칸)	12
E	7
T	6
O	6
H	5
W	4
A	3
S	3
N	3
(Y, C, K)	3
D	2
(R, I)	2

표 3: 허프만 코딩을 활용하면 메시지에 필요한 비트 수가 464에서 211로 감소한다.

문자	코드	개수	비트	합계
(빈칸)	00	12	2	24
E	110	7	3	21
T	010	6	3	18
O	011	6	3	18
H	1001	5	4	20
W	1011	4	4	16
A	1111	3	4	12
S	10000	3	5	15
N	10001	3	5	15
D	10101	2	5	10
L	11100	2	5	10
Y	101001	1	6	6
R	111010	1	6	6
I	111011	1	6	6
C	1010000	1	7	7
K	1010001	1	7	7

합계 211

O (6), H (5), W (4), A (3), S (3), N (3), D (2), L (2), R/I (2), C/K (2), Y (1). **표 1**을 참조하면 된다.

그룹이 커지면 표를 조정해 Y를 C/K와 합쳐서 **표 2**를 만든다.

트리에서 왼쪽으로 가면 코드에 0을 추가하고, 오른쪽으로 가면 1을 추가하는 것으로 규칙을 정한다면 **표 3**과와 같은 코드가 형성된다. 보다시피 흔한 글자일수록 짧은 코드를 갖게 된다. 이렇게 되면 전체 메시지는 총 211비트로 코딩되는데, 이때 이론적 최저치는 208.2비트이다(ASCII의 경우 사용하는 버전에 따라 406 또는 464비트를 요하므로, 압축하면 파일 크기가 감소함을 알 수 있다).

이 외에도 허프만 코딩에 관련된 내용이 몇 가지 더 있긴 하지만(어떤 문자가 어떤 코드에 해당하는지 구체화해야 하며, 그렇지 않을 경우 텍스트 재구성이 힘들 수 있다), 어찌 되었든, 오늘날 우리가 흔히 사용하는 파일 압축 방법은 대부분 이 기술을 응용한 것이다.

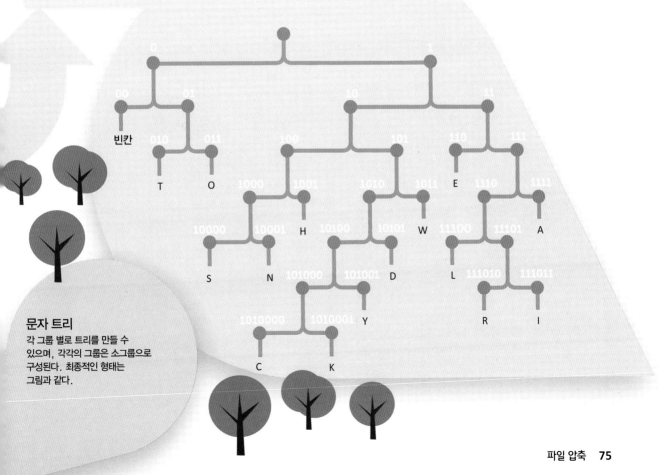

문자 트리
각 그룹 별로 트리를 만들 수 있으며, 각각의 그룹은 소그룹으로 구성된다. 최종적인 형태는 그림과 같다.

책 스캔

현대의 책은 대개 컴퓨터를 사용해 쓰여지기 때문에 전자책으로 변환하기가 용이하다. 하지만 1980년대 이전에 쓰여진 책들은 텍스트 파일을 가진 경우가 드문데도 불구하고 구글이나 구텐베르크 프로젝트에서는 이 책들의 내용을 검색할 수 있다.

누군가가 이들 책을 다시 타이핑한 것도 아니다. 대신 책을 스캔한 다음 자동으로 문자 인식을 한 것이다. 이제 이 문자 인식에 관해 살펴보도록 하자.

1

이미지 보정

스캔을 하거나 사진을 찍을 때, 어떤 이미지도 완벽하게 정렬되기는 어렵다. 이미지 보정을 위해 쓰이는 허프 변환 알고리즘Hough algorithm을 이용하면, 텍스트를 구성하는 각 라인의 기준선을 찾을 수 있다. 방법은 다음과 같다.

색을 가지지만 바로 아래에는 흰색 점을 지닌 모든 점 (x, y)을 검사한다(이는 이들 점들이 실제로 텍스트 라인의 기준선상에 위치한다는 뜻은 아니지만, 임의의 칼라 점보다는 그럴 가능성이 높다).

그 점을 지나는 모든 직선을 (각, 원점까지의 수직 거리)의 형태로 변수화한다. "한 점을 지나는 모든 직선"이란 사실상 무한 개의 직선을 의미한다. 때문에 저장할 직선들에 대하여 제한 조건을 설정해야 한다. 예를 들어 각의 크기는 $0.2°$의 배수로 나타내고, 거리는 가장 가까운 정수로 나타낸다.

각 직선이 나타나는 횟수를 센다. 기준선과 평행인 직선들이 다른 직선들에 비해 더 자주 나타날 것이다.

가장 흔히 나타나는 N개의 직선들을 찾고, 이 직선들이 나타내는 각의 크기인 θ들의 평균을 구한다.

전체 이미지를 $-\theta$만큼 회전시키면 이제 올바르게 정렬될 것이다.

2

이미지 최적화

그런 다음 이미지를 분석하기 위해 다음을 필요가 있다. 우선 추가된 노이즈를 제거하고 텍스트를 계층별로 분리한다. 즉, 선으로 구성된 문단과 단어로 구성된 문단, 글리프glyph(문자, 숫자 또는 문장 부호 등)된 문단으로 분리하는 것이다.

이 계층의 모든 단계에서 텍스트가 올바른지 확인하는 것이 OCR(광학 문자 인식optical character recognition)의 기본 개념 중 하나이다.

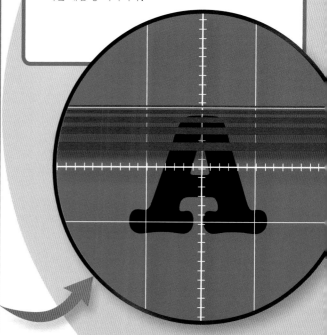

문자 인식

정교한 특징 추출$^{\text{feature-extraction}}$ 방식은 각 글자가 망울^{bulb}, 줄기^{stem} 또는 꼬리^{tail}를 지녔는지를 분석해서 글자를 파악한다. 좀 더 무작위적인 대입 접근 방식은 각각의 글리프를 알려진 글자의 목록과 일일이 비교하는 것이다.

이러한 행렬 기반$^{\text{matrix-based}}$ 방식은 글리프를, 이미지에서의 저해상도 A와 같이 그리드로 변환한다. 이후 과정은 다음과 같다.

저장된 기존의 글리프를 차례대로 불러들인다.

이들을 동일한 해상도의 그리드로 변환한다.

이 글리프의 픽셀과 저장된 글리프의 픽셀을 비교해 서로 다른 픽셀의 수를 센다.

가장 점수가 높은 글리프를 선택하는 단순한 방법도 있지만, 각각의 글리프에 확률을 부여하는 방법이 보다 합리적이다. 틀린 픽셀이 많은 글리프보다는 적은 것이 올바를 가능성이 높다.

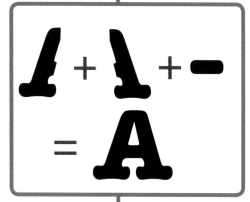

어휘 적용

소프트웨어는 글리프를 분석하고 난 후에 어휘 목록 중에서 가능성이 높은 단어들을 비교하게 된다. 예를 들어 "tbe"는 "the"일 가능성이 높다. 하지만 이 방법에도 문제점이 있다. 만약 어휘 목록에 있지 않은 단어를 사용하면 어떻게 될까?

이 과정에서는 레빈쉬타인 거리$^{\text{Levenshtein distance}}$ 라는 방법을 사용하는데, 이는 어떤 단어를 다른 단어로 바꿀 때 몇 번의 단순 편집 과정이 필요한지를 세는 것이다. 예를 들어, "Lewinsten"을 "Levenshtein"로 바꾸려면 두 번의 교환(w를 v로, i를 e로)과 두 번의 추가(h와 i)가 필요하기 때문에 이 두 단어 간의 레빈쉬타인 거리는 4이다. 일반적으로 OCR 소프트웨어는 레빈쉬타인 거리가 가장 짧은 어휘를 선택한다.

		L	E	W	E	N	S
	0	1	2	3	4	5	6
L	1	2	3	4	5	6	7
E	2	1	2	3	4	5	6
V	3	2	1	2	3	4	5
E	4	3	2	1	2	3	4
N	5	4	3	2	1	2	3

컴퓨터(연대기)

수학자에게 컴퓨터 과학에 대해 어떻게 생각하는지를 묻는다면 인상을 쓰며 불쾌해할 지도 모르겠다. 하지만 이러한 반응 뒤에는 알리고 싶지 않은 수학의 비밀이 숨어 있다. 거의 모든 계산기와 컴퓨터의 개발은 수학자들, 특히 당대 최고의 수학자들의 업적에 기반하고 있는 것이다.

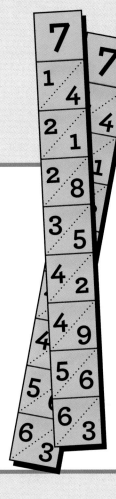

네이피어와 그의 막대

소수점과 로그의 발명으로 대대손손 학생들의 원성을 사고 있는 스코틀랜드의 수학자 존 네이피어는 '네이피어의 막대Napier's Bones'라 불리는 도구를 발명하기도 했다. 이것은 나무 또는 플라스틱(발명 당시에는 상아)으로 만든 곱셈표로 대각선에 수가 기입되어 있다.

네이피어의 막대는 컴퓨터와 전혀 다르게 생겼지만 자동 계산의 진화 과정에서 중요한 부분을 차지한다. 이것을 이용하면 큰 수와 한 자리 수의 곱셈을 쉽게 할 수 있다. 우선 큰 수의 각 자리에 해당하는 수가 적혀 있는 막대를 모두 선택하여 나란히 나열한 다음, 각 막대에서 곱하는 한 자리의 수에 해당하는 열(列)을 찾는다. 각 막대에서 해당 열에 적혀 있는 숫자들 중 첫 번째 수(첫째 자리 수)와 맨 끝에 있는 수(일의 자리 수)를 제외한 숫자들을 앞에서부터 두 개씩 더하여 각 자리의 숫자를 나타낸다(합이 10 이상이면 앞자리로 1을 올려야 할 수도 있다).

예를 들어 372와 7의 곱셈을 하려면, 일단 맨 위의 숫자가 3, 7, 2인 막대를 골라 순서대로 놓는다. 그런 다음 각 막대의 7번째 열의 숫자를 찾으면 2/1 4/9 1/4이므로 답은 [2] [5] [10] [4]이다. 이 중 [10]의 1을 앞 자리로 올려 [5]를 6으로 만들면 정답은 2,604가 된다.

이런 계산 방식을 이용하면 큰 수의 곱셈과 나눗셈은 물론, 제곱근까지도 구할 수 있다(이 경우에는 특수 막대가 필요하다).

블레즈 파스칼과 파스칼 계산기

진정한 의미에서의 첫 번째 계산기는 1643년 블레즈 파스칼Blaise Pascal에 의해 만들어졌다(그는 파스칼의 내기, 압력 단위 파스칼, 그리고 확률을 발명하기도 했다). 다이얼을 돌려 여러 수를 입력하면 기계가 이들을 더하거나 빼서 계산한다.

사실 이 기계는 수학적 발명이라기보다는 직업적 편의를 위해 만든 것이었다. 파스칼의 아버지는 세금 징수원이었는데 단순 노동을 대신하는 기계 덕분에 훨씬 편안한 삶을 누릴 수 있었다. 파스칼은 10년 동안 약 50대의 파스칼 계산기를 만들었다.

고트프리트 라이프니츠와 계산기

1671년, 뉴턴[Newton]과의 미적분학 우선권 논쟁(사무엘 한센에 의하면 뉴턴이 먼저 주장했지만 라이프니츠의 계산이 맞았다고 한다)으로 유명한 독일의 수학자 고트프리트 라이프니츠[Gottfried Leibniz]는 파스칼 계산기에 두 가지 기능을 추가한 새로운 계산기를 고안했다. 몇 년 후에 제작된 계단형 계산기[step reckoner]로는 곱셈과 나눗셈도 가능했다. 이러한 계산을 하기 위해서는 상당한 작업이 필요했지만(내가 학교에서 배운 곱셈, 나눗셈 방법의 기계식 버전을 300년 전에 개발한 것이다), 분명 기계식 계산에서의 약진이었다.

적어도 이론적으로는 이러한 계산이 모두 가능했지만 현실은 달랐다. 이는 17세기 기술로 구현하기에는 너무나도 복잡한 기계였고, 수행 기전의 설계 오류로 인해 신뢰도가 떨어졌다.

배비지, 러브레이스 그리고 해석기관

찰스 배비지[Charles Babbage]의 차분기관[Difference Engine]은 기계식 계산의 발전에 상당한 기여를 했다. 이 기계를 이용하면 소수점 31째 자리까지 다항식 계산이 가능했다. 하지만 실제로 제작되지는 못했는데, 조세프 클레멘트의 도움에도 불구하고 지나친 비용을 감당하지 못해 결국 실패했던 것이다. 게다가 당시 배비지는 해석기관[Analytical Engine]이라는 획기적인 아이디어에 마음을 빼앗긴 상태이기도 했다.

그는 당시 프랑스에서 발달했던 직조 기술의 영향을 받아 오늘날의 컴퓨터에 준하는 기계를 고안했다. 단순한 기계적 연산에 그치지 않고 펀치카드를 이용해 프로그래밍이 가능하도록 만든 것이다.

그 즈음, 배비지와 함께 일하던 에이다 러브레이스[Ada Lovelace]는 베르누이 수[Bernoulli numbers]의 계산 방법을 기술한 최초의 컴퓨터 프로그램을 작성했다.

해석기관 역시 실제로 만들어지지는 않았다.

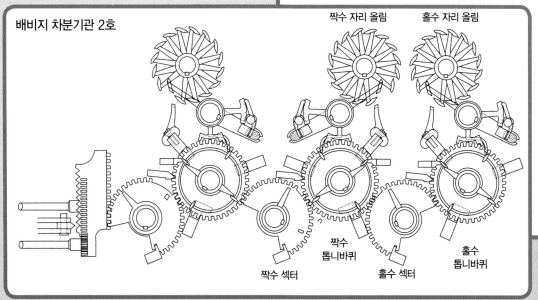

배비지 차분기관 2호

짝수 자리 올림   홀수 자리 올림

짝수 톱니바퀴   홀수 톱니바퀴

짝수 섹터   홀수 섹터

베르누이 수

베르누이 수는 탄젠트함수, 쌍곡탄젠트함수를 계산할 때, 또 조합, 점근적 해석학 및 위상수학 분야에서 사용되는 유리수 수열을 말하는 것으로, 앞의 몇 개 항은 1, $-1/2$, $1/6$, 0, $-1/30$, 0, $1/42$, 0, $-1/30$이다.

즈나이-뤼카 막대

19세기 프랑스에서는 네이피어 막대의 창조적 발전이 이루어졌다. 수학자 에두아르 뤼카Édouard Lucas가 연산문제를 제기하자, 철도 기술자였던 앙리 즈나이Henri Genaille가 이를 해결하기 위해 막대자 세트를 만든 것이다.

수와 삼각형이 복잡하게 얽혀있는 격자판인 즈나이-뤼카 막대Genaille-Lucas Rods를 이용하면 어떤 수와 한 자리 수의 곱셈을 바로 계산할 수 있다. 네이피어의 막대에서와 같이 막대를 배열한 다음, 이번에는 한 자리 수에 해당하는 열의 제일 위쪽 숫자를 고른다. 그런 다음 삼각형을 따라 왼쪽으로 이동하면 된다. 즉, 584 × 8을 계산하려면 인덱스와 5번, 8번, 4번 자를 꺼내 나란히 놓는다. 4번 자의 8번째 열의 제일 위쪽 숫자는 2이고, 삼각형을 따라가면 8번 자의 7이 된다. 이는 다시 5번 자의 6을 가리키며, 마지막 인덱스 자의 4로 이어진다. 결국 정답은 4,672가 되는 것이다.

이 막대자를 변형하면 나눗셈도 가능하지만 상당히 번거롭다. 즈나이-뤼카 막대는 수년 동안 널리 사용되다가 다른 새로운 계산기로 대체되었다.

계산자

계산자slide rules는 기계식 계산기들이 등장하기 훨씬 전부터 사용되었다. 17세기 무렵, 윌리엄 오트레드William Oughtred가 제작한 계산자는 네이피어의 로그를 사용해 곱셈은 덧셈으로, 나눗셈은 뺄셈으로 변환했다. 로그로 숫자가 쓰여진 두 개의 자를 이용하면, 큰 수의 곱셈과 나눗셈도 눈금을 읽는 것만으로 쉽게 해결되었다.

이후 계산자에 역수, 삼각법, 로그, 지수 눈금 등을 추가하자 가능한 계산 범위가 엄청나게 확대되었다. 그러나 계산자의 가장 큰 한계는 계산 결과의 정확성이 눈금을 얼마나 정확하게 읽는지에 달려있다는 점이다. 또 간혹 답이 눈금의 범위를 벗어나는 경우도 있었다. 즉, 계산자를 통해 앞자리 몇 개의 숫자는 알 수 있지만 6.9가 정말 6.9인지 아니면 0.069 또는 6900인지는 당신이 판단할 몫인 것이다!

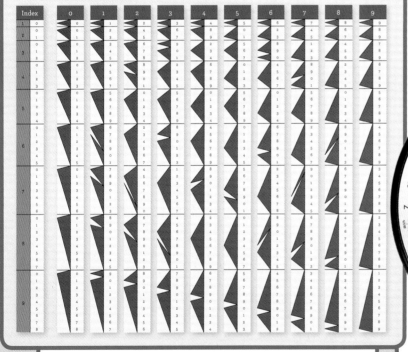

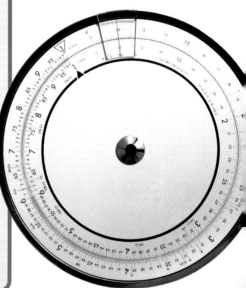

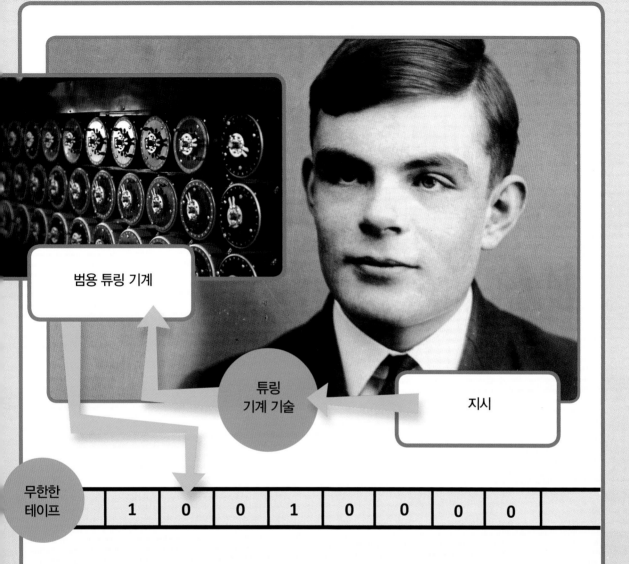

범용 튜링 기계

튜링 기계 기술

지시

무한한 테이프

1	0	0	1	0	0	0	0

튜링, 범용 기계 그리고 제2차 세계 대전

앨런 튜링Alan Turing이 고안한 범용 기계Universal Machine는 결정문제Entscheidungsproblem(알고리즘으로 모든 명제를 "진실"과 "거짓"으로 구분할 수 있는지를 묻는 문제로 데이비드 힐버트David Hilbert가 제기하였다)에 관한 사고 실험 과정에서 비롯되었다. 이 기계는 테이프에 기록을 썼다 지웠다 하면서 앞뒤로 이동하는 방식이었다.

안타깝게도 이 기계 역시 실제로 만들어지지는 못했지만 '튜링 완전성Turing Completeness'으로 이어지는 결과를 낳았다. 이론적으로 실행 가능한 영역을 기준으로 하면, 범용 기계는

어떤 컴퓨터 언어보다도 강력하다고 할 수 있다. 물론 실용성 측면에서는 거의 최악이겠지만.

그리고 마침내 제2차 세계 대전 중, 영국(튜링은 블레츨리 파크Bletchley Park에서 암호 해독가로 근무했다)과 미국(맨해튼 프로젝트Manhattan Project는 여러 대의 최신식 컴퓨터를 가지고 핵폭발 모의 실험을 시행했다) 두 나라에서 프로그래밍이 가능한 컴퓨터가 탄생하였다.

생각하는 컴퓨터

"시리, 〈일상에 숨겨진 수학 이야기〉 작가가 쓴 책을 모두 사고 싶어." 이렇게 말만 해도
원하는 책이 드론으로 집 앞까지 배달된다면 정말 멋질 것 같다. 물론 "미안하지만 그렇게 할
수는 없네요"라는 끔찍한 대답이 나오기도 하지만 말이다.

● ●

스스로 사고할 수 있는 능력을 갖춘 인공 지능은 현대
사회에서 가장 기대되는 존재인 동시에 두려움의 대상
이기도 하다.

이제 컴퓨터가 "사고"하고 "학습"하는 몇 가지 방식
에 관해 살펴보자.

구글은 내 관심사를 어떻게 알까?

수학 공부를 열심히 해서 자신의 인생은 물론 인류의
생활을 발전시킨 사례가 궁금하다면 래리 페이지^{Larry}
^{Page}와 세르게이 브린$^{Sergey\ Brin}$의 이야기에 주목해 보
자. 이들은 1990년대 스탠포드 대학 재학 시절, 연구
과제의 일환으로 어떤 웹 페이지가 가장 중요한지를 결
정하는 알고리즘을 개발했다. 이론적으로 전체 웹은 링
크의 네트워크로 이루어져 있는데, 이는 사용자가 임의
로 웹페이지를 클릭할 경우 어느 페이지로 연결되는지
를 보여주는 전이행렬$^{transition\ matrix}$로 나타낼 수 있
다. 래리와 세르게이는 이 전이행렬에서 이동을 반복할
때 특정 웹페이지에 머무를 확률을 계산해 순위를 부여
했고, 이렇게 웹사이트에 가중치를 부여하는 방법을 페
이지랭크^{PageRank}라고 불렀다.

이것이 바로 구글의 시작이었다. 기본적인 아이디어
는 학부 수준의 수학에 바탕을 두고 있었지만, 구글은
설립된 지 20년이 채 지나지 않아 전 세계에서 가장 큰
기업 중 하나가 되었다.

하지만 페이지랭크는 '사고'를 할 수 있을까? 이는 상
당히 난해한 질문이다. '사고'한다는 말은 어떤 의미일
까? 페이지랭크만을 대상으로 한다면 몇 가지 사항을
언급할 수 있을 것이다. 이것은 웹과 웹페이지의 구조
만을 근거로 의사 결정을 내린다. 즉, 사람의 개입은
허용되지 않는다(개인적 이득을 추구하거나 타인을 모
욕하기 위한 알고리즘을 개발하려는 경우는 예외겠지
만). 또한 개발자가 모르는 내용도 발견한다. 하지만
동시에 스스로가 무엇을 하는지에 대한 자각은 없다.

즉, 무작위로 추상화를 그리도록 프로그램된 컴퓨터와
다를 바 없는 것이다.

전이행렬

옆 페이지의 그림처럼, 전이행렬은 계속하여 이동하는 확률을 나타낸다.
A페이지(첫 화면)에 있을 경우, 다음에 B페이지로 이동할 확률은 100%
이다. 이때 전이행렬의 A열(세로줄)과 B행(가로줄)이 만나는 지점의 수
는 1이다. 마찬가지로 B페이지에서 C로 갈 확률과 D로 갈 확률은 모두
50%이므로 해당 지점의 수는 1/2이 된다.

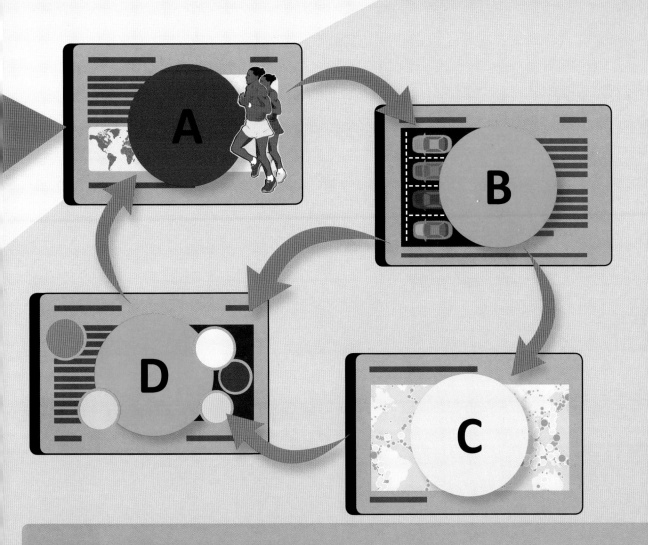

	시작				
	A	B	C	D	
A	0	0	0	1	1
B	1	0	0	0	1
끝 C	0	1/2	0	0	1/2
D	0	1/2	1	0	1

링크 페이지

각 열은 한 페이지에서 다른
페이지로 가는 비율을 나타낸다.
행렬의 주요 고유벡터principal eigenvector는
각 페이지로 갈 상대적 확률이다.
무작위로 웹 페이지를 서핑하는 경우
A, B, D 중 하나에 있을 확률은
C에 있을 확률의 2배이다.

자동 고침 기능은 왜 항상 이상한 단어를 선택할까?

휴대폰으로 "On my way(가는 중임)"라는 간단한 문구를 메시지로 보내려 한다. 오늘날에는 스마트폰의 가상 키보드에서 손쉽게 타이핑을 하지만, 구식 휴대폰의 기계식 키보드에서는 글을 만들기 위해 '666 66 0 6 999 0 9 2 999'를 눌러야 했다. 이런 타이핑은 실로 고통스러운 과정으로 오타가 나기 일쑤였다(때문에 돌이켜보면 "you" 대신 "u"를 사용하는 것과 같은 단축형 표현의 빈번한 사용은 충분히 납득할 만한 일이었다. 999 666 88 대신 88을 사용하면 핸드폰 수명도 훨씬 늘릴 수 있었을 것이다).

그러던 어느 순간, 새로운 생각이 등장한다. 모든 키를 누르는 대신 각 키를 한 번씩만 누른 다음 핸드폰으로 하여금 어떤 단어를 의도한 것인지 추론하도록 하면 어떨까? 즉, Y, O, U가 쓰여져 있는 968을 누르면 "ZOV"나 "WOT"가 아니라 "YOU"를 의도한 것이라는 사실을 기기가 유추하게 하는 것이다. 이는 분명히

혁명적인 변화였다. 사람들은 정확한 횟수만큼 키^{key}를 눌렀는지에 신경을 덜 쓰면서도 오타의 확률이 적어지자 메시지를 면밀하게 점검할 필요성을 덜 느끼게 되었다. 그러나 문제가 생기기 시작했다. 주의 깊게 확인하지 않다 보니 "Pain" 대신 "Rain"을, "Farm" 대신 "Darn"을 보내는 일이 빈번해졌다. 물론 각각의 키를 조합해 생성되는 단어는 제한적이기 때문에 대개의 경우는 메시지가 올바르게 전달되고, 설사 그렇지 않다 하더라도 의미 전달에는 큰 지장이 없다. 사실 이 부분은 수학이 개입할 필요조차 없을 정도로 단순한 과정이다. 어휘 목록에서 몇 번의 비교만 하면 되기 때문이다.

가상 키보드의 경우 문제가 좀 더 복잡해진다.

가상 키보드의 어떤 키가 눌러졌는지를 판단하는 것은 수학적으로 단순하다. 화면을 터치할 때마다 좌표를 갖게 되는데, 이 좌표가 해당 키의 범위 내에 존재하면 그 키를 누른 게 된다. 하지만 휴대폰은 타자기가 아

컴퓨터가 세상을 장악하고 인간을 노예로 만들까?

1965년, 인텔의 공동창립자인 고든 무어$^{Gordon Moore}$는 트랜지스터의 발명 이후 매년 컴퓨터 트랜지스터의 집적도가 두 배씩 증가하는 양상을 파악하였고, 당분간 이러한 추세가 지속될 것이라고 예측했다. 실제 증가 속도는 이보다 약간 느린 것으로 나타났다(무어는 1970년대에 자신의 주장을 격년으로 수정했고, 인텔에서는 2015년 현재 2.5년 간격이라고 발표했다).

이것은 어떤 의미를 지닐까? 트랜지스터 집적도는 컴퓨터 성능의 척도이다. 칩의 효율성 향상을 고려하지 않더라도 2년 간격으로 2배의 성능 향상이 50년간 지속되었다면, 오늘날의 컴퓨터는 1960년대의 컴퓨터에 비해 그 성능이 수백만 배 개선되었음을 의미한다. 만약 30개월 간격으로 2배 성능 향상이 향후 50년간 지속된다면, 컴퓨터의 성능은 또다시 수백만 배 좋아질 것이다.

이는 결국 '특이점$^{The Singularity}$'이라는 잠재적 문제로 이어진다. 멀지 않은 미래의 어느 시점에서는 컴퓨터의 처리 능력이 인간의 뇌를 능가할 것이고, 결국 진정한 인공 지능의 탄생은 불가피한 현실일 것이다.

니기 때문에 실제로 누른 키가 아니라 누르려고 의도한 키를 나타낸다. 즉, 휴대폰은 "'G'를 눌렀다"라고 판단하는 대신 "'G'를 눌렀을 확률은 57%, 'F', 'T', 'Y', 'H', 'V', 'B', 'C'를 눌렀을 확률은 각각 5%, 나머지 글자일 가능성은 각각 1%이다"라고 판단하는 것이다(이는 단지 예로 든 수치이고, 실제 휴대폰 제조업체는 훨씬 정교한 통계 분석을 시행한다). 여러 키를 순차적으로 누르는 경우, 기기는 각 단어 내 모든 글자의 확률들을 곱한 다음 실제로 입력한 단어와 비교해 사전에 있는 모든 단어들 중 가장 타당한 단어를 선택한다.

물론 이게 다는 아니다. 가장 타당한 단어를 선택하기 위해서는 단어의 사용 빈도(셰익스피어 희곡의 내용을 자주 보내는 게 아니라면 "Fie('에잇'을 뜻하는 고어)보다는 "Fire"의 가능성이 더 높을 것이다)나 문장의 적절성("I'm writing my…" 다음에 "Nook"을 입

력했다 하더라도 "Book"으로 수정되길 바랄 것이다)도 고려한다.

그렇다면 자동 고침이 종종 엉뚱하거나 민망한 결과를 초래하는 이유는 무엇일까? 이는 사실 생각만큼 그렇게 빈번하지는 않다. 실제로 우리는 거의 항상 오타를 기입하지만 자동 고침 기능이 이를 수정한다. 이 자동 고침에 대한 너무나도 의존도가 높기 때문에, 기계가 항상 우리의 의도를 알아주기를 바라는 것이다.

그렇다면 민망한 오타는 왜 생길까? "자동 고침" 기능이 없다면 이는 더욱 많아질 것이다. 사실 이러한 오류는 드물게 발생하는 편이지만, 나타날 때마다 유행하는 사진과 함께 널리 공유되기에 잦아 보일 뿐이다.

스포츠

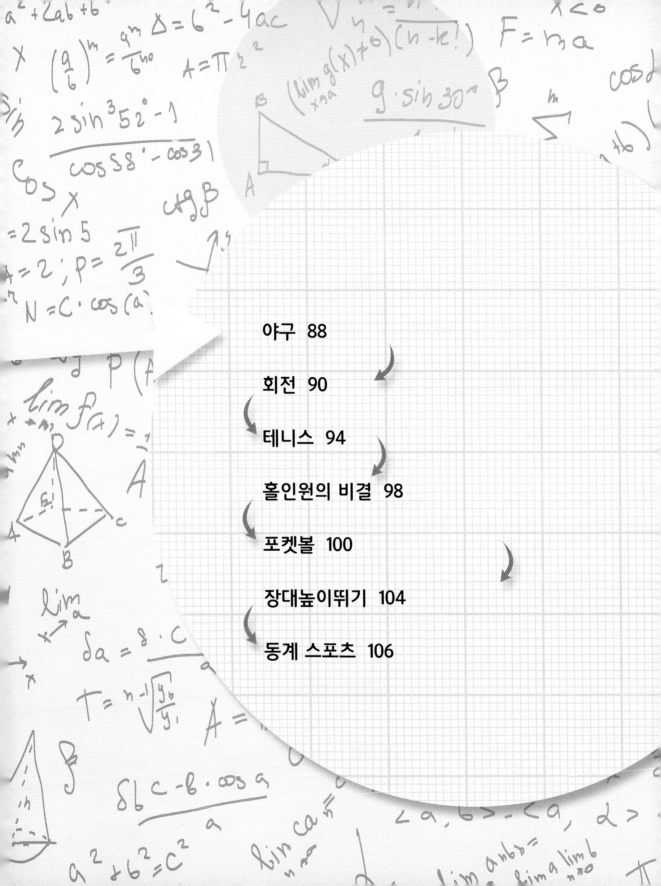

야구

$$장타율 = \frac{(안타 + 2 \times 2루타 + 3 \times 3루타 + 4 \times 홈런)}{타수}$$

2002년 오클랜드 어슬레틱스는 경제적 어려움을 겪고 있었다. 메이저리그의 상위팀들과 비교했을 때 그들의 총 연봉은 형편없었다. 뉴욕 양키스 선수단의 총 연봉은 이들에 비해 거의 3배였으며, 이들보다 적은 팀은 두 팀 밖에 없었다. 이렇게 가난한 팀이 어떻게 부자 구단과 경쟁할 수 있었을까?

야구는 통계의 게임이다. 타율(선수가 친 안타의 수를 타수로 나눈 것으로 3할이면 매우 훌륭한 수치다)과 방어율(투수의 책임으로 상대에게 허용한 점수를 한 경기 전체로 환산한 값)을 비롯해 모든 수치가 통계이다.

스카우터들은 공의 속도나 힘과 같은 물리적인 특징을 테스트하고 여기에 자신들만의 직감을 더해 선수를 추천한다.

오클랜드 어슬레틱스의 빌리 빈 단장은 이러한 기존의 통계 수치 대신 그들만의 선수 선발 기준을 만들었다. 즉, 게임을 철저히 분석해 승리에 기여한 요인들을 파악했던 것이다.

기존의 통계가 지닌 가장 큰 문제점은 팀에 대한 선수의 기여도를 제대로 반영하지 못한다는 점이었다. 분석 결과, 출루율과 같은 특징이 실제 타율보다 더 중요한 것으로 드러났는데, 이는 어찌 보면 당연한 결과였다. 아웃 카운트를 늘리지 않고 출루한다면 팀이 득점할 가능성은 높아질 수 밖에 없기 때문이다.

그들은 장타율, 즉 타수에서 기록하는 진루의 수 역시 중요시했다. 타율은 모든 안타를 동일하게 평가하는

데 반해, 장타율은 2루타에 2점, 2루타에 3점, 홈런에 4점을 부여한다.

$$장타율 = \frac{(안타 + 2 \times 2루타 + 3 \times 3루타 + 4 \times 홈런)}{타수}$$

다른 팀들은 기존의 통계와 스카우터의 직감에 의존해 선수와의 계약을 추진했던 까닭에, 수요와 공급의 법칙을 고려해 볼 때, 오클랜드 어슬레틱스는 계약하고자 하는 선수를 실제보다 헐값에 사들일 수 있었다. 구단의 열악한 재정 상태에도 불구하고 오클랜드 어슬레틱스는 2002년과 2003년 플레이오프에 진출했다. 이후 다른 구단에서도 이러한 통계적 접근 방식의 이점을 인정하게 되면서, 이는 더 이상 오클랜드만의 장점이 되지 못했다.

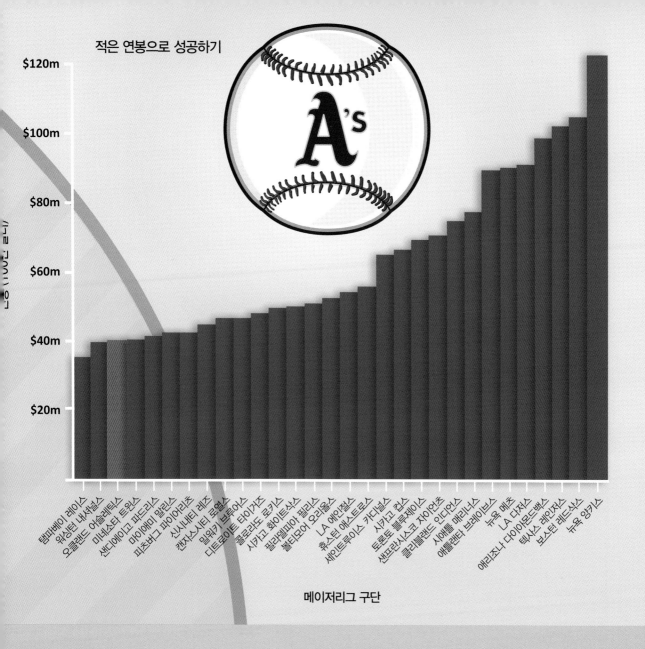

적은 연봉으로 성공하기

$120m
$100m
$80m
$60m
$40m
$20m

연봉 (1100만 달러)

탬파베이 레이스
워싱턴 내셔널스
오클랜드 어슬레틱스
미네소타 트윈스
샌디에이고 파드리스
마이애미 말린스
피츠버그 파이어리츠
신시내티 레즈
캔자스시티 로열스
밀워키 브루어스
디트로이트 타이거스
콜로라도 로키스
시카고 화이트삭스
필라델피아 필리스
볼티모어 오리올스
LA 에인절스
휴스턴 애스트로스
세인트루이스 카디널스
시카고 컵스
토론토 블루제이스
샌프란시스코 자이언츠
클리블랜드 인디언스
시애틀 매리너스
애틀랜타 브레이브스
뉴욕 메츠
LA 다저스
애리조나 다이아몬드백스
텍사스 레인저스
보스턴 레드삭스
뉴욕 양키스

메이저리그 구단

통계의 거짓말

"패스는 4번 이상 하지 말 것." 이것은 초창기 축구 통계 분석가 찰스 리프가 애용했던 문구였다. 그는 1950년대 영국의 축구 경기 분석에 온 힘을 쏟았고, 수요일 밤마다 외진 경기장에서 광부용 헬맷으로 노트에 불을 비춰가며 본인만의 기록 시스템을 만들었다.

그의 분석에 따르면 대부분의 득점은 패스 횟수가 3번 이하였던 공격에서 발생했다. 리프의 주장을 받아들인 많은 구단은 가능한 빠르게, 가능한 멀리 공을 보내는 "롱 패스 시스템"을 경기에 적용했다. 1990년대까지도 리프의 시스템에 기초한 경기 스타일을 고집하는 팀들이 있을 정도였다.

하지만 불행하게도 이것은 끔찍한 시스템이었다. 미적 측면에서도 아기자기한 경기의 묘미가 전혀 없었지만 통계적 측면에서도 전혀 근거가 없었다. 축구 전문 기자인 조나단 윌슨의 지적에 따르면, 리프가 분석한 모든 공격의 90% 정도는 3번 이하의 패스로 이루어졌지만 이는 전체 득점의 80%에 그쳤다. 롱 패스가 많은 득점으로 이어진 이유는 자주 시도되었기 때문일 뿐, 실제 득점 확률은 짧은 패스 연결을 통한 공격에 비해 오히려 더 낮았던 것이다.

회전

투수가 커브를 던지는 모습을 본 사람이라면 누구나 회전^{spin}과 방향전환^{swerve}의 효과를 경험했을 것이다. 공은 왜 이렇게 움직이는 것일까? 공이 회전하는 방식에 따라 그 진행 방향이 어떻게 바뀌는지를 판단하려고 할 때, 경험상 가장 기본 규칙은 다음과 같다. "공은 구르는 방향으로 간다."

$$\frac{F}{L}=2\pi r^2 \omega \rho v$$

톱스핀을 건다는 말은 공의 앞쪽이 아래로 회전한다는 의미로, 공은 밑으로 떨어진다. 위에서 내려다볼 때 시계방향으로 회전하도록 공을 던지면 공은 우측으로 간다. 왜 그럴까?

공이 지나가는 곳에 있는 공기가 아주 작고 가벼운 구슬로 되어 있다고 상상해 보자. 공이 회전하면서 앞으로 나아가면, 지나가는 공과 부딪친 구슬들은 이리저리로 옮겨가게 될 것이다.

우선 회전이 전혀 없는 공을 던지면 어떻게 될지 생각해보자. 공은 앞쪽에 놓인 구슬을 밀게 되는데, 이때 상호작용으로 인해 공의 속도도 느려진다. 일부 구슬들은 공의 양 옆을 스치듯 미끄러지지만, 특별히 한쪽에 더 많이 치우치지는 않으며, 구슬이 밀집된 정도를 나타내는 압력 역시 좌우 모두 같을 것이다.

이번에는 (위에서 내려다 볼 때) 공이 시계방향으로 회전하도록 사이드스핀을 약간 걸면 어떻게 될까? 공의 왼쪽에 있는 구슬은 오른쪽의 구슬에 비해 강하게 밀리게 된다. 공의 앞쪽뿐만 아니라 왼쪽의 압력도 증가하지만, 오른쪽의 압력은 오히려 떨어진다. 이러한 작용으로 인해 구슬은 공의 앞부분이 회전하는 방향, 즉 우측으로 공을 약간 밀게 된다.

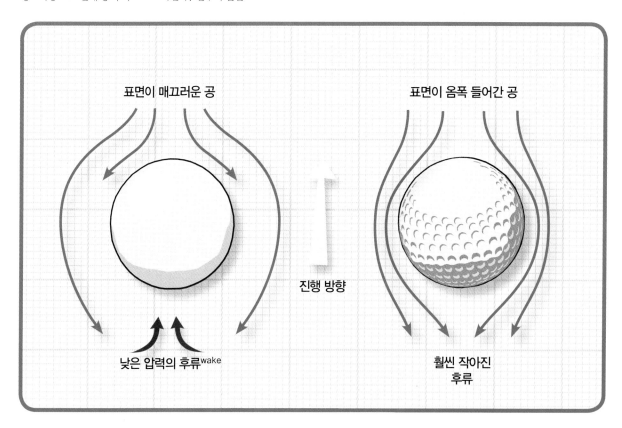

표면이 매끄러운 공

표면이 옴폭 들어간 공

진행 방향

낮은 압력의 후류^{wake}

훨씬 작아진 후류

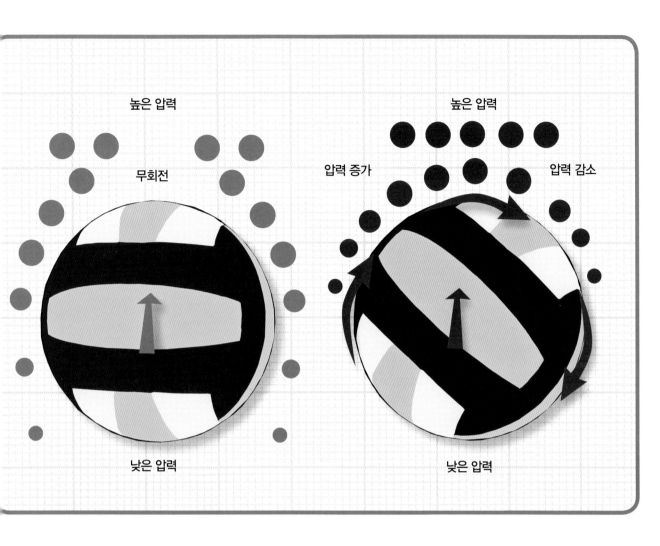

높은 압력

무회전

낮은 압력

높은 압력

압력 증가

압력 감소

낮은 압력

17세기에 뉴턴은 회전이 공의 경로에 미치는 영향을 연구했다. 하지만 이것을 수학적으로 설명한 사람은 1850년대 독일의 물리학자였던 하인리히 쿠스타프 마그누스Heinrich Gustav Magnus였다. 그는 물체가 회전하면서 유체를 지나갈 때 압력이 높은 쪽에서 낮은 쪽으로 휘어지면서 날아가는 현상에 대해 설명하며, 반지름이 r인 실린더가 회전 각속도 ω로 축을 중심으로 회전하면서, v의 속도로 밀도가 ρ인 유체를 통과하며 앞으로 나아갈 때 단위 길이 당 필요한 힘의 크기를 $F/L=2\pi r^2 \omega \rho v$ 로 나타내었다.

구의 경우에는 공의 회전축이 하나가 넘기 때문에 좀 더 복잡하다. 톱스핀이나 백스핀의 경우에는 회전축이 수평이며, 공이 앞으로 나아가는 방향과 평행하다. 반면 사이드스핀의 경우에는 회전축이 수직이다. 사이드스핀을 톱스핀이나 백스핀과 결합할 수도 있기 때문에 사실상 회전축은 어느 방향이나 가능하다!

수학적으로 살펴보면, 회전축이 다양함에 따라 스칼라방정식을 벡터방정식으로 변환이 가능하다. 형태를 바꾸면 일부 비율이 달라지며, 다음과 같은 힘 벡터를 따르게 된다.

$$\boldsymbol{F} = \pi^2 r^3 \rho\, \boldsymbol{\omega} \times \boldsymbol{v}$$

커브와 너클볼

와인드업을 하고 직구를 던지는 경우, 대개는 공을 놓는 순간에 공의 뒤쪽을 손가락으로 끌어 당겨 백스핀을 유도한다. 커브를 던지는 투수라면 공이 옆으로 휘도록 사이드스핀을 추가할 것이다.

하지만 한 가지가 더 있다. 제대로 들어가기만 하면 타자를 가장 곤혹스럽게 만드는 공, 바로 너클볼이다. 너클볼은 날아오는 도중에 갑작스럽게 움직이면서 공의 방향이 바뀐다. 시속 80마일로 던지는 경우에는 0.5초면 타자에게 도달하는데, 마지막 1/3 구간에서 급격하게 변하기 때문에 매우 위력적이다.

너클볼을 던지는 비결은 공에 회전을 주지 않는 것이다. 엄지와 중지로 공을 잡고 이를 뿌리는 동시에 밀어준다. 그리고 검지의 끝을 실밥 바로 뒤에 대서 던지는 순간에 회전이 걸리지 않도록 한다. 그러면 공은 타자에게 도착할 때까지 두어 차례 정도 밖에 회전하지 않게 된다.

회전량이 이렇게 적은 경우에는 실밥에 작용하는 공기 저항이 중요해지는데, 이로 인한 결과는 예측하기 어렵다. 공은 공기를 통과하면서 회전 속도가 느려지다가 멈추게 되고, 다시 반대방향으로 회전한다. 앞에서 말한 구슬 모델로 설명해 보면, 회전하는 공에 실밥이 있으면 구슬은 이 회전의 반대방향으로 공을 돌린다. 이후 반대편 실밥이 공기를 밀게 되면 다시 반대로 공이 돈다. 결국 여러 다른 방향으로 공이 급격하게 움직이는 것이다(반면 빠르게 회전하는 공은 방향이 바뀌지는 않고 회전 속도만 감소한다).

사실 너클볼을 던지는 것이 그리 어렵지는 않다. 문제는 빠르고 정확하게 던질 수 있느냐이다. 너클볼은 다른 공에 비해 속도가 느리기 때문에 공중에서 변화가 없다면 타자에게 공략 당하기 쉽다.

상대적으로 느린 회전이 이러한 차이를 만든다는 사실이 놀랍긴 하지만 투수와 타자 사이에서 단 몇 번의 회전만으로도 공의 궤적은 상당히 달라진다. 마그누스 힘의 공식$^{Magnus\ equation}$에 근사치들을 대입하면 힘은 0.2N 정도가 되므로 공은 0.5초 동안 날아가면서 8인치까지 움직일 수 있다.

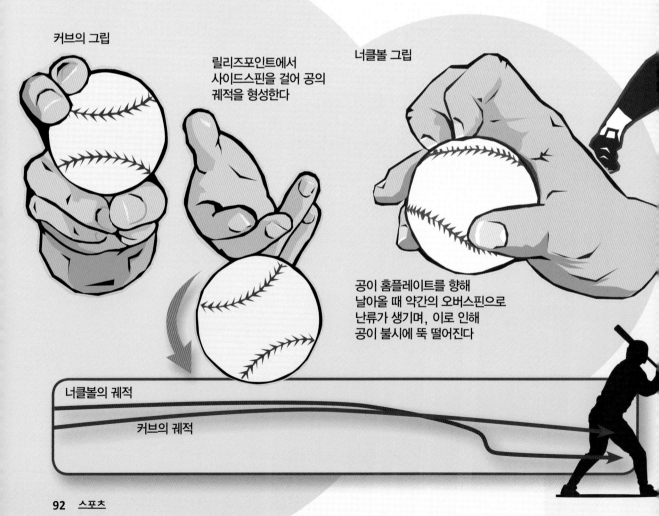

커브의 그립

릴리즈포인트에서 사이드스핀을 걸어 공의 궤적을 형성한다

너클볼 그립

공이 홈플레이트를 향해 날아올 때 약간의 오버스핀으로 난류가 생기며, 이로 인해 공이 불시에 뚝 떨어진다

너클볼의 궤적

커브의 궤적

스파이럴 던지기

x-축

y-축

스파이럴 던지기

당신이 쿼터백이라면 미식축구공을 던질 때에는 스파이럴을 던지라고 배웠을 것이다(즉, 장축에 대해 회전을 주면서 던졌을 것이다). 하지만 똑바로 던지려고 하는데 왜 굳이 회전을 줘야 할까?

　스파이럴과 커브에는 중요한 차이가 있다. 커브는 수직축에 대해 회전하는데, 이는 공의 이동 경로와 직각을 이룬다. 반면 스파이럴의 회전축은 공의 경로와 같은 방향이기 때문에 커브와는 완전히 다른 결과를 초래한다. 마그누스 힘의 공식을 살펴보면, 두 벡터의 곱 $\omega \times v$ 이 포함되어 있다. 두 벡터의 곱은 이들의 크기와 이들이 이루는 각의 크기에 대한 사인값을 곱한 것이다. 스파이럴을 완벽하게 구사하면 회전축이 속도 벡터 v 와 평행하게 되므로, 두 벡터가 이루는 각의 크기의 사인값은 0이 되어 회전에 의한 힘은 발생하지 않는다!

　사실 공이 이렇게 회전하는 것은 공의 방향에 아무런 영향을 주지 않는다. 단지 공이 의도한 방향으로 안정적으로 날아갈 수 있도록 해줄 뿐이다. 그러나 이 점이 중요하다. 공을 먼 곳까지 정확하게 던지기 위해서는 공기 저항을 최소화해야 하는데, 그러기 위해서는 공의 단면적을 지속적으로 최대한 작게 유지해야 한다. 공이 휘기 시작하면 단면적이 변하면서 예정된 궤적에서 벗어나게 되고, 속도도 느려진다. 리시버가 공을 받기에 바람직하지 않은 상황인 것이다.

　스파이럴과 커브의 수학적 차이는 간단하다. 스파이럴은 공의 궤적을 예측하기 쉽게 만드는 반면, 커브는 예측하기 어렵게 만든다. 미식축구에서는 공을 동료에게 던지고, 야구에서는 상대에게 던지니 쉽게 이해가 될 것이다.

테니스

$$v = \frac{\Delta fc}{2}$$

2016년 데이비스컵 대회 3세트 경기. 존 이스너가 시속 157.2마일의 강력한 서브를 코트에 꽂아 넣자 버나드 토믹은 라켓을 공에 대기는커녕 공을 제대로 보지도 못했다. 그런데 이 속도는 도대체 어떻게 알 수 있을까?

● ●

스피드건

비결은 바로 공을 향해 레이더건(스피드건)을 사용하는 것이다. 움직이는 물체를 향해 빛을 보내면 움직임의 방향에 따라 되돌아오는 빛의 진동수가 바뀐다. 이를 도플러 효과^{Doppler effect}라고 하는데, 이는 자동차가 다가올 때 들리는 소리로 쉽게 알 수 있다. 즉, 차가 당신을 지나치고 나면 엔진 소리가 감소하기 시작하면서 낮은 음을 낸다. 이와 같은 원리는 빛의 파동에도 작용한다.

수학적으로 진동수의 변화를 계산할 수 있다. 스피드건을 향해 다가가거나 멀어지는 물체의 속도는 다음과 같이 나타낸다.

$$v = \frac{\Delta fc}{2}$$

이때 v는 움직이는 물체의 속도, Δf는 진동수의 변화율, c는 빛의 속도를 말한다.

2000년대 말, 선수들의 서브 속도가 갑자기 향상되었는데, 이는 기술의 발전 덕분이었다. 초기의 레이더건은 정면으로 다가오는 공의 속도만 측정할 수 있었기 때문에 코너로 넣은 서브(15° 정도 옆을 향함)는 정중앙으로 넣은 서브에 비해 속도가 3.5% 정도 덜 나왔다. 현재 레이더건은 연속파가 아닌 펄스 방식을 사용하기 때문에 공의 방향에 상관없이 정확한 속도를 측정할 수 있다.

서브 속도는 공이 선수의 라켓을 떠난 직후 측정된다. 이 순간의 속도가 가장 빠르기 때문이다. 공기 저항과 코트 바닥에서의 바운드로 인해 리시버에게 도달할 때는 공의 속도가 절반으로 줄어든다.

그렇다 하더라도 시속 80마일이다. 정면으로 날아오는 공을 쳐 볼 생각만 해도 끔찍하다!

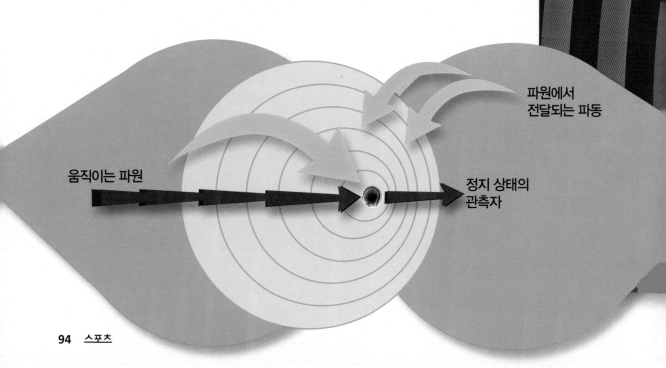

움직이는 파원

파원에서 전달되는 파동

정지 상태의 관측자

테니스 세계 랭킹

1990년 US오픈 대회 1회전, 당시 세계 랭킹 1위였던 스테판 에드베리는 이변의 희생양이 되었다. 상대는 러시아의 알렉산더 볼코프였는데, 승리를 전혀 예상하지 않았던 볼코프는 경기 당일 저녁 귀국편 비행기표까지 예매해 놓은 상태였다. 그날 에드베리는 6-3, 7-6, 6-2으로 패했다.

하지만 이 패배에도 불구하고 에드베리는 세계 랭킹 1위 자리를 유지할 수 있었다.

어떻게 가능할까?

이는 랭킹이 산정되는 방식에 기인한다. 지난 30여 년간 랭킹 산정 시스템은 조금씩 바뀌었지만 기본 원칙에는 변함이 없다. US오픈이나 윔블던과 같은 그랜드슬램 대회이건, 하위 랭커들이 출전하는 퓨처스 대회이건 간에 모든 프로 선수들은 대회에서 어디까지 올라가는지에 따라 포인트를 부여받는다. 그랜드슬램 우승 포인트는 2,000점이다. 마스터즈 대회에서 4강에 진출하면 360점을 얻고, 퓨처스 대회에서 16강에만 진출해도 1점을 받는다. 일반적으로 대회의 규모가 클수록, 그리고 대회에서 좋은 성적을 거둘수록 획득할 수 있는 포인트도 많아진다.

하지만 무한정 포인트가 늘어나지는 않는다. 랭킹 포인트의 총점은 최근 52주 동안 참가했던 대회 중 상위 18개 대회의 포인트로 제한된다. 그렇기 때문에 무턱대고 많은 대회에 참가한다고 해서 포인트를 올릴 수는 없다.

놀랍게도 이러한 랭킹 시스템이 도입된 것은 1970년대의 일이다. 그 이전에는 대회 출전 자격이 다분히 임의로 부여되었다. 토너먼트 디렉터나 협회 인사는 본인들이 원하는 사람을 초청할 수 있었고, 참가 자격이 있는 일부 선수를 정치적인 이유로 배제하기도 했다. 1973년, 81명의 선수들이 윔블던 대회를 보이콧했던 사건 이후 공평한 경쟁의 장을 만들기 위해 랭킹 시스템이 도입되었다.

그렇다면 에드베리는 어떻게 1회전 탈락에도 불구하고 왕좌를 유지할 수 있었을까?

이유는 간단하다. US오픈은 그의 무대였던 적이 없었고, 1989년에는 4회전에서 탈락했었다. 그렇기 때문에 볼코프에게 당한 패배로 잃은 포인트는 고작 몇십 점에 지나지 않았던 것이다. 게다가 1위 자리를 넘보던 보리스 베커와 이반 렌들은 전년도 대회의 결승전에서 맞붙은 선수들이었다. 전년도 우승자인 보리스 베커는 더 좋은 성적을 거두는 것이 불가능했고, 렌들은 에드베리와 상당한 격차가 있었다.

1990년 첫날과 마지막 날의 ATP 랭킹

	1990년 1월 1일				1990년 12월 31일		
1	이반 렌들	체코	2913점	1	스테판 에드베리	스웨덴	3889점
2	보리스 베커	독일	2279점	2	보리스 베커	독일	3528점
3	스테판 에드베리	스웨덴	2111점	3	이반 렌들	체코	2581점
4	브래드 길버트	미국	1398점	4	안드레 애거시	미국	2398점
5	존 매켄로	미국	1354점	5	피트 샘프러스	미국	1888점
6	마이클 창	미국	1328점	6	안드레스 고메즈	에콰도르	1680점
7	아론 크릭스타인	미국	1217점	7	토마스 무스터	오스트리아	1654점
8	안드레 애거시	미국	1160점	8	에밀리오 산체스	스페인	1564점
9	제이 버거	미국	1039점	9	고란 이바니세비치	유고슬라비아	1514점
10	알베르토 만치니	아르헨티나	1024점	10	브래드 길버트	미국	1451점

서브를 먼저 넣을까 리시브를 먼저 할까?

모든 선수가 자신의 서비스 게임을 지킬 확률이 90%라고 하자. 단, 브레이크를 당하면 바로 세트를 빼앗긴다는 심리적 부담감이 있는 경우에는 이 확률이 50%로 떨어진다고 하자. 토스로 선공을 결정할 때 서브를 먼저 넣는 게 나을까, 아니면 나중에 넣는 게 나을까?

정답은 "먼저" 넣는 것이다. 서브를 먼저 넣는 경우, 경기가 정상적인 흐름대로 진행된다면 당신이 5-4로 앞선 상황에서 상대가 서브를 넣을 차례가 되므로 상대는 분명 부담을 느끼게 된다. 흔들리지 않고 서비스게임을 지킨다 하더라도 6-5 상황에서 당신에게 다시 한번 기회가 찾아올 것이다.

두 사람의 테니스 실력이 동일하다고 하더라도, 토스에서 이겨 서비스 우선권을 얻는 경우 타이브레이크 전에 세트를 가져올 확률은 58%이고, 상대방이 세트를 가져갈 확률은 30%이다. 상대에게 더욱 안 좋은 소식은 번갈아 서브를 넣기 때문에 다음 세트에서도 당신이 먼저 서브할 확률이 63%라는 사실이다!

이기기 위해서는 얼마나 더 잘 쳐야 할까?

테니스는 한 끗 차이 실력으로 승부가 결정된다. 고비에서 결정적인 범실이 나오면 승패가 갈리는 것이다. 이러한 실력차이가 얼마나 미미한지 알아보자. 당신이 나를 상대로 한 포인트를 딸 확률이 55%라고 하자. 즉, 평균적으로 20점 중에 11점을 얻는 것이다. 이 경우 5세트 경기에서 당신이 승리할 확률은 얼마나 될까?

테니스의 점수 체계에서 한 게임을 따기 위해서는 최소 4점을 얻어야 하고 상대와 2점 이상의 격차가 있어야 한다. 당신이 나를 상대로 한 게임을 따낼 확률은 62%가 약간 넘기 때문에 내가 당신을 이기기 위해서는 약간의 운이 필요할 것이다.

하지만 세트를 이길 확률은 이보다 훨씬 높아진다. 타이브레이크 상황을 고려하지 않을 때(원한다면 계산에 넣을 수도 있지만), 당신이 2게임 이상 차이로 최소 6게임을 먼저 따낼 확률은 약 82%이다. 즉, 5세트를 하면 중 적어도 4세트는 이긴다는 말이다.

이를 5세트 경기에서의 승률로 환산하면 거의 96%가 된다. 상호 간의 실력 차이가 그다지 크지 않음에도 불구하고 23번 경기를 할 때 당신이 나를 22번 이기는 셈이다. 내가 훈련을 거듭해 실력을 끌어올려 포인트 승률을 49%까지 높인다 하더라도 세 경기 중 한 번 간신히 이길 것이다.

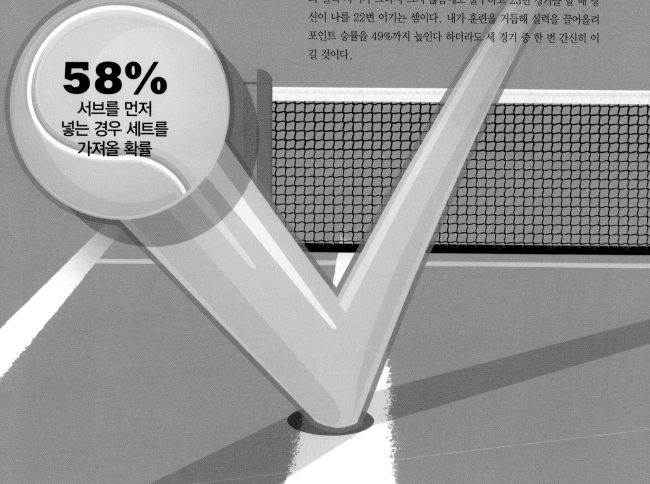

58%
서브를 먼저
넣는 경우 세트를
가져올 확률

홀인원의 비결

$$\arctan\left(\frac{2.125}{180}\right) \approx 0.67°$$

미구엘 앙헬 히메네즈가 티샷한 공이 백스핀을 먹고 홀에 빨려 들어갔다.
그는 두 팔을 번쩍 치켜 올렸고, 문워크 댄스를 선보였다.
2015년 영국 웬트워스골프장에서 기록한 이 148야드짜리 홀인원은
그의 28년 프로 인생에서 열 번째였으며, 그는 이 부분 세계 최다 기록 보유자이다.

• •

"짧은 홀에서 하되 너무 짧아도 안 된다!"를 비롯한 근거 없는 조언

미국 홀인원 등록처의 자료에 따르면 홀인원의 가능성이 가장 높은 곳은 가장 짧은 홀이 아니다. 홀인원의 거의 절반이 6번에서 9번 아이언으로 만들어졌다. 하지만 놀랍게도 이에 관한 통계적 분석은 거의 없는 실정이다.

히메네즈의 경우도 그렇지만 대부분의 홀인원은 공이 핀을 약간 지나쳐서 떨어진 다음 백스핀이 걸리면서 홀로 들어갈 때 나온다. 공이 깃발을 지나 4.57m 떨어진 평평한 그린에 안착한 경우, 목표 지점의 폭은 10.8cm이고, 공이 굴러가야 할 방향은 홀 중앙에서 양쪽으로 2/3도 이내이다. 적당한 속도로 보내야지 그렇지 않으면 홀에 못 미치거나 홀을 지나칠 수도 있다.

$$\arctan\left(\frac{2.125}{180}\right) \approx 0.67°$$

골프 실력이 좋을수록 홀인원을 기록할 가능성이 높아지긴 하지만, 프로 선수라 하더라도 여전히 확률은 낮다! 홀인원의 가능성은 프로의 경우 3,000라운드에 한 번, 로우 핸디캡 골퍼의 경우 5,000라운드에 한 번이다. 나 같은 초보가 홀인원을 한 번 하려면 12,000라운드가 필요하다.

5번 아이언
8%

6번 아이언
11%

7번 아이언
14%

**클럽 별
홀인원 비율**

8번 아이언
14%

9번 아이언
12%

피칭 웨지
7%

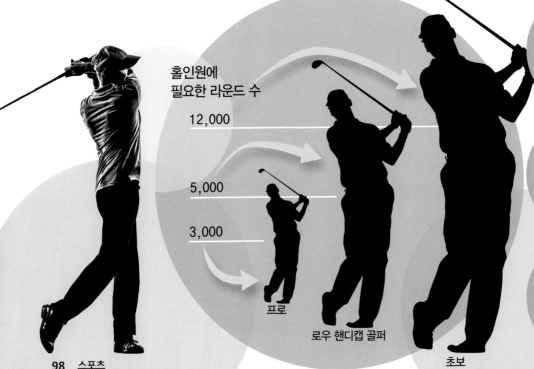

홀인원에
필요한 라운드 수

12,000

5,000

3,000

프로

로우 핸디캡 골퍼

초보

일본에서는 하지 말 것

홀인원의 확률은 극히 희박하긴 하지만 행여나 일본에서 기록할 경우 그 결과는 참혹하다. 당사자가 골프장의 모든 사람들에게 성대한 파티를 열어줘야 하기 때문이다.

이는 아마도 보험회사에서 나온 말일 지도 모른다. 1980년대 일본에서 골프는 부유층만이 향유할 수 있는 운동이었다. 다소 비판적인 사람들은, 보험사가 잠재적 고객들의 관심을 불러 모으기 위해 이러한 "전통"을 시작했다고도 말한다.

완벽한 퍼팅을 위한 공식

스코틀랜드의 대학 연구진은 골프 선수들의 퍼팅 테크닉을 기술하는 공식을 개발했다.

$$V_c = 2D\left(\frac{1}{T}\right)\left(\frac{P_T}{k}\right)\left(1 - P_T^2\right)\left(\frac{1}{k}\right) - 1$$

여기서 V_c는 클럽의 속도이며, D는 포워드 스윙의 폭, T는 포워드 스윙의 타이밍, P_T는 스윙의 정점에서 임팩트까지의 시간 비율, k는 "골퍼의 마음 속 지침이 샷의 타이밍과 얼마나 일치하는지를 나타내는, 심리학자들이 고안한 수치"를 말한다. 이 공식이 도움이 되리라고 믿는 사람은 팥으로 메주를 쑨다도 해도 믿을 것이다.

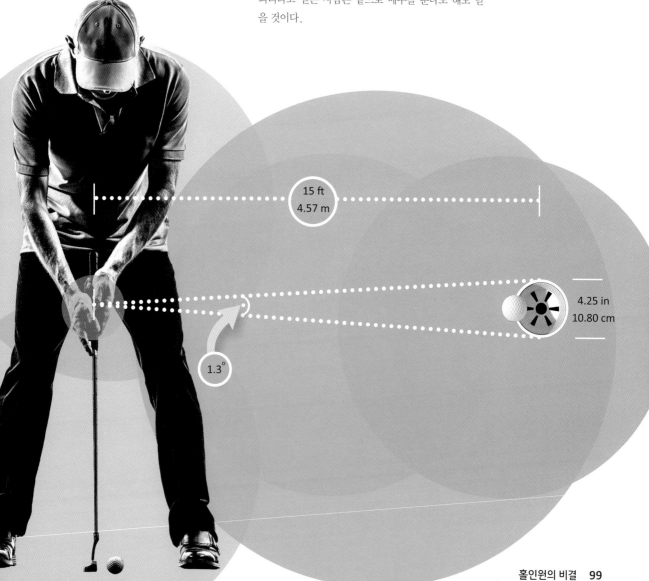

15 ft
4.57 m

4.25 in
10.80 cm

1.3°

포켓볼

수학적인 측면에서 볼 때 포켓볼은 결코 시간 낭비가 아니다. 공을 포켓으로 넣을 확률이 얼마나 되는지, 왜 흰 공과 목적구를 연결하는 직선 상에 놓인 포켓으로 공을 넣는 것이 더 쉬운지를 알기 위해서는 기하학이 필요하기 때문이다.

$$\tan^{-1}\left(\frac{2.9}{96}\right)$$

포켓볼의 기하학

당구공을 포켓에 넣는 것은 얼마나 어려울까?

상황에 따라 다르긴 하지만 몇 가지 사실은 동일하다. 당구공의 지름은 5.7cm이다. 코너포켓의 지름은 그 2배 정도인 11.4~11.8cm이며, 사이드포켓은 이보다 1.3cm 정도 더 넓다. 당구대의 길이는 2.7m, 폭은 1.4m이다. 이제 오른쪽 페이지의 그림과 같이 코너포켓과 사이드포켓의 중간쯤에 놓인 공을 코너포켓에 넣으려고 한다고 하자. 공을 넣을 공간은 어느 정도나 여유가 있을까?

포켓의 정중앙으로 공이 들어가면 완벽하겠지만, 그냥 "들어가기만" 해도 충분하다! 코너포켓의 지름(11.4cm)이 공 지름(5.7cm)의 2배이므로 공의 중심이 포켓의 중심에서 공 지름의 절반만큼 벗어나도 괜찮다. 양방향으로 대략 2.9cm씩 여유가 생기는 것이다.

공이 두 곳의 쿠션(당구 테이블 가장자리의 벽면)에서 68cm 떨어져 있다고 할 때, 피타고라스의 정리를 이용하여 공에서 코너포켓까지의 거리를 구하면 약 96cm($\sqrt{68^2+68^2}$)가 된다.

공이 코너포켓에 들어가기 위해서는 96cm을 굴러간 다음, 공의 중심이 코너포켓의 중심으로부터 2.9cm 이내에 있도록 해야 하므로 허용 각도 범위는 $\tan^{-1}(2.9/96)$, 즉 1.7도 정도가 된다.

이는 당구공의 중앙에 3.4도의 스위트 스팟$^{sweet\ spot}$이 존재한다는 의미이다. 이 스위트 스팟을 적당한 강도로 때린다면 공은 포켓 내로 멋지게 들어갈 것이다. 그러나 이 부위는 공 전체의 1%에도 미치지 못한다. 지름이 약 0.18cm 크기인 목표물을 지닌 셈이다.

공의 정면을 맞춰 포켓에 넣는 것이 비스듬히 맞춰 포켓에 넣는 것보다 쉬운 이유는?

흰 공을 어느 방향에서 치느냐에 따라 스위트 스팟의 크기가 다르게 느껴지기도 한다. 포켓의 위치가 흰 공과 목적구를 연결하는 직선에 가까울수록 정확성이 덜 요구된다!

예를 들어 스위트 스팟이 0.18cm인 공의 정면을 겨냥할 경우, 스위트 스팟은 0.18cm 크기 그대로 보일 것이다. 하지만 45도 비스듬히 쳐야 한다면 스위트 스팟은 0.13cm 정도로 작게 보인다. 거의 90도 각도로 살짝 스쳐야 하는 상황이라면 어떨까? 스위트 스팟은 거의 0에 근접한다. 0.0026cm를 목표로 쳐야 하므로 아주 미세한 오차라도 생기면 공을 아예 맞추지도 못할 것이다!

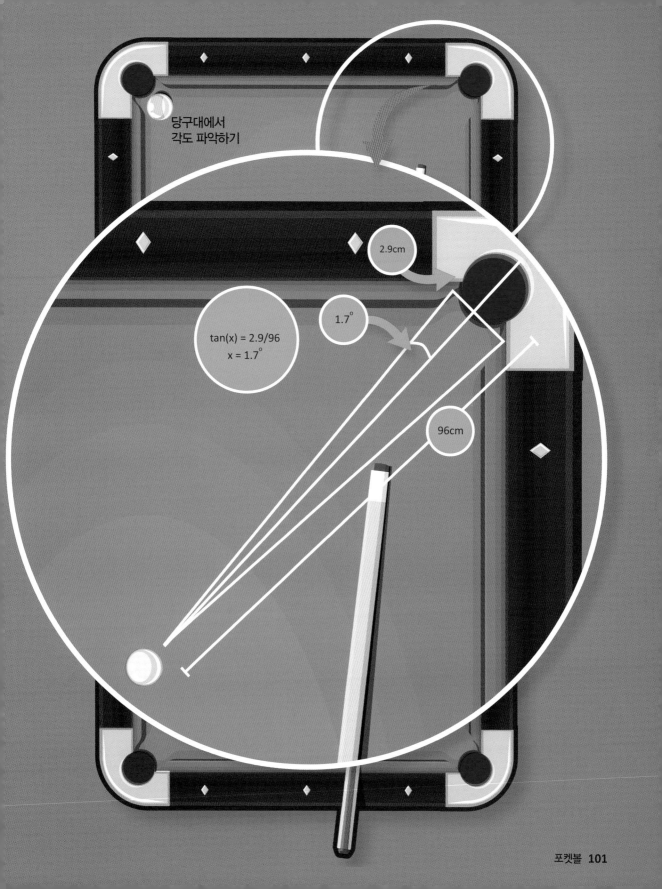

당구대에서
각도 파악하기

2.9cm

$$\tan(x) = 2.9/96$$
$$x = 1.7°$$

1.7°

96cm

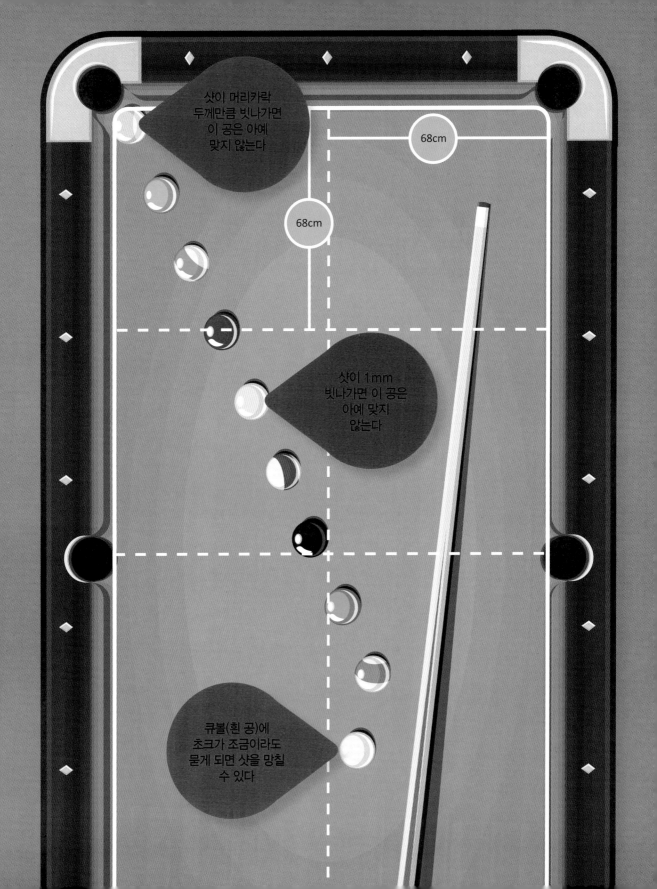

9개 공의 컴비네이션 샷이 가능할까?

당구공 9개를 포켓을 향해 한 줄로 세우고 공 사이마다 공 2개 정도의 간격을 두자. 첫 번째 공을 쳐서 도미노처럼 나머지 공을 순서대로 부딪히게 한 다음 마지막 아홉 번째 공을 포켓에 넣을 수 있을까?

사실 간단해 보인다. '딱-딱-딱' 공이 서로 부딪히는 소리가 벌써 귓가에 맴돌지 않는가?

하지만 감히 말하건대 당신의 실력이 얼마나 출중하건, 얼마나 똑바로 공을 칠 수 있건 간에 무조건 실패할 것이다. 마지막 공을 건드리기만 해도 엄청나게 운이 좋은 것이다.

이러한 컴비네이션 샷의 문제는 오차가 매우 빨리 커진다는 것이다. 만약 첫 번째 공을 칠 때 목표지점에서 1mm 벗어난다면, 첫 번째 공과 두 번째 공 사이의 오차는 2mm가 된다. 이후 공들이 서로 부딪힐 때마다 오차는 두 배로 늘어나므로 두 번째와 세 번째 공의 경우 4mm 벗어나게 되고, 다섯 번째 공은 여섯 번째 공에 아예 맞지 않을 것이다.

그렇다면 아홉 번째 공을 포켓에 넣으려면 대체 얼마나 정확해야 할까? 아홉 번째 공과 부딪힐 때의 오차 범위를 2mm라고 해보자. 그 이전 접촉의 오차는 1mm 이내여야 하고, 또 그 이전은 0.5mm이내여야 한다. 이런 식으로 각각의 스위트 스팟은 이전 스위트 스팟의 절반이다. 그러면 첫 번째 공의 오차 범위는 약 250분의 1mm, 즉 4μm 정도가 된다. 참고로 사람의 머리카락 두께는 75μm이다.

하지만 첫 번째 공을 똑바로 치는 것이 전부는 아니다! 이 모델은 9개의 공이 직선 상에 완벽하게 정렬되어 있다는 것을 전제로 한다(약간만 벗어나도 정확도가 떨어질 수 밖에 없으므로 μm 단위의 정확도를 요한다). 또한 당구대 표면도 완전히 평평해야 한다. 초크 입자는 크기가 수 μm에 달하기 때문에 하나라도 떨어져 있으면 공이 궤도를 벗어나게 된다.

결론적으로 아무리 운이 좋더라도 이는 불가능하다. 하지만 실패하더라도 변명할 구실은 충분할 것이다!

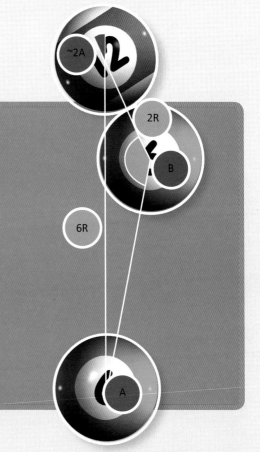

오차는 어떻게 점점 더 커질까?

컴비네이션 샷에 적용되는 기하학은 삼각법과 관련이 있다. 반지름의 길이가 R인 목적구(그림의 자주색 공)의 중심, 샷을 하는 순간의 흰 공(그림의 맨 아래 녹색 공)의 중심, 그리고 흰 공이 목적구와 만나는 순간의 흰 공(그림에서 자주색 공과 만나는 녹색 공)의 중심을 이어서 만든 삼각형에 대하여. 두 변의 길이가 2R, 6R이고 오차 각도가 A라고 하자.

사인 법칙에 따라 $2R/\sin(A) = 6R/\sin(B)$, 즉 $\sin(B) = 3\sin(A)$가 된다. 삼각형의 내각의 합은 180°이므로 $A + B + C = 180°$이고, 삼각함수의 성질에 의하여 $\sin(B) = \sin(180° - B) = \sin(A + C)$이므로 $\sin(A + C) = 3\sin(A)$가 된다. 라디안을 사용할 경우 크기가 작은 각의 근삿값을 사용할 수 있으며, $A + C \approx 3A$, 따라서 $C \approx 2A$로 근사시켜 계산할 수 있다.

흰 공에 부딪힌 목적구는 이 경로를 따라 4R(공 2개의 지름 길이)만큼 굴러간 다음, 직선경로에서 4AR만큼 벗어나 다른 공을 친다. 이것은 이전 공과 부딪힐 때보다 직선 경로에서 약 2배 정도 벗어난 것으로, 바로 다음의 각도 오차 역시 2배 정도로 커질 것이다.

장대 높이뛰기

$$KE = \frac{1}{2}mv^2$$

우사인 볼트가 200m 달리기에서 여유 있게 결승선을 통과하는 모습을 보면
운동 선수의 조건은 유전자와 체력 그리고 기술이 전부라고 생각할 수 밖에 없을 것이다.
단거리 경주의 경우에는 이 말이 거의 사실에 가깝다. 총소리를 듣자마자 스타팅 블록을
박차고 나와 결승선을 통과할 때까지 최대한 빨리 달리기만 하면 되기 때문이다.

· ·

하지만 수학과 관련이 깊은 종목들도 있다. 르노 라빌레니는 장대 높이뛰기를 할 때 신체 각 부위의 움직임을 어떻게 조절하는 걸까?

장대 높이뛰기와 관련된 수학은 "빨리 뛸수록 높게 점프할 수 있다"라는 말로 간단히 표현할 수 있다. 도움닫기 속도를 높이면 그 만큼의 운동에너지를 얻을 수 있는데, 체중이 m인 선수가 속도 v로 달릴 때 운동에너지는 $1/2mv^2$이다. 한편 출발지점에 비해 높이 h 만큼 점프할 때 중력에 의한 위치에너지는 mgh이며 이때 g는 중력가속도로 $9.8m/s^2$이다. 완벽한 장대 높이뛰기에서는 도움닫기에 의한 운동에너지가 모두 위치에너지로 전환된다.

따라서 $1/2mv^2 = 9.8m/s^2$이므로, $v^2 = 2gh$가 된다. 달리는 속도를 알 수 있다면 최대로 점프할 수 있는 높이를 구할 수 있다. 달리기가 꽤 빠른 선수는 초속 9.5m 정도로 달릴 수 있는데, 이 경우 최대 높이는 $(9.5 \times 9.5)/(2 \times 9.8) \approx 4.6m$가 된다.

이는 장대 위에서 당신의 무게 중심이 올라갈 수 있는 높이를 의미한다. 즉, 키가 180cm 정도 되는 경우 무게 중심은 지표면에서 90cm 정도 위에 위치하므로, 적절한 자세를 취한다면 5.5m 정도까지는 올라갈 수 있는 것이다. 이는 실제 장대 높이뛰기 결과에 거의 부합하는 것으로 리우 올림픽 7위에 해당하는 기록이다.

운동에너지를 얻기 위한 도움닫기

중력에 의한 위치에너지로의 전환

기록을 올리기 위한 방법을 몇 가지 소개하겠다.

빨리 뛴다.
: 달리기 속도를 초속 0.3m 정도 높인다면 0.3m
더 높이 뛸 수 있다.

좀 더 가벼운 폴을 사용한다
: 이는 더 높게 뛰기 위해서가 아니라, 더 빨리 뛰도
록 하기 위해서이다.

**바를 통과할 때는 U자를 거꾸로 한 자세로 발을 먼
저 넘긴다.**
: 이렇게 하면 무게 중심이 바의 아래에 있더라도 바
를 떨어뜨리지 않으면서 넘어갈 수 있다.

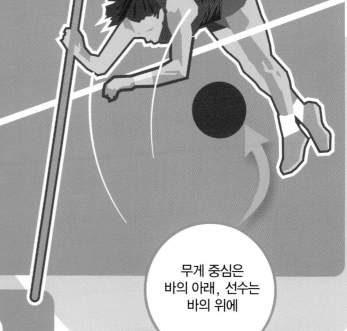

**무게 중심은
바의 아래, 선수는
바의 위에**

투석기 효과

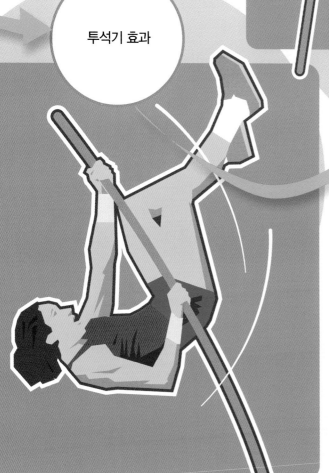

공중에서 좀 더 효율적으로 이동한다.
: 공기 저항은 여기서 고려되지 않았지만, 이는 분
명 속도를 늦춘다.

지구의 중심으로부터 멀리 떨어진 곳에서 경기를 하
면 중력을 줄일 수 있다.
: 예를 들어 지구의 모양을 고려할 때 적도 근방의
리오데자네이루는, 극지방에 가까운 런던에 비해
지구의 중심에서 좀 더 떨어져 있다. 리오의 중력
은 런던에 비해 0.25% 정도 약하며, 이는 같은 점
프를 하더라도 브라질에서 1.3cm 더 높이 올라갈
수 있다는 의미이다.

장대 높이뛰기 실력이 정말 뛰어나다면 세르게이 부
브카처럼 하면 된다. 세계 기록을 1cm씩 반복해서
(무려 35번이나!) 경신해 매번 포상금을 두둑하게 챙
기는 것이다.

동계 스포츠

스키점프는 엄청나게 커다란 힐(언덕)을 질주해 내려간 다음, 가능한 멀리 뛰어 올라 안전하게 착지하는 종목이다. 이 운동을 할 정도로 무모할 확률과 경기 중 죽지 않을 확률은 거의 비슷하지 않을까?

대한민국에서 개최된 2018년 평창 동계올림픽은 스키, 스케이트, 스노보드, 봅슬레이, 컬링을 비롯한 동계스포츠 종목 선수들이 그동안 흘린 땀의 결정체였다.

는 사람이라면 몇 가지 수학적 내용을 반드시 알아야 한다.

먼저 점프대에서 최대 속도를 내기 위해서는 공기 저항을 줄여야 한다. 공기 저항은 앞으로 나아가는 신체의 단면적에 비례하기 때문에 선수들은 안전에 위협이 되지 않는 범위 내에서 몸을 웅크리게 된다. 스키점프 선수에게 작용하는 항력$^{drag\ force}$은 $1/2CApv^2$으로 나타내는데, 여기서 C는 물체의 모양에 따른 상수이며, A는 단면적, p는 대기압, v는 속도이다. 이 중에서 단면적만이 조절 가능한 유일한 요소이기 때문에 몸을 웅크리는 것이다.

스키 길이

허용 가능한 스키 길이에도 수학적 공식 ($l=1.46h$; $l=$스키 길이, $h=$키)이 적용된다. 즉, 키가 183cm이면 스키 길이는 267cm이다.

어떤 종목은 다른 종목에 비해 좀 더 수학적이다. 스피드스케이팅은 육상 단거리 종목과 마찬가지로 충돌을 피하면서 최대한 빠른 속도를 내는 것이 관건이다. 봅슬레이도 이와 비슷하지만 트랙이 좀 더 역동적이다. 그리고 이 역동성의 끝판왕은 바로 스키점프다.

완벽한 스키점프

길이도 길지만 경사는 상상을 초월한다. 최대한 빠르게 내려가 가능한 높게 점프한 다음, 부드럽고 안전하게 지상에 착륙해야 한다(생존 본능이 이끄는 방향과는 반대로 움직여야 하지만 마지막 부분은 그나마 이성적이다).

위험을 무릅쓰고라도 스키점프 챔피언이 되고자 하

70%
스키점프 선수는
상체를 기울여 공기에 닿는
신체 단면적을 줄임으로써
공기 저항을 70%까지
줄일 수 있다

스키점프
선수의 이륙
직전 속도는 시속
105km에 이른다

스키점프에서 "점프"는 가장 중요한 부분으로 0.3초
이내에 다음을 수행해야 한다.

가능한 높게 점프해서, 멀리 비행하기 위한 높이를
확보한다
점프 직후 공기 저항을 감안해 몸을 앞으로 기울인다
공기 저항을 줄이기 위해 몸을 앞으로 숙여야 하지만
과도할 경우 균형을 잃을 수 있다
안전한(약간이라도 더 안전한) 비행을 위해 적절한
자세를 취한다

하늘로 날아오르고 나면, 항력은 오히려 선수의 편이
다. 속도를 늦출수록 공중에 오래 머물 수 있기 때문에
점프를 하고 난 다음에는 웅크렸던 몸을 최대한 편다.
물론 정도껏 해야 한다. 착지를 고려할 때 스키가 지
표면의 평행선상에서 너무 벗어나는 것은 바람직하
지 않다.
그런 다음, 중력가속도인 $9.8m/s^2$보다 약간 느린
가속도로(하강 속도를 늦추기 위해 경기복이 팽창하도
록 디자인되어 있기 때문), 관중들의 환호를 받으며 지
상에 도착한다.
시합에서는 한 번 더 뛰어야 한다. 누구든 멋모르고
한 번은 할 수 있겠지만 두 번 뛰려면 상당한 용기가 필
요할 것이다.

힐 사이즈와 K-포인트

스키점프는 다양한 모양과 크기를 가진 힐에서 경기를 하기 때문에 같은 거리를
기록했다 하더라도 어떤 곳에서는 다른 곳에서보다 쉬울 수 있다. 이러한 점을
보완하기 위해 스키점프의 점수는 힐 사이즈 포인트hill size point인 K-포인트
k-point를 기준으로 부여된다. K포인트는 임계점을 뜻하는 독일어 크리티슈 포
인트Kritisch Point의 약자이며, 짧은 쪽을 노멀힐normal hill, 긴 쪽을 라지힐large
hill이라고 한다. 노멀힐에서는 K-포인트를 표시한 선에 착륙하는 경우 60점
을 획득하며, 점프대에서 멀어질수록 추가 점수(1m당 +2점씩)를 얻고, 가까울
수록 점수가 줄어든다(1m당 -2점씩). 힐이 클수록 가산점 및 감산점이 작으며,
이론적으로는 0점보다 낮은 점수가 나올 수도 있다.
모든 선수들에게 공평한 조건을 유지해야 하기 때문에 바람의 영향에 따라 거
리 점수는 조정될 수 있다.
거리 점수뿐만 아니라 자세 점수도 있다. 이는 5명의 심판이 안정성과 균형,
자세 및 착지를 평가해 각각 최대 20점까지 줄 수 있다. 이 중 중간 점수 3개를
얻게 되는데, 최고점인 60점을 받기 위해서는 적어도 4명의 심판으로부터 만점
을 받아야 한다.

봅슬레이 트랙의
길이는 보통
1,200-1,300m이다

트랙에는 최소한
15개의 커브를
설치해야 한다

$$항력 = \frac{1}{2}CApv^2$$

봅슬레이

한 쪽에 2명씩, 총 4명의 선수가 썰매를 밀며 45m의 스타트 구간을 질주한다. 시속 40km까지 속도를 끌어올린 후 썰매에 올라타고 나면, 파일럿을 제외한 나머지 선수들은 항력을 최소화하기 위해 고개를 숙인다.

트랙을 내려오는 동안 계속 가속하면서 거의 수평으로 코너를 질주하면, 순간 최고 속도는 시속 150km 안팎까지 올라간다.

결승선을 통과할 때에는 썰매가 뒤집히거나 옆으로 누워 있어도 상관없다. 4명 모두 썰매에 타고 있기만 하면 된다.

이 종목에서 좋은 선수가 되기 위해서는 한 가지 조건을 충족해야 한다. 썰매의 속도를 높이기 위해 얼음 위에서 빨리 뛸 수 있어야 하는 것이다. 하지만 그 다음부터는 모두 최소화의 문제이다! 아무도 떨어지지 않으면서 최단시간에 출발점에서 결승선까지 내려오려면 어떤 경로를 선택해야 할까?

여기서 핵심은 속도와 거리 사이의 균형이다. 코너를 너무 느리게 돌면 가속할 수 있는 기회를 잃지만, 너무 빨리 돌려고 하면 거리가 늘어난다. 0.01초 차이로 승부가 결정되는 경기의 특성상 고작 몇 cm만으로도 승패가 갈리기도 한다.

가장 짧은 경로를 택하게 되면(1) 속도가 늦춰진다. 속도를 가장 빨리 낼 수 있는 경로를 택하면(3)는 좀 더 먼 거리를 가야 한다. 가장 빨리 들어오는 경로(2)는 이 두 가지 경로 사이에 있다.

사실 봅슬레이 경기의 진정한 영웅은 썰매를 설계한 사람이다. 항력을 최대한 줄일 수 있는 형태가 아니거나 간신히 규격에 맞는 수준의 차체라면, 제 아무리 뛰어난 선수들이라 할지라도 좋은 기록을 낼 수 없을 것이다.

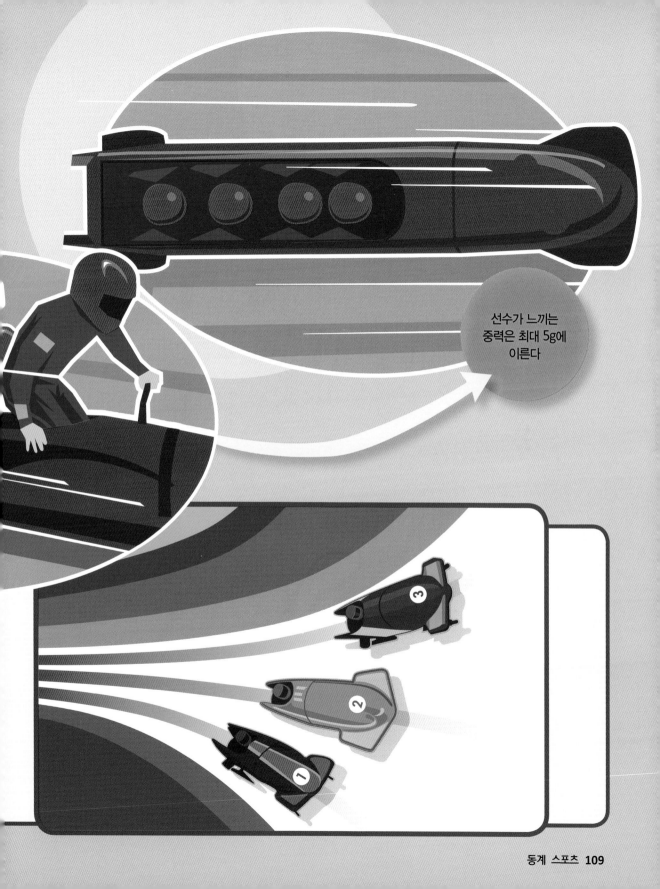

선수가 느끼는
중력은 최대 5g에
이른다

엔터테인먼트

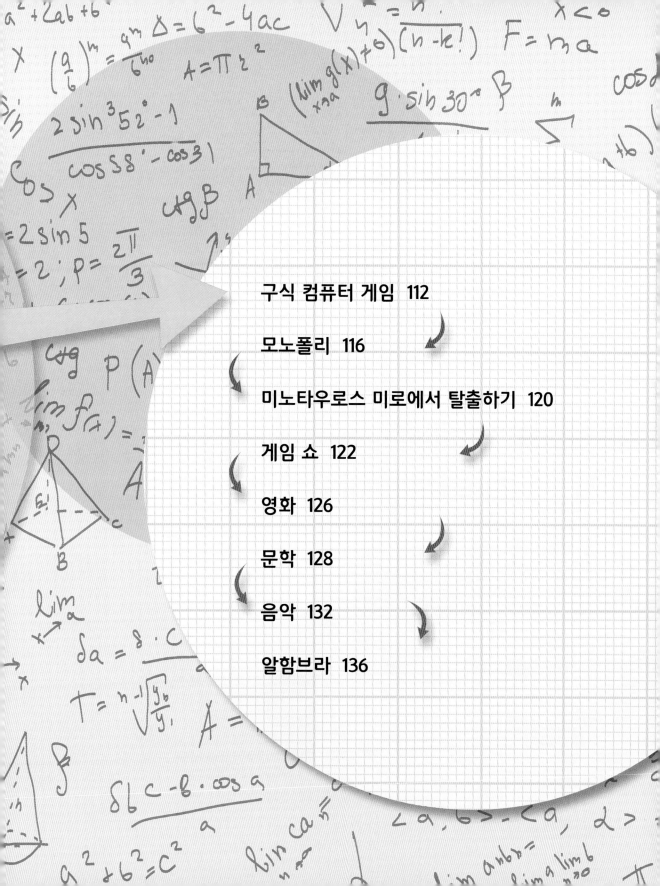

구식 컴퓨터 게임

$$h = 16 - \frac{4\ln(p)}{9\ln\left(\frac{6}{7}\right)}$$

그래픽 기술이 비약적으로 발전하면서 30년 전에 비하면 훨씬 복잡하면서도
실감나는 컴퓨터 게임이 가능해졌다. 스크린 골프나 스포츠카, 그리고
던전 몬스터와 같은 복잡한 화면은 대체 어떻게 처리하는 것일까?

컴퓨터 그래픽스

확대경으로 TV나 모니터 화면을 자세히 들여다보자. 아주 가까이서 보면 다양한 색깔의 작은 점들을 볼 수 있겠지만 멀리 떨어져서 보면 이 점들이 모여 실물과 매우 유사한 형태를 만들어낸다. 픽셀의 수가 충분하다면 2차원적인 어떤 그림도 거의 동일하게 나타낼 수 있다.

비용이 많이 들긴 하지만 복셀을 사용하면, 3차원 물체도 실제와 거의 유사하게 구현할 수 있다. 고해상도(HD) TV는 1920 × 1080, 즉 200만 개가 넘는 픽셀의 해상도를 가지고 있다. 그러나 200만 개의 복셀로는 각 모서리에 128개의 픽셀이 있는 정육면체밖에 만들지 못한다. 이것은 1980년대 중반에 유행했던 구형 게임기의 해상도보다 못한 수준이다. 따라서 3차원

그래픽을 구현하기 위해서는 좀 더 효율적인 시스템이 필요하다. 작은 정육면체들로 구성된 것이 아닌, 크기가 다양한 여러 삼각형들로 구성된 시스템이 그것이다.

단순함과 다양한 활용이라는 측면에서 볼 때, 삼각형은 최고의 도형이라 할 수 있다. 세 점이 한 평면 위에 놓여 있으므로, 빛이 삼각형에서 어떻게 반사되는지를 쉽게 계산할 수 있다. 또 여러 개의 삼각형을 이어 붙여 원하는 물체의 표면을 만들 수 있으며, 고해상도에서 보다 매끄러운 표면을 만들고 싶을 때는 삼각형들의 크기를 보다 작게 쪼개어 이어 붙이면 된다.

어떤 물체의 모양을 구현하기 위해서는, 물체의 표면 위에 있는 점들은 물론, 삼각형들을 만드는 점들 사이의 연결 관계를 파악해야 한다. 3차원에서 물체의 모양을 만들기 위해서는 3차원 좌표계를 사용하는 것이 합리적이라고 생각할 수도 있다. 물론 어느 정도 일리가 있는 말이긴 하다. 3차원 영상을 회전시키기 위해서는 행렬의 곱셈^{matrix multiplication}을, 평행이동을 시키기 위해서는 행렬의 덧셈^{matrix addition}을 이용하면 편리하다. 하지만 더 좋은 방법도 있다.

사영기하학^{projective geometry}을 적용하면 단 하나의 행렬만 사용하여 원하는 대로 모양을 회전하고 이동시킬 수 있다.

사영기하학에서는 3차원 공간에서의 점의 위치를 표현하기 위해, 3차원 좌표(x, y, z)가 아닌 (x, y, z, w)를 사용한다. 이때 w는 점이 무한으로 갈 경우 0으로, 그렇지 않은 경우에는 1로 나타낸다. 회전이동을 할 때는 3차원

컴퓨터와 영상 기술의 발전으로 실감나는 컴퓨터 게임이 가능해졌다.

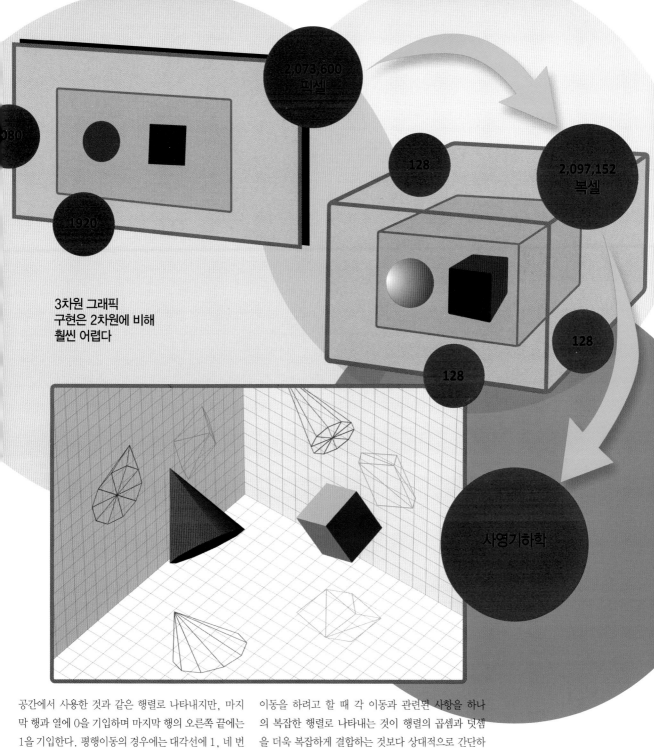

2,073,600
픽셀

080

128

2,097,152
복셀

1920

128

128

3차원 그래픽
구현은 2차원에 비해
훨씬 어렵다

사영기하학

공간에서 사용한 것과 같은 행렬로 나타내지만, 마지막 행과 열에 0을 기입하며 마지막 행의 오른쪽 끝에는 1을 기입한다. 평행이동의 경우에는 대각선에 1, 네 번째 열에 각 방향으로 이동시키고 싶은 양에 해당하는 수를 쓰고, 그 외 다른 곳에는 0을 기입한다.

이 방법이 더 나은 이유는, 여러 가지의 서로 다른 이동을 하려고 할 때 각 이동과 관련된 사항을 하나의 복잡한 행렬로 나타내는 것이 행렬의 곱셈과 덧셈을 더욱 복잡하게 결합하는 것보다 상대적으로 간단하기 때문이다.

테트리스 블록

테트리스는 4를 의미하는 그리스어 tetra-와 tennis(테니스)의 합성어이다(테니스는 이 게임을 만든 알렉세이 파지노프가 가장 좋아하는 운동이다). 테트리스의 모든 블록은 4개의 정사각형 벽돌을 결합하여 만든 것으로, 회전시켰을 때 같은 것은 한 가지로 세고 거울에 반사시킨 모양은 서로 다른 것이라 셀 때, 4개의 벽돌을 붙여 만들 수 있는 블록은 오로지 7개 뿐이다.

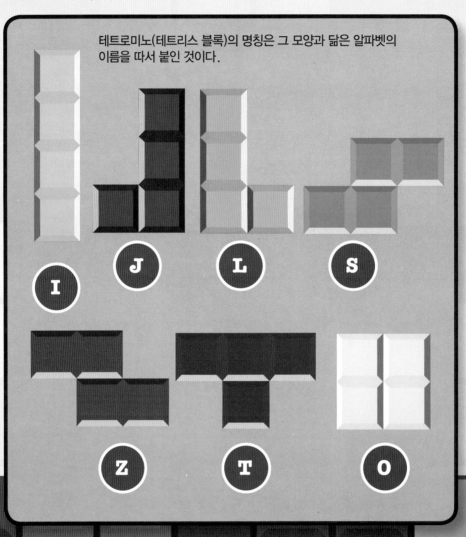

테트로미노(테트리스 블록)의 명칭은 그 모양과 닮은 알파벳의 이름을 따서 붙인 것이다.

테트리스에서의 확률

1980년대, "단순함은 비범한 재능이다"라는 기치 아래 탄생한 테트리스는 여러 색을 가진 블록들을 좌우로 움직여 이미 쌓여 있는 다른 블록들 위에 떨어뜨리는 게임이다. 한 줄(10개의 벽돌)을 채우면, 채워진 가로줄이 없어지고 그 위에 쌓여있던 블록들은 모두 한 줄씩 내려간다. 한 번에 두 줄 이상 없애면 보너스 점수를 얻을 수 있으며, I 블록을 사용할 경우 한 번에 최대 4줄까지 없앨 수 있다.

벽돌 20개 높이의 테트리스 게임 화면에서 블록이 맨 위에 닿으면 게임은 끝난다. 높은 점수를 얻기 위해서는 블록을 잘못 배치해도 게임이 끝나지 않을 정도로 블록들의 높이를 잘 조절하면서 I 블록을 넣을 수 있는 세로형 "긴 틈"을 확보하는 것이 관건이다.

여기서 잠깐 수학적인 질문을 해 보자. 가장 이상적인 블록의 높이는 얼마나 될까? 어느 정도 높이까지 올라가야 "이제 그만 쌓고 높이를 줄여야겠다"라고 판단할 수 있을까? 이에 대한 해답을 구하기 위해서는 I 블록이 얼마나 자주 떨어지는지뿐만 아니라 다른 블록이 떨어질 때 손실되는 공간의 크기가 얼마인지도 알아야 한다.

블록은 무작위로 떨어지므로 평균 7번 중 1번 정도 I 블록이 떨어질 것이다.

I 블록이 아닌 다른 블록이 떨어지면, 그 블록은 4개의 벽돌공간을 채울 것이다. 블록들을 빈 공간 없이 차곡차곡 쌓는다고 할 때, 각각의 블록은 한 줄의 4/9를 차지한다.

벽돌 높이가 16이 되면 곤란하다. 블록을 이동해 원하는 자리에 떨어뜨릴 수 있는 공간이 없기 때문이다.

만약 h 높이까지 올라왔다면, 게임이 종료되기까지 $N = (16-h)/(4/9)$개의 블록이 들어갈 공간이 남아 있다. I 블록이 아닌 다른 블록이 연속해서 N번 나올 확률은 $(6/7)^N$ 이다. 이제 나머지 결정은 당신이 위험을 얼마나 감수할 수 있는지에 달려있다.

I 블록이 떨어지기 전에 게임에서 질 확률을 50%로 정한다면 $(6/7)^N = 0.5$를 계산하여 N의 값을 구하면 약 4.5가 되며, 이때 h=14이다. 즉, 높이가 14가 될 때까지는 모험을 해볼 수 있는 것이다.

게임에서 질 확률을 1%로 제한하면 $(6/7)^N$=1/100, 즉 N=30, h=3이 된다. 하지만 이렇게 소심하게 게임을 하면 아마도 한 번에 4개의 줄을 없앨 기회조차 갖지 못할 것이다!

좀 더 합리적인 전략은 벽돌의 최대 높이를 10 정도로 유지하는 것이다. 이때 I 블록을 계속 기다리다가 게임에서 질 확률은 10%가 된다.

다음 식을 사용하면 위험 감수 비율 p를 반영한 벽돌 높이를 구할 수 있다.

$$h = 16 - \frac{4\ln(p)}{9\ln\left(\frac{6}{7}\right)}$$

좀 더 정교한 모델을 만들면 한 번에 4줄을 없앤 이후 어떻게 될 것인지, 또 '긴 틈'에 I 블록 넣기를 포기할 때 그 이후의 상황을 통제할 수 있는 확률은 얼마나 되는지도 계산할 수 있지만 여기서 다루기에는 너무 복잡하다.

모노폴리

모노폴리는 보드게임의 고전이다. 모든 플레이어는 동일한 자산을 가지고 시작하며 경쟁을 통해 상대의 자산을 빼앗아 파산에 이르게 한다. 보드판에서 이동하면서 자산을 사거나 팔고, 주택과 호텔을 지어 임대료를 받으며, 간혹 감옥에 가기도 한다.

이 게임에서는 운도 중요하지만(주사위를 잘못 굴리거나 공동기금 카드를 부적절한 시기에 뽑는 경우 승패가 갈리기도 한다), 실력과 판단력이 훨씬 더 중요하다. 더불어 약간의 수학을 알고 있으면 큰 도움이 된다.

어떤 부동산을 살 것인가?

모노폴리 자산의 평생 가치를 예측하는 것은 쉽지 않다. 비용이 얼마나 드는지, 얼마나 개발할 수 있는지, 각 레벨에서 임대료는 어느 정도 나올지, 상대가 얼마나 자주 방문할지 등 여러 요소를 고려해야 하기 때문이다.

만약 모든 자산에 대한 임대료와 비용이 거의 일정한 비율이고 개발 가능성 또한 동일하다고 가정한다면, 이제 주요 변수는 방문 빈도이다. 보드판에 있는 40개 칸에 걸릴 확률이 모두 같다고 생각할지도 모르겠지만 어떤 칸은 다른 칸보다 자주 가게 된다. 예를 들면 "감옥 수감" 칸에는 절대 머물 수 없다. 이 칸에 오면 바로 감옥으로 가야 하기 때문이다. 찬스 카드가 나오는 경우에도 다른 곳으로 이동해야 하는데 특히 감옥, 세 번째 빨간색 칸(영국판은 트라팔가 광장/미국판은 일리노이 애비뉴), 그리고 시작 칸으로 자주 이동한다.

사실 이들 세 칸이 가장 자주 가게 되는 곳인데, 각각의 방문 빈도는 감옥 3.95%, 세 번째 빨간색 칸 3.19%, 그리고 시작 칸 3.10%이다. 색의 경우 오렌지색 칸을 가장 많이 방문한다. 이는 오렌지색 영역이 감옥에서 나오는 플레이어가 들르기 쉬운 위치이기 때문이다. 그 외 방문빈도가 높은 곳으로 기차역이 있는데, 4개의 기차역 중 3개가 상위 10위 안에 포함된다.

가장 방문 빈도가 낮은 곳은 가장 저렴한 곳이기도 하다. 영국판의 올드켄트 로드/미국판의 지중해 애비뉴(2.13%), 그리고 화이트채플 로드/발틱 애비뉴(2.16%)가 이에 해당된다.

1/216
세 번 연속
더블이 나올 확률

2/3
두 주사위 눈의
합이 5에서 9
사이일 확률

게임에서 처음 한 바퀴를 돌 때
각각의 칸에 방문할 확률

18%
16%
14%
12%
10%
8%
6%
4%
2%
0%

올드켄트 로드
공동기금
화이트채플
소득세
킹스크로스 역
엔젤 이즐링턴
찬스
유스턴 로드
펜턴빌 로드
단순 방문
펠멜
전기회사
화이트홀
노섬벌랜드 애비뉴
매릴본 역
보우 스트리트
공동기금
말보로우 스트리트
바인 스트리트
무료 주차장
스트랜드
찬스
플리트 스트리트
트라팔가 광장
펜처치 스트리트 역
레스터 광장
코벤트리 스트리트
상수도
피카딜리
감옥 수감
리젠트 스트리트
옥스퍼드 스트리트
공동기금
본드 스트리트
리버풀 스트리트 역
찬스
파크 레인
부가세
메이페어
시작

감옥에서 벗어날 가능성은 얼마나 될까?

50파운드의 벌금을 낼 생각이 없고, 감옥 탈출 카드를 사용할 생각도 없는 경우, 감옥에서 나오기 위해서는 더블이 나와야 한다. 단, 기회는 세 번뿐이다.

두 개의 주사위를 굴릴 때 나올 수 있는 모든 경우의 수는 36가지이다. 이 중 더블(두 주사위의 눈이 같은 경우)이 나오는 경우는 6가지이므로 한 번 굴릴 때마다 감옥에서 나올 확률은 1/6이 된다. 하지만 그렇다고 해서 당신이 감옥을 탈출할 확률이 50-50이라는 뜻은 아니다. 사실 이보다 약간 더 낮다.

첫 번째 시도에서 탈출할 확률은 1/6이지만, 두 번째 시도에서는 앞에서 탈출을 하지 못했다는 전제가 필요

하다! 즉, 두 번째 시도에서의 탈출 확률은 $5/6 \times 1/6$ = 5/36이다. 마찬가지로 세 번째 시도에서 탈출 확률은 앞의 두 번에서 실패하고 마지막에 성공해야 하므로 $5/6 \times 5/6 \times 1/6$ = 25/216이다. 따라서 세 번 이내에 감옥에서 탈출할 확률은 위의 세 가지 확률을 모두 더한 91/216으로 약 42% 정도가 된다.

좀 더 간단한 방법으로 이 확률을 구할 수도 있다. 즉, 세 번 모두 더블이 나오지 않아 결국 감옥에서 탈출하지 못할 확률을 먼저 구하는 것이다. 실제로 그 확률을 구해보면 $(5/6)^3$ = 25/215이므로 약 58%이다.

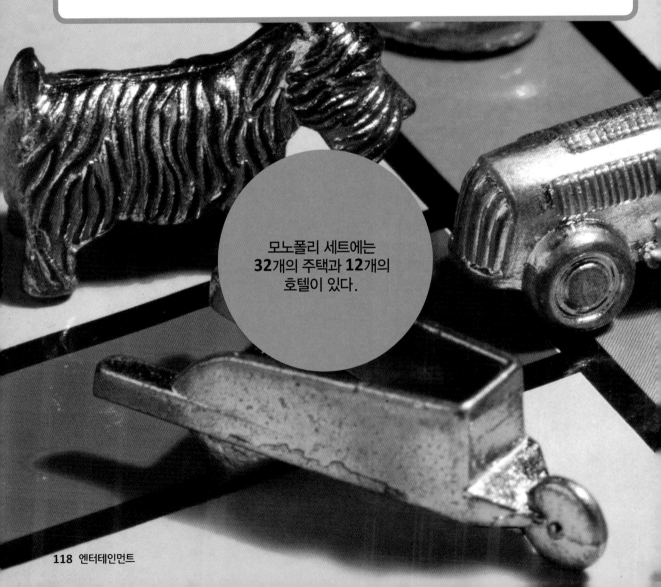

모노폴리 세트에는 **32개**의 주택과 **12개**의 호텔이 있다.

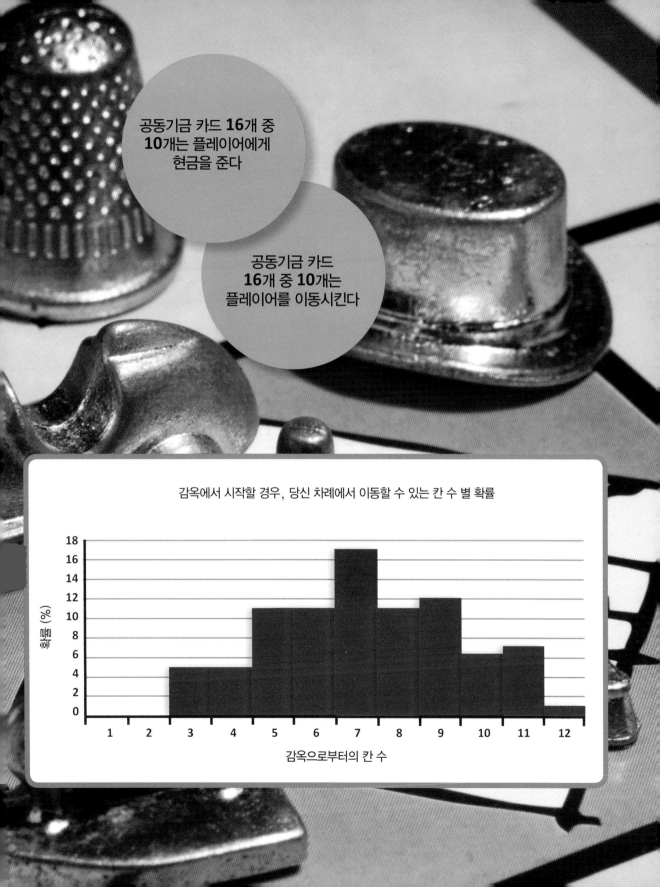

공동기금 카드 16개 중 10개는 플레이어에게 현금을 준다

공동기금 카드 16개 중 10개는 플레이어를 이동시킨다

감옥에서 시작할 경우, 당신 차례에서 이동할 수 있는 칸 수 별 확률

확률 (%)

감옥으로부터의 칸 수

미노타우로스 미로에서 탈출하기

당신이 매우 밝은 미로에 갇혔다고 해 보자. 가진 것이라고는 조약돌 한 무더기뿐이다.
길이가 수십 미터나 되는 실뭉치는 집에 두고 왔다.
도대체 어떻게 빠져 나갈 수 있을까?

미로를 탈출하기 위해서는 확실한 방법이 필요하다. 사용 가능한 알고리즘은 많지만 나는 개인적으로 샤를 피에르 트레모Charles Pierre Tremaux의 방법을 선호한다.

이 방법에서 따라야 할 첫 번째 규칙은 다음과 같다. 길을 벗어날 때마다 출구에 조약돌을 놓아 왔던 곳임을 표시한다. 진입할 때도 마찬가지로 입구에 조약돌을 놓는다. 그 외 모든 규칙은 갈림길에서의 의사 결정에 관한 것이다.

갈림길에 처음 도달한 경우(조약돌은 방금 지나온 길을 표시하는 하나만 존재함), 조약돌 표시가 없는 길을 무작위로 선택한다.

갈림길에 도착했는데 갈림길 양쪽에 이미 조약돌이 있고, 방금 지나온 길에는 오면서 놓은 조약돌밖에 없는 경우에는 왔던 길로 되돌아간다(이제 이 길에는 오면서 놓은 것과 다시 돌아가면서 놓은 것, 즉 2개의 조약돌이 있다).

갈림길에 도착했는데 하나의 길에만 조약돌이 있다면 조약돌이 없는 길을 선택한다. 만약 조약돌이 없는 길이 없다면 조약돌의 개수가 가장 적은 길을 선택한다.

갈림길의 모든 길에 조약돌이 두 개씩 있다면 운이 나쁜 것이다. 모든 길을 다 시도해 본 것이기 때문에 이 미로에서는 빠져 나갈 방법이 없다.

오른손 규칙

어렸을 때 아버지로부터 오른손 규칙을 배웠다. 오른손을 벽에 대고 손을 떼지 않은 채로 계속 걷다 보면 결국 출구에 도달하게 된다는 것이었다(왼손으로 시도해도 마찬가지이다). 그러나 불행하게도 오른손 규칙이 항상 옳은 것은 아니다. 당신의 우측에 놓인 벽이 옆의 그림과 같다고 해보자. 오른손 규칙에 맞게 벽을 따라가면 다시 제자리로 돌아오게 된다(미로의 모든 벽이 서로 연결되어 있다면 빠져 나갈 수 있을 것이다). 또한 3차원 미로에서도 적용되지 않을 수 있다.

존 플레지Jon Pledge는 2차원 공간에서 오른손 규칙의 한계를 해결할 수 있는 방법을 알아냈다. 출발할 때와 동일한 방향으로 가고 있으며, 좌회전과 우회전을 한 횟수가 서로 같다면 벽에서 손을 떼고 전진해야 한다. 플레지 알고리즘은 G 모양의 미로에 갇히지 않도록 해주지만, 이는 미로의 바깥쪽 벽에 출구가 존재할 때에만 보장된다.

미로의 설계가 정확할 경우, 갈림길에 조약돌을 남겨 놓는 트레모의 알고리즘을 이용하면 미로를 탈출할 수 있다.

만약 우여곡절 끝에 출구를 발견했다면, 출발점으로 되돌아갈 수 있는 흔적을 남긴 셈이다. 이제 조약돌이 하나만 있는 길을 따라가면 출발점에 쉽게 도달할 수 있다.

어떻게 이것이 가능할까? "조약돌 없음"은 이 길을 지나간 적이 없다는 뜻이다. "조약돌 두 개"는 길이 막혀 있다는 의미이다. "조약돌 한 개"는 이 길을 지나간 적이 있지만 막다른 길은 아니라는 뜻이다. 한 가지 애매모호한 규칙은 "온 적이 있는 갈림길에서 되돌아가라"는 것인데, 이는 고리모양의 통로에 들어가지 않도록 하기 위함인 듯 하다.

참고 동영상 (https://en.wikipedia.org/wiki/Maze_solving_algorithm)

게임 쇼

미국의 유명한 TV 프로그램 〈거래를 합시다^{Let's Make A Deal}〉에서
참가자는 3개의 문 중 하나를 선택해야 해야 하는 결정의 순간을 마주한다.
하나의 문 뒤에는 경품인 최신형 승용차가 숨겨져 있지만 나머지 2개의 문 뒤에는
썩은 양배추가 놓여져 있다.

●●●●●●●●●●●●●●●●●●●●●●●●●●●●●●●●●●●

몬티 홀이 물을 때 문을 바꿔야 할까?

참가자가 3개의 문 중 하나를 선택하면, 모든 상황을 알고 있는 사회자 몬티 홀^{Monty Hall}은 남은 두 개의 문 중 양배추가 놓여 있는 문을 열어 보인다. 그리고는 다른 남아 있는 문으로 선택을 바꿀 것인지, 아니면 처음 선택한 문을 계속 선택할 것인지 묻는다.

자, 당신이라면 어떻게 하겠는가?

대부분의 사람들은 "별 차이가 없다!"라고 말한다. 열지 않은 문이 2개 남은 상태에서 한 곳에는 승용차가, 다른 한 곳에는 양배추가 있다면 확률은 50-50 이지 않은가?

하지만 확률을 토대로 살펴보면, 올바른 선택은 문을 바꾸는 것이다. 처음의 추측이 맞을 확률이 1/3이므로 선택을 바꾸지 않을 경우에 승용차를 받을 확률은 1/3 이다. 하지만 선택을 바꾸게 되면 승용차를 받게 될 확률이 2/3이므로 당연히 바꿔야 한다.

확신이 들지 않지 않더라도 자책할 필요는 없다. 계속 읽어 보면 알게 될 것이다.

1 쇼를 시작할 때, 각각의 선택에 대한 확률은 동일하다.

빨간색 문을 선택

1/3 1/3 1/3

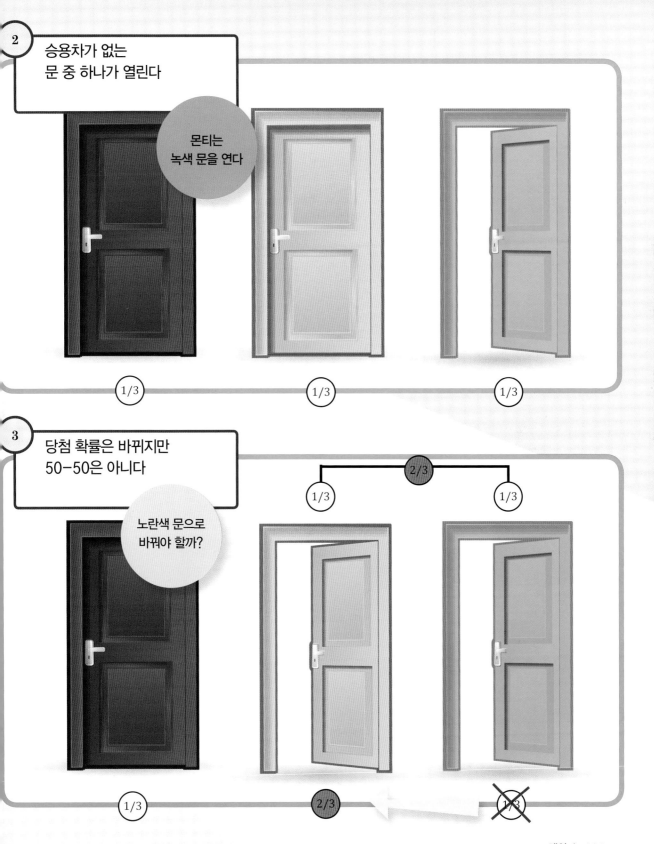

〈퀴즈쇼 밀리어네어〉에서도 선택을 바꿔야 할까?

당신이 〈퀴즈쇼 밀리어네어Who Wants to Be a Millionaire?〉에 출연했다고 해보자. 답을 전혀 알 수 없는 문제가 주어진다. 4개의 보기 A, B, C, D가 모두 정답처럼 보이지만 고민 끝에 "A로 하겠습니다"라고 말한다.

"아직 50-50 찬스가 남아 있습니다. 지금 찬스를 쓰실 건가요?"

당연히 써야 한다!

"컴퓨터, 오답 2개를 지워주세요"라고 사회자가 말하자 2개의 오답이 제거된다. 당신이 고른 답은 여전히 남아 있다.

이제 사회자가 묻는다. "자, A를 고르셨는데, 그대로 가실 건가요? 아니면 D로 바꾸실 건가요?"

글쎄, 당신이라면 어떻게 하겠는가?

몬티 홀 문제를 이미 접한 상황이라 대부분은 "바꾸세요! 이제 D의 확률이 더 높습니다!"라고 말할 것이다.

50-50 찬스가 그런 이름을 지닌 데에는 나름의 이유가 있다. 이 시나리오에서는 다른 답으로 바꾼다고 해서 얻을 것도, 잃을 것도 없다.

왜 그럴까?

〈거래를 합시다〉와 〈퀴즈쇼 밀리어네어〉의 상황에는 중요한 차이점이 하나 있다. 이것은 바로 오답이 제거되는 방식이다.

〈거래를 합시다〉의 규칙은 몬티 홀이 남은 문 중 하나를 여는 것이다.

〈퀴즈쇼 밀리어네어〉에서는 컴퓨터가 2개의 오답을 임의로 제거한다. 즉, 당신이 처음 선택한 답도 지워질 수 있다. 규칙의 차이를 이해하기 어렵다면 다른 각도에서 한번 생각해보자. 〈거래를 합시다〉에서는 참가자가 다른 문을 선택할 경우 그에 따라 몬티의 선택도 달라질 수 있다. 하지만 〈퀴즈쇼 밀리어네어〉에서는 참가자가 다른 답을 골랐다 하더라도 컴퓨터가 지우는 2개의 오답은 동일할 것이다. 이는 분명한 차이다.

〈퀴즈쇼 밀리어네어〉에서는 찬스를 쓰기 전, A, B, C, D 각각이 정답일 때 컴퓨터가 두 개의 오답을 선택하는 경우에 대해 다음과 같은 12가지를 생각할 수 있다. 이때 각 경우의 확률은 동일하다.

정답	컴퓨터가 제거하는 오답	확률
A	BC, BD 또는 CD	각각 1/12
B	AC, AD 또는 CD	각각 1/12
C	AB, AD 또는 BD	각각 1/12
D	AB, AC 또는 BC	각각 1/12

즉, 위의 표에서 굵게 표시한 B와 C가 지워질 확률을 예로 든다면, 당신이 무엇을 선택하든 컴퓨터가 A와 D를 남기고 이 둘을 지울 확률은 같다. 결국 당신이 처음 선택한 답을 다른 답으로 바꾼다 하더라도, 두 개의 답이 각각 정답일 확률은 동일한 것이다.

반면 〈거래를 합시다〉의 경우, 참가자가 A 문을 선택할 경우 4가지 경우의 수가 존재하며 이들 각각의 확률은 서로 동일하지 않다.

정답	몬티가 여는 문	확률
A	B	1/6
A	C	1/6
B	C	1/3
C	B	1/3

만약 〈거래를 합시다〉를 300번 시행한다고 할 때, 매번 A를 선택한다면 몬티는 B를 150번 정도 열 것이다. 이 때 C의 뒤에는 대략 50번은 양배추가, 나머지 100번은 승용차가 있게 된다.

반면 〈퀴즈쇼 밀리어네어〉를 300번 시행하고 매번 A를 선택한다면, 이 중 150번은 A가 오답으로 제거될 것이고, 오답이지만 남는 경우는 75번, 정답일 경우도 75번이다.

몬티 홀

수학자들은 〈거래를 합시다〉의 규칙을 그대로 놔두질 않았다. 이들은 여러 가지 변형된 형태의 게임을 고안했는데, 이는 아마도 몬티 홀이 선택을 바꿀 수 있는 기회를 항상 주지는 않았다는 점에서 착안한 것으로 보여진다.

지금까지의 분석은 선택을 바꿀 수 있는 기회가 매번 주어지거나 무작위로 주어지는 경우에만 유효하다. 하지만 몬티가 인심을 쓰고 싶어서 당신의 첫 선택이 오답일 경우에만 바꿀 기회를 줄 수도 있다(이 경우 선택을 바꾸게 되면 매번 당첨된다).

반면 사회자가 장난을 치고 싶다면 당신이 정답을 선택했을 때만 바꿀 기회를 줄 수도 있다. 이 경우에는 바꾸게 되면 매번 실패할 것이다.

좀 더 깊이 들어가 보자. 만약 참가자의 첫 선택이 옳을 때에는 매번 바꿀 기회를 주지만, 틀릴 때에는 두 번 중 한 번만 기회를 준다면?

이런 경우에는 다시 50-50으로 돌아간다. 3번 중 한 번은 정답을 고를 것이고, 바꿀 기회가 주어진다. 또 한 번은 오답을 고를 것이고 바꿀 기회가 주어진다. 마지막 한 번은 오답을 고르지만 양배추를 받아들여야만 한다.

마릴린 보스 사반트

요즘은 몬티 홀 문제를 고등학교 수학 시간에 접할 수 있지만, 1990년 마릴린 보스 사반트Marilyn Vos Savant가 〈퍼레이드〉 잡지에 기고한 칼럼에서 '문을 바꾸는 것이 올바른 선택'이라고 설명하기 전까지 이것은 거의 생소한 개념이었다.

말도 안 된다고 생각할 수도 있고, 이해가 어려울 수도 있을 것이다. 하지만 사반트의 우편함은 '그녀가 멍청이이며, 이런 쓰레기 같은 분석을 퍼트려서는 곤란하다'는 수천 통의 항의 편지로 가득 찼고, 그 중 상당수는 수학이나 통계학 박사로부터 왔다는 사실을 안다면 다소 위안이 될 것이다. 심지어 20세기 가장 위대한 수학자 중 한 명인 폴 에르되시Paul Erdős 조차도 컴퓨터 실험 결과가 발표되기 전까지는 선택을 바꾸는 것이 다른 결과를 가져온다고 믿지 않았다.

나는 이것이 수학이 가진 힘을 보여주는 최고의 예라고 생각한다. 당신의 주장이 옳고 이를 증명할 수 있다면, 그것은 옳은 주장이다.

228
미국의 마릴린 보스 사반트는 IQ 세계 최고 기록(228)을 보유한 여성이다

영화

케빈 베이컨Kevin Bacon은 헐리우드의 거의 모든 배우와 함께 작업을 했다고 알려져 있다. 이로 인해 '베이컨 수Bacon Number'라는 개념이 등장했는데, 이는 다음과 같다. 특정 배우를 한 명 선택할 때 그 배우로부터 몇 개의 영화를 거치면 케빈 베이컨까지 연결될 수 있는지를 나타내는 수가 바로 베이컨 수이다.

베이컨 수

예를 들어 앨 고어는 세 편의 영화만 거치면 베이컨과 연결된다. 앨 고어는 "마지막 나날들The Final Days"에서 빌 클린턴과 함께 출연했고, 클린턴은 "클린턴 재단: 유명인사 편Clinton Foundation: Celebrity Division"에서 숀 펜과 함께 등장했다. 펜과 베이컨은 "미스틱 리버Mystic River"에 함께 출연했다. 그러므로 앨 고어의 베이컨 수는 3이다(베이컨 자신의 베이컨 수는 0이고, 그와 같은 작품에 출연했던 배우들의 베이컨 수는 1이다. 이 배우들과 같이 영화에 출연했지만 베이컨과 함께 영화를 찍은 적이 없는 배우의 베이컨 수는 2가 된다).

케빈 베이컨은 2017년 초 기준으로 3,303명의 배우들과 영화를 찍었다(출처: oracleofbacon.org). IMDb(인터넷 영화 데이터베이스Internet Movie Database)에 등재된 약 200만 명의 배우들 중 64% 정도는 앨 고어와 마찬가지로 베이컨 수가 3이다. 베이컨 수가 5 이상인 경우는 34,000명 정도에 불과하다. 이 사이트에 의하면 베이컨 수가 10인 사람이 딱 한 명이 있지만, 이름을 공개하지는 않았다(궁금하긴 하지만 200만 명의 배우들을 샅샅이 조사해 알아낼 정도로 궁금하지는 않다).

하지만 헐리우드 최고의 마당발은 베이컨이 아니다. 사실 그는 순위에서 한참 아래쪽에 위치한다. 그의 순위는 435등으로 평균 거리지수는 3.02인데, 이 지수는 IMDb 상의 임의의 배우와 베이컨 사이의 평균 연결 수를 계산한 것이다. 가장 중심에 있는 배우는 악당 역할 전문인 에릭 로버츠(2.83)이며, 마이클 매드슨, 대니 트레조, 사무엘 잭슨, 하비 케이틀 등이 그 뒤를 잇고 있다.

베이컨 수를 찾는 이 게임은 다른 분야에서도 활용되고 있다. '좁은 세상 가설Small World Hypothesis'에 따르면 6명만 연결하면 세상의 어느 누구와도 연결된다. 이는 1920년대부터 제기된 내용으로 6이라는 수는 무선전신을 발명한 마르코니에 의한 것이라는 이야기가 있다. 이 가설을 검증하기 위한 실험은, 사람들이 몇 번의 연결 후에는 흥미를 잃어버리는 탓에 대개 실패로 끝났다.

리사 쿠드로의 에르되시-베이컨-사바스 수는 **15**이다

콜린 퍼스의 에르되시-베이컨 수는 **7**이다

프랭크 시나트라의 베이컨-사바스 수는 **8**이다

톰 레러의 에르되시-사바스 수는 **14**이다

베이컨-에르되시-사바스 수

폴 에르되시를 빼고는 수학을 이야기할 수 없다. 그는 오랜 기간에 걸쳐 많은 논문을 썼는데, 무려 1,500여 명의 연구자와 공동 연구를 하고 논문을 작성했다. 베이컨 수의 경우와 마찬가지로 에르되시와 공동으로 저술한 사람들의 에르되시 수는 1이다.

한편 하드 록계에서는 영국의 헤비메탈 그룹 블랙 사바스Black Sabbath가 독보적이다. 보컬인 오지 오스본을 비롯해 이들 멤버들과 함께 곡을 녹음하거나 발표한 사람들의 사바스 수는 1이다.

우리 시대 진정한 르네상스인은 에르되스-베이컨-사바스 수를 지닌 사람이라 할 수 있을 것이다. 이들은 세 영역에서의 수를 모두 더한 값을 자긍심의 징표로 삼는다. 이러한 수를 가진 것만 하더라도 상당히 인상적이라 할 수 있는데, 인터넷 상에서의 세계 기록은 8이다. erdosbacons-abbath.com 사이트에서는 심리학자 대니얼 레비틴, 발명가 레이 커즈와일, 그리고 물리학자 로렌스 크라우스와 스티븐 호킹이 상위권에 있다고 한다.

마커스 드 사토이의 에르되시 수는 3이다

타라지 P. 헨슨의 베이컨 수는 2이다

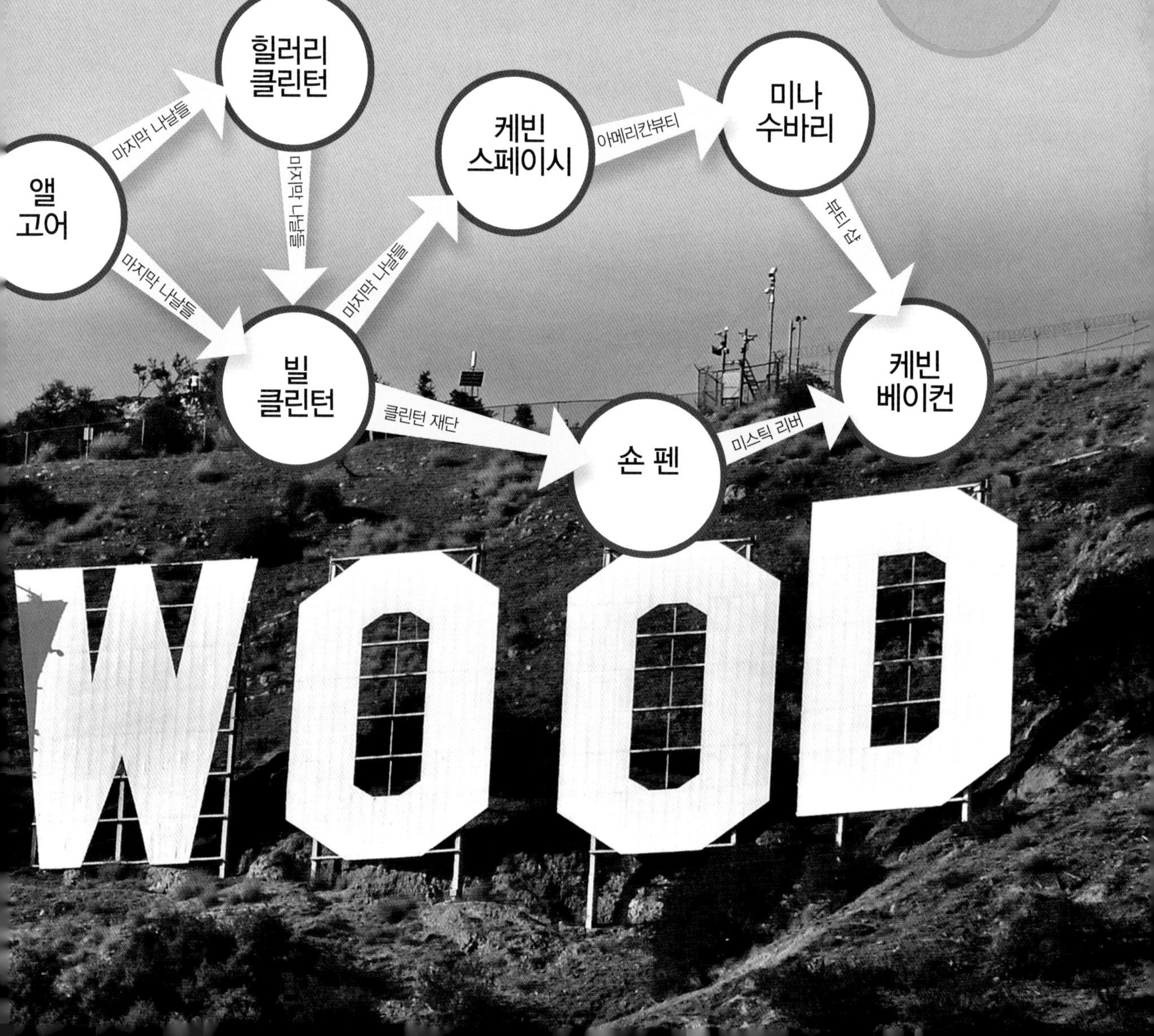

앨 고어 —마지막 나날들→ 힐러리 클린턴

앨 고어 —마지막 나날들→ 빌 클린턴

힐러리 클린턴 —마지막 나날들→ 빌 클린턴

빌 클린턴 —마지막 나날들→ 케빈 스페이시

케빈 스페이시 —아메리칸뷰티→ 미나 수바리

미나 수바리 —뷰티샵→ 케빈 베이컨

빌 클린턴 —클린턴 재단→ 숀 펜

숀 펜 —미스틱 리버→ 케빈 베이컨

문학

$$\pi \approx 3.14159265$$

수학을 피할 수 있는 유일한 공간이 문학이라고 생각할 지도 모르겠다.
하지만 문학 역시 수학에서 벗어나 있지 않다. 이는 작가들이 본인도 모르게
게임 이론을 적용하고 있기 때문이다!

작품의 개연성을 높이기 위해서는 등장인물이 실제인 양 그럴 듯 하게 행동해야 하며, 그저 믿어달라고만 해서는 곤란하다. 작가는 누가 무엇을 알고 있는지, 또 그들이 알아야 하는 내용을 어떤 방식으로 알아낼 것인지를 꿰고 있어야 한다. 이것이 바로 게임 이론이다.

작품 속에 보다 노골적으로 수학적 사고나 수식을 사용한 경우도 있는데, 이러한 '수학적' 작품을 몇 가지 살펴보도록 하자.

솔로몬의 판결

성서에서 가장 유명한 이야기 중 하나는 자식의 양육권 분쟁에 관한 것이다. 두 여성이 솔로몬에게 찾아와 자신이 아이의 친모라고 주장한다. 이에 솔로몬은 아이를 반으로 잘라 두 여성에게 절반씩 나눠 주겠다는 제안을 한다. 그러자 한 여성이 비명을 지르며 "안 됩니다. 안 돼요. 차라리 저 여자에게 아이를 주세요"라고 외쳤고, 이를 지켜 본 솔로몬이 이 여성이 진짜 엄마라고 판결한다.

이 이야기는 전략에 따른 대가^{payoff}를 비교하는 상당히 단순한 예라 할 수 있다. 두 명의 청구인을 각각 "엄마"와 "사기꾼"이라고 하자. 솔로몬이 개입하기 전에는 대가가 거의 비슷했다. 두 청구인 모두에게 재판에서의 승리는 긍정적인 결과이고, 패배는 부정적인 결과이다. 두 사람의 대가의 차이가 어느 정도인지는 논란의 여지가 있지만 재판관이 그 차이를 구별하기란 쉽지 않은 일이다(표 1 참조).

솔로몬의 제안은 야만적으로 들릴 수 있지만 실제로는 매우 현명한 판단이다. 사기꾼도 아이가 굳이 죽기를 바라지는 않지만, 재판에서의 패배와 아이의 죽음을 크게 다른 것으로 받아들이지도 않을 것이다. 사기꾼의 입장에서 죽음이 −2점이라면 재판에서의 패배는 −1점, 승리는 +1점 정도이다. 하지만 엄마의 입장에서는 아이의 죽음은 −1,000점, 재판에서의 패배는 −10점, 승리는 +10점 정도이다.

〈쥬라기 공원〉 각 섹션의 제목 페이지에는 드래곤 커브가 반복적으로 나타난다.

표 1: 솔로몬의 개입 이전: 교착 상태

	엄마의 대가	사기꾼의 대가
엄마의 승리	+10	−1
사기꾼의 승리	−10	+1

표 2: 솔로몬의 개입 이후: 두 청구인들은 각자 다른 전략을 지님

	엄마의 대가	사기꾼의 대가
아이의 사망	−1,000	−2
엄마의 승리	+10	−1
사기군의 승리	−10	+1
(수치는 임의의 값임)		

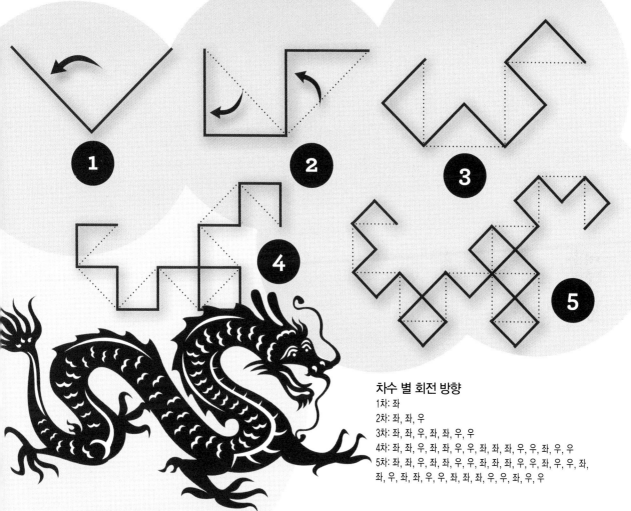

차수 별 회전 방향

1차: 좌
2차: 좌, 좌, 우
3차: 좌, 좌, 우, 좌, 좌, 우, 우
4차: 좌, 좌, 우, 좌, 좌, 우, 우, 좌, 좌, 좌, 우, 우, 좌, 우, 우
5차: 좌, 좌, 우, 좌, 좌, 우, 우, 좌, 좌, 좌, 우, 우, 좌, 우, 우, 좌, 좌, 우, 좌, 좌, 우, 우, 좌, 좌, 좌, 우, 우, 좌, 우, 우

청구인들이 각각 자신들의 주장을 철회하지 않고 소송을 계속 진행할 확률(엄마는 M, 사기꾼은 I)이 서로 다르다고 가정해보자. 엄마의 대가를 엄마가 소송을 계속 진행할 확률에 대하여 미분하면 $dP/dM = -1000I + 10$이며, $I > 0.01$이면 이 값은 0보다 작다. 엄마는 사기꾼이 소송을 계속 진행할 확률이 1%보다 크다고 판단되면 자신의 확률을 낮춰야 한다(필요하다면 0까지도 말이다).

사기꾼의 입장에서는 $dP/dI = -2M + 1$이며, 엄마가 소송을 계속 진행할 확률이 50%보다 크다고 판단되면 자신의 확률을 낮춰야 하고, 그렇지 않다면 소송을 계속 진행하면 된다.

이 시나리오에 의하면 어떤 상황이 되더라도 엄마는 소송을 중단할 것이다. 지혜로운 왕인 솔로몬은 이를 인지하고 있었기 때문에 그녀가 포기하겠다는 말을 듣자마자 아이를 돌려준 것이다.

드래곤 커브

마이클 크라이튼의 소설 〈쥐라기 공원〉은 수학자(이안 말콤)가 등장하는 몇 안 되는 책 중 하나이다. 이 책의 섹션 제목이 있는 페이지에는 낙서처럼 끄적인 게 있다. 책의 뒤로 갈수록 이 낙서는 점차 복잡해지면서 마지막에는 용의 형상을 나타낸다.

이로 인해 드래곤 커브라는 이름을 가지게 되었는데 (헤이웨이 드래곤Highway Dragon이라고도 함), 이것은 프랙탈의 일종으로, 직접 만들어볼 수도 있다. 종이 한 장을 꺼낸 다음 오른쪽으로 반을 접는다. 그런 다음 다시 오른쪽으로 반을 접고, 이를 할 수 있을 때까지 반복한다. 이제 종이를 펴면서 접힌 부분을 모두 서로 직각이 되도록 하면 드래곤을 만들 수 있다!

단순하기 이를 데 없는 지침이 복잡하고 때로는 위험한 결과를 초래한다는 것이 이 책의 주제이면서, 말콤의 연구분야인 카오스이론의 기본 바탕이기도 하다.

보르헤스의 바벨의 도서관

수학을 깊이 있게 다룬 작가들 중 가장 유명한 작가는 아마도 아르헨티나의 호르헤 루이스 보르헤스$^{Jorge\ Luis\ Borges}$일 것이다. 그의 작품은 수학적 내용으로 가득 차 있다. 예를 들면 〈두 갈래로 갈아지는 오솔길의 정원〉에서는 분기이론과 카오스이론을 다루는 위상수학적 개념이 등장하는가 하면, 〈모래의 책〉을 비롯한 여러 작품에서 불쑥불쑥 무한^{infinity}의 개념이 나타난다.

하지만 보르헤스가 다룬 수학 중 내가 가장 좋아하는 부분은 〈바벨의 도서관〉에 나온다. 이 도서관에 비치된 책들은 모두 410쪽으로 되어 있으며 세상에 존재할 수 있는 모든 글자들의 조합으로 이루어졌다. 육각형 모양의 진열실에는 천문학적인 권수($10^{1,7000,000}$)의 책들이 아무렇게나 놓여 있기 때문에 대부분은 엄청난 양의 쓰레기 더미에 불과할 것이다. 하지만 이 도서관에는 미래에 관한 완벽한 예언서나 고전 작품의 번역서에서부터 이곳 도서관의 도서 목록에 이르기까지, 모든 유용한 정보를 담은 책들도 분명 있을 것이다.

물론 미래에 관한 잘못된 예언서나 고전 작품의 오역서, 잘못된 도서 목록이 훨씬 더 많을 테지만, 이곳에서는 이런 엉터리 책을 만날 확률조차도 매우 희박하다.

좌측: 1943년 지젤 프로인트가 찍은 아르헨티나의 작가 호르헤 루이스 보르헤스(1899-1986).

우측: 이 실내 미로는 브라질의 아티스트 마르코스 사보야와 구알테르 푸포가 보르헤스에게 영감을 받아 만든 것으로 25만 권의 책이 동원되었다.

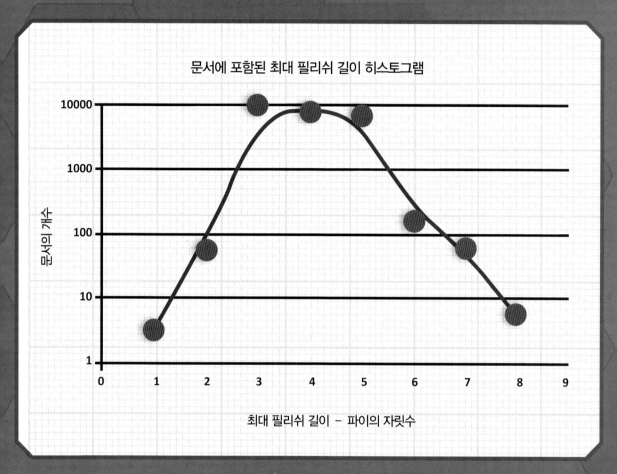

문서에 포함된 최대 필리쉬 길이 히스토그램

(세로축) 문서의 개수

(가로축) 최대 필리쉬 길이 - 파이의 자릿수

필리쉬

Can I make a verse(나는 시는 쓴다)

Obviously be rather worse…(비록 형편없긴 하지만)

이 두 영어 문장에 사용된 각 단어의 글자 수를 세어 보면 3 1 4 1 5 9 2 6 5…이다. 기하학을 배운 사람에게는 낯익은 숫자일 것이다.

필리쉬는 연속되는 단어들에 사용된 글자 수가 π의 숫자와 일치하도록 글을 쓰는 방법을 말한다. 이는 π의 숫자를 기억하기 위한 연상법으로 사용되기도 한다. 익명의 작가가 쓴 필리쉬로 다음과 같은 글이 있다. "How I need a drink, alcoholic in nature, after the heavy lectures involving quantum mechanics!(양자역학을 포함한 골치 아픈 수업을 듣고 나니 술 한 잔이 절실하구나!)" 이는 기억하기 좋을 뿐만 아니라 양자역학에 대한 꽤 합리적인 반응이기도 하다.

필리쉬 작문의 최고기록은 마이클 키이스가 쓴 〈깨지 않는 꿈Not A Wake〉으로, π의 10,000번째 자리까지 일치했다.

하지만 문득 떠오르는 궁금증이 있다. 0은 어떻게 처리했을까? 베이직 필리쉬에서는 0을 나타내기 위해 10개의 글자로 구성된 단어를 사용할 수 있다고 한다. 스탠다드 필리쉬에서는 규칙을 좀 더 확장해서 1 1을 표현할 때 한 글자로 된 2개의 단어를 이어서 쓸 필요 없이 11글자 단어를 사용할 수 있도록 했다.

어쩌면 이 책도 필리쉬 작품에 속할 지도 모른다. π에는 거의 모든 숫자의 조합이 포함된다고 알려져 있기 때문에 이 책에 사용된 5만여 단어의 조합도 π에 포함되어 있을 수 있다

음악

$$\left(\frac{3}{2}\right)^{12}$$

수학과 음악의 세계는 당신이 생각하는 것보다 훨씬 더 밀접한 관계를
가지고 있다. 사실 이 둘을 분리해서 바라보기 시작한 것은 상당히 최근의 일이다.
피타고라스Pythagoras와 메르센Mersenne을 비롯해 많은 수학자들은 음악 이론에 정통했고,
음악가들 역시 수학에 조예가 깊었다.

더글라스 호프스태터Douglas Hofstadter는 그의 대표작인 〈괴델, 에셔, 바흐Gödel, Escher, Bach〉에서 바흐의 음악과 응용 수학의 유사성에 관해 기술했다. 사실 수학자들 중 상당수는 음악가로서도 명성을 떨쳤는데, 콘서트홀에서 피아노 독주회를 열기도 했던 스웨덴 출신의 수학자 페르 엔플로Per Enflo가 대표적인 예이다. 그는 수학 문제를 해결해 포상으로 거위를 받았고, 이 장면은 폴란드 TV로 중계되기도 했다. 아름다운 소리를 내기 위한 음악 이론의 바탕에는 수학적인 내용이 상당히 많은 부분을 차지하고 있다.

그렇다면 왜 어떤 음악은 듣기 좋지만, 어떤 음악은 귀에 거슬릴까? 이에 대한 해답을 얻기 위해 음악의 구조와 작곡에 관한 이론적 측면과 녹음과 음향에 관한 실용적 측면에 초점을 맞추어 살펴보기로 하자.

화음, 화성, 구조

악보의 기본은 진동수frequency, 즉 1초 동안 현이 떨리는 횟수 또는 음파가 진동하는 주파수이다. 피아노 건반 중심의 도인 가온다(C4)의 진동수는 256Hz

온음표,
2분음표, 4분음표,
8분음표만 사용해
4분의 4박자
리듬을 구현하는
방법은
56가지이다.

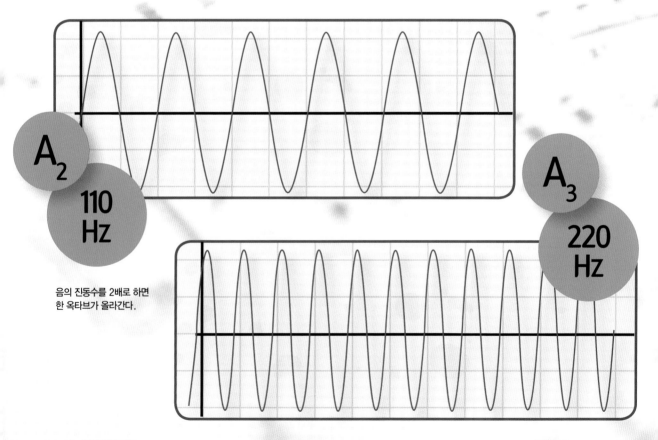

A₂
110
Hz

A₃
220
Hz

음의 진동수를 2배로 하면
한 옥타브가 올라간다.

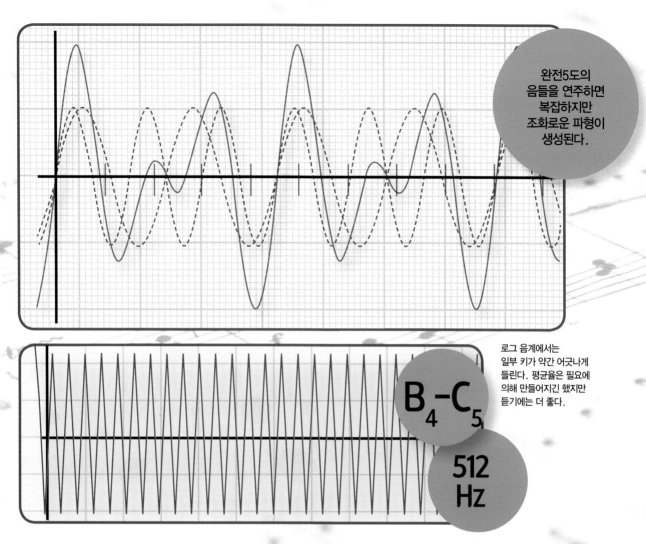

완전5도의 음들을 연주하면 복잡하지만 조화로운 파형이 생성된다.

로그 음계에서는 일부 키가 약간 어긋나게 들린다. 평균율은 필요에 의해 만들어지긴 했지만 듣기에는 더 좋다.

B_4-C_5

512 Hz

인데, 이는 오실로스코프에 마이크를 댈 경우 1초 동안 음파의 마루peak를 256개 볼 수 있다는 뜻이다. 두 번째로 낮은 라(A2)의 진동수는 110Hz이다.

진동수 사이의 관계는 매우 흥미롭다. 예를 들어 기타 프렛의 1/2 지점에서 줄을 눌러 어떤 음의 진동수를 2배로 하면, 같은 음이 한 옥타브 올라가게 된다. 즉, 가온다(C4)보다 한 옥타브 높은 도(C5)의 진동수는 512Hz이며, 두 번째로 낮은 라(A2)보다 한 옥타브 높은 라(A3)의 진동수는 220Hz이다. 이렇게 원음과 비교해 정수 배의 진동수를 가진 소리를 배음overtone, harmonic이라고 한다.

그렇다면 기타 프렛의 1/3 지점에서 줄을 누르면 어떻게 될까? 이 경우 라(A2)는 미(E3)가 된다. 원음의 진동수에 3/2을 곱하면 '완전5도' 위의 음이 되는데(이

렇게 부르는 특별한 이유는 없다), 완전5도 간격을 이루는 음들은 서로 잘 어울리기 때문에 이들을 동시에 연주할 경우 듣기 좋은 화음을 이룬다. 이들 두 음은 진동수의 비가 정수(3:2)이기 때문에 파형이 자주 겹치게 되며, 페이지 맨 위쪽의 그림과 같이 나타난다. 원음인 라(A)와 미(E)의 마루뿐만 아니라 이들이 합쳐져 진폭이 거의 두 배인 파형도 볼 수 있다.

진동수 비가 4:3인 경우에는 '완전4도'라 하며(이 역시 특별한 이유는 없다), 라(A2)를 기준으로 할 경우 레(D3)가 된다. 이 때 레(D3)는 두 옥타브 위의 레(D5)와도 배음을 이룬다.

라(A)에서 시작해 진동수를 3/2씩 계속 곱하면 미(E), 시(B), 파#(F#), 도#(C#), 라♭(A♭), 미♭(E♭), 시♭(B♭), 파(F), 도(C), 솔(G), 레(D)를 거쳐 7옥타브 위의 라(A)가 된다. 이는 원음의 진동수에 (3/2)12, 즉 129.75를 곱한 셈인데, 실제 7옥타브 위 라(A)의 진동수는 27인 128배가 되어야 하므로 둘 사이의 오차는 1%가 약간 넘는다(이러한 오차는 3이 짝수가 아니라는 사실에서 비롯한다).

다른 음에서 시작해도 결과는 마찬가지였고, 이에 수학자들은 로그 음계를 도입하게 된다. 선형적 음계에서는 음이 높아질수록 옥타브의 간격이 벌어지지만 로그 음계로 진동수를 표현하면 옥타브를 같은 크기로 유지할 수 있기 때문이다.

이는 음계를 각각의 음으로 나누고자 할 때 유용하다. 로그 음계에서 한 옥타브를 동일한 크기의 12조각으로

조갠 후 각각의 진동수를 계산한다. 이렇게 하면, 각 음의 진동수는 바로 전 음 진동수의 18/17이다. 당신이 만약 거리의 악사라면 음의 정확도에서 0.1~1% 정도의 오차를 지닌다 하더라도 별 문제가 없을 것이다. 하지만 절대 음감을 가진 사람이라면 로그 음계에서의 "완전"5도와 실제 완전5도 간의 차이를 인지할 수 있다. 음이 깔끔하게 맞아 떨어지지 않으면서, 어떤 key는 완전히 다른 음정으로 들리기도 한다.

결국, 비율에 초점을 맞춘 초기 수학자들의 접근 방식과 로그를 내세운 수학자들의 접근 방식에 회의를 품은 음악가들(특히 17세기 후반, 요한 세바스찬 바흐의 전임자였던 안드레아스 베르크마이스터 Andreas Werckmeister)은 "평균율"을 도입하게 되었다. 평균율에서는 각 음들 사이의 진동수의 비가 동일하기 때문에 자유롭게 조바꿈을 할 수 있다.

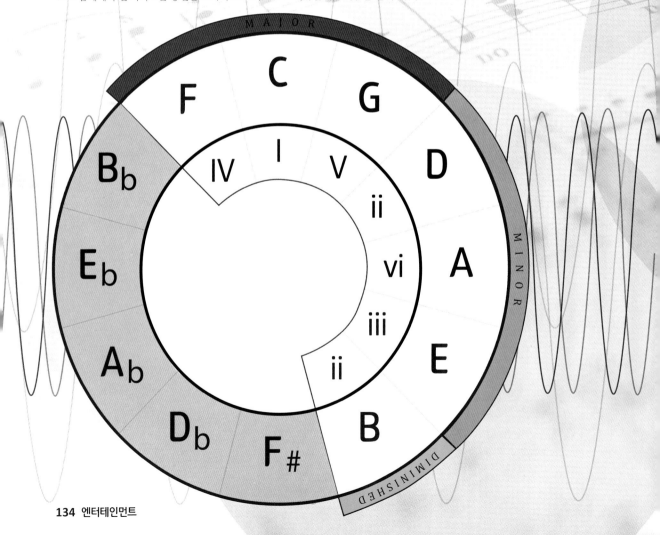

가장 듣기 싫은 음악

아름다운 음악이 주제의 반복과 변주의 산물이라 한다면, 최악의 음악은 아마 어떠한 패턴도 따르지 않는 곡일 것이다. 2011년 스콧 리처드는 세계 최초로 무패턴 소나타를 작곡, 최악의 음악을 구현해 냈다.

무패턴이 무작위를 의미하는 것은 아니다. 음을 무작위로 연주한다면, 어떤 마디에서는 의도치 않게 일정한 패턴이 나타날 수도 있기 때문이다. 이를 막기 위해 리차드는 '패턴을 의도적으로 배제하는' 패턴을 따랐다.

당신도 직접 해 볼 수 있다. 피아노의 88개 건반에 1부터 88까지 차례로 번호를 매겨보자. 수학자의 입장에서는 '도(C)에서 시작하는 것'보다 '1부터 시작하는 것'이 훨씬 합리적이니까! 먼저 1번 건반을 누르고, 두 번째는 3, 세 번째는 9, 이런 식으로 매번 3을 곱한 수의 건반을 누른다. 여섯 번째인 243건반에 이르면 칠 수 있는 건반이 없게 되는데, 이 경우 건반 위의 숫자가 나올 때까지 계속해서 88씩 뺀다. 그렇게 하면 여섯 번째 음은 67(=243-88-88)이 된다. 이것을 88번 반복하면 다시 처음 1번 건반으로 돌아오게 된다.

하지만 여기서 끝나지 않는다. 리쳐드는 무패턴을 더욱 강화하기 위해 각각의 음을 누르는 시간에도 수학적인 방법을 적용했다. 그는 골롬 자$^{Golomb\ Ruler}$(모든 눈금의 길이가 다르게 만들어진 자)를 활용해 자신의 곡에 쓰인 모든 음의 길이를 다르게 했을 뿐만 아니라, 연속되는 2개 또는 3개의 음들도 모두 길이를 다르게 해서 이들 중 어느 음도 겹치지 않게 했다. 정말 경이로운 무패턴의 절정이라 할 수 있다!

그러나 듣는 사람의 입장에서는 아마도 더할 나위 없는 고역일 것이다.

4개의 숫자와 6개의 간격으로 이루어진 골롬 자

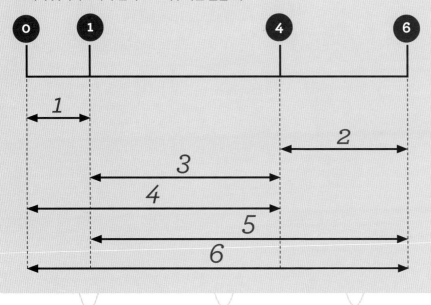

알함브라

네덜란드 출신의 예술가 M.C.에셔와 14세기 이슬람 건축을 대표하는 알함브라 궁전은 벽지와 어떤 관련이 있을까? 정답은 바로 테셀레이션^{tessellation}이다.

●●

알함브라, M.C.에셔 그리고 이슬람 예술

전 세계에서 다시 한번 방문하고 싶은 곳을 한 군데만 고르라고 한다면, 나는 스페인 그라나다에 위치한 알함브라를 선택할 것이다. 이 곳은 유네스코 세계 문화유산으로 지정된 14세기 무어 양식의 궁전으로, 아름다운 타일링으로 유명하다. 모든 방이 다르게 만들어졌으며, 시각적 착시 또한 깜짝 놀랄 정도다(분명 몇 계단을 올라갔는데, 원래와 같은 층으로 돌아왔다). 그리고 이는 모두 이슬람 예술 작품의 바탕이 되어 온 복잡한 기하학, 즉 테셀레이션에 기반을 두고 있다.

테셀레이션과 M.C.에셔의 수학적 예술

기이하고 뒤틀린 듯한 세계, 도저히 가능해 보이지 않는 형태, 그리고 현실와 작품간의 모호한 경계. 네덜란드의 예술가 마우리츠 코르넬리스 에셔의 판화를 보는 순간 나는 매료되고 말았다.

에셔는 이를 〈평면의 규칙적 분할^{regular division of the plane}〉이라 불렀는데, 이는 평면을 덮는 반복적인 패턴으로, 평행사변형과 육각형, 그리고 "I-막대" 등이 포함된다. I-막대는 원형아치를 사각형의 위아래에 덧붙이고 양쪽 측면에서 떼어낸 모양을 말하며, 이와 반대로 해도 무관하지만 서로 다른 두 방향에서 볼 때 동일한 모양을 지녀야 한다. 모양에 일부를 추가하거나 제거하면(대칭을 고려하며), 육각형이 달리는 사람 형태가 되기도 하고, I-막대가 천사나 박쥐로 바뀌기도 한다.

그는 보다 심화된 수학적 아이디어를 사용하기도 했다. 예를 들어 〈원의 한계^{Circle Limit}〉에서는 쌍곡기하학을 선보이고 있다. 이는 수백 년간 불가

능한 것으로 여겨져 왔던 수학의 한 분야로 야노시 보여이, 니콜라이 로바쳅스키, 그리고 카를 프리드리히 가우스가 거의 동시에 발견했다. 도널드 콕세터로부터 영감을 받아 제작한 이 목판화는 푸앵카레 원판 모델의 쌍곡평면을 아름답게 구현한 것으로 볼 수 있다.

푸앵카레 원판 모형에서 "직선"은 원판 둘레와 수직으로 교차하는 원형아치이다.

벽지 패턴과 이슬람 예술

패턴의 핵심은 반복이며, 반복에는 몇 가지 방식이 있다(이동, 반사, 회전 등). 평면에서 대칭성을 기준으로 패턴을 분류하면 총 17개의 군으로 나뉘어진다.

가장 단순한 패턴은 타일링처럼 같은 패턴을 특별한 대칭성 없이 반복하는 것이다. 그 외에도 180도 단순 회전 반사나 단순 반사, 미끄럼 반사 등도 "크레이지 페이빙(불규칙적인 보도블럭)"처럼 단순한 형태이다.

이들은 여러 방식으로 조합이 가능해서 점점 더 복잡하게 만들거나 삼각형 및 육각형으로 쪼갤 수도 있고, 색을 사용해 특정 대칭을 가능 혹은 불가능하게 할 수도 있다.

알함브라 궁전에는 이들 17가지 패턴이 모두 사용되었다고 한다(반론도 있다). 이와 더불어 논란의 대상이 되는 것이 기리girih 디자인이다. 이는 페르시아에서 비롯된 것인데, 패턴을 만들기는 하지만 반복되지 않는 비주기적 타일링이다.

기리 패턴에 사용되는 도형은 대칭 차수symmetry order가 5와 10이며, 5종류의 타일이 있다. 이들은 위의 그림에서 보듯이 정오각형, 정십각형, 마름모, 약간 부서진 볼록 육각형, 약간 부서진 오목 육각형인데, 모두 곧은자와 컴퍼스만 있으면 만들 수 있다.

이동과 운송

지도

12,000마일 상공에는 30개의 위성이 지구 주위를
돌고 있다. 날씨가 좋아 하늘이 깨끗한 날에는 당신이 어디에 있든 적어도 4개의 위성을
볼 수 있다. 이들 위성은 범지구위치결정시스템Global Positioning System, 즉 GPS이며,
당신의 위치를 상당히 정확하게 파악하는 데 사용된다.

각 위성들은 자신의 위치 및 시간 정보를 일정한 간격
으로 전송한다. 이때 당신이 가지고 있는 기기가 위성
이 보내온 신호들 중 하나를 수신하여, 기기의 시각과
GPS의 시각을 비교해 이 신호가 오는 데 걸린 시간을
계산한다. 신호는 빛의 속도로 이동하므로 신호가 오는
데 걸린 시간을 이용하면 당신과 위성 사이의 거리(=빛
의 속도×시간)를 계산할 수 있다. 이것은 곧 위성을 구
의 중심으로 하고 당신과 위성 사이의 거리를 반지름으
로 하는 구의 표면에 당신이 있다는 것을 의미한다. 이
제 당신이 어디에 위치하는지 그 범위를 대략적으로는
좁힐 수 있지만, 아직까지는 매우 광범위하여 정확한
위치는 알 수 없다.

같은 방법으로 당신과 두 번째 위성 사이의 거리를 구
하면 이를 토대로 새로운 구를 생각할 수 있다. 이제 당
신의 위치는 2개의 구가 겹치는 부분의 원 위에 있게 되
어 그 범위가 훨씬 좁혀지게 된다.

세 번째 위성으로부터 받은 정보를 추가하면 또 하나
의 새로운 구를 생각할 수 있고, 앞의 두 구와 만나는
2개의 교점이 생긴다. 이때 두 교점 중 하나는 지구의
내부 또는 우주 공간에 해당되므로, 실제로 그 위치는
지표면에서 찾을 수 없다.

마지막으로 네 번째 위성에서 수신한 정보를 이용하
면 당신의 위치범위를 더욱 좁힐 수 있지만, 여전히 약
간의 오차는 존재한다. 이때 또 다른 위성 정보가 추가
되면 더욱 정확한 위치 파악이 가능해진다.

하지만 시공간의 연속체에는 약간의 주름wrinkle이
존재한다. 따라서, 위성의 회전 속도가 매우 빠르기 때
문에 특수상대성이론을 고려해야 한다. 이 이론에 따
르면 고속으로 움직이는 물체 안에서는 시간이 느려진
다. 또 지표면과 비교할 때 위성의 위치에서 중력의 차
이 또한 매우 크기 때문에 일반상대성이론도 고려해야
한다. 즉, 지표면에 비해 중력이 약한 위성에서는 시간
의 흐름이 빨라진다. 이들 두 효과는 서로 반대방향으
로 작용하지만 상쇄되지는 않기 때문에 정확한 시간을
산출하기 위해서는 기기에 내장된 소프트웨어를 통한
보정이 필요하다.

GPS 위성은 6개의 등간격 궤도면 각각에 5개의 위
성들이 배치되어 있어 지표면 어디에 있든지 간에 최
소한 4개의 위성을 볼 수 있다. 보통 당신이 가지고 있
는 기기는 한 번에 대략 10개의 신호를 수신할 수 있
기 때문에, 위치에 대한 오차범위는 수 cm 이
내로 좁혀진다.

30개의 위성이 6개의 궤
도면 사이에 분할 배치되
어 있다.

각 궤도면에는
5개의 위성이 존재하며,
지표면의 위치에 상관없이
2개 이상의 위성을
관측할 수 있다.

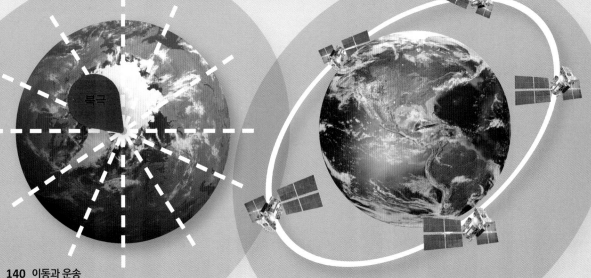

북극

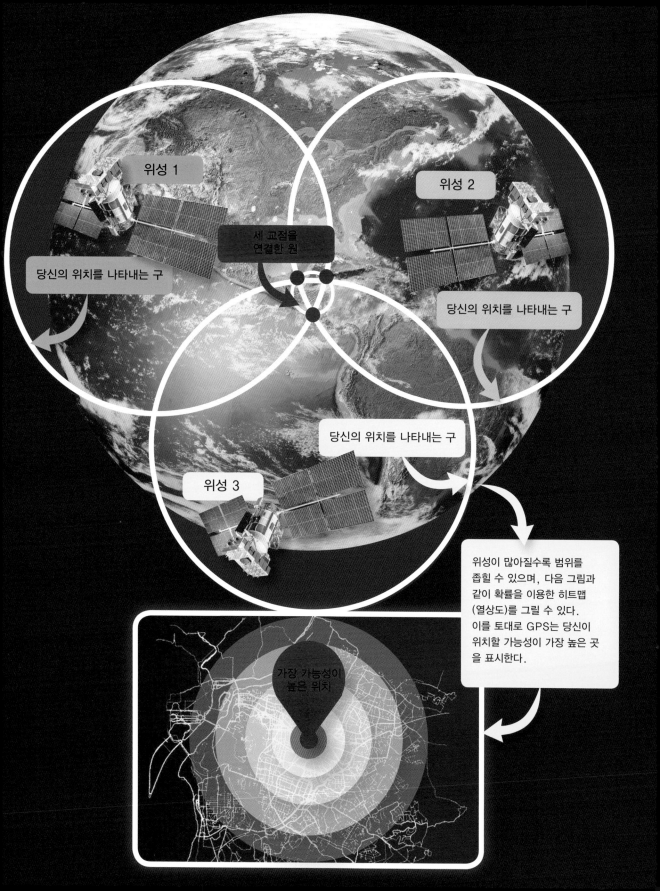

$$n!=n(n-1)(n-2)\cdots(3)(2)(1)$$

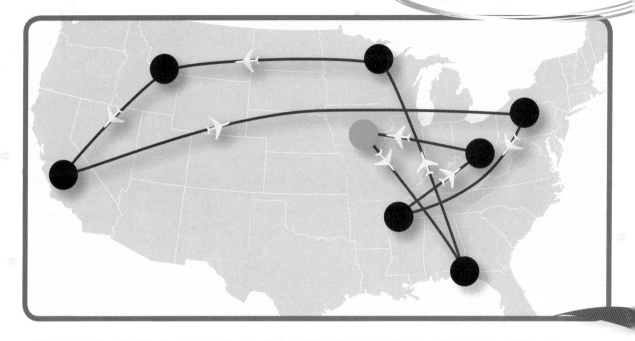

"네, 부장님! 지금 아이오와주 디모인에 있습니다. 지금 당장 다녀오라고요? 잠시 펜 좀 꺼낼게요. 오하이오주 콜럼버스, 테네시주 멤피스, 뉴욕주 버팔로, 캘리포니아주 새크라멘토, 몬태나주의 뷰트. 농담이시죠? 아, 죄송합니다. 미네소타주 덜루스, 플로리다주 탤러해시… 이메일로 보내주시는 게 낫겠네요."

이 불쌍한 외판원이 방문해야 하는 도시는 엄청나게 많다. 각 도시를 방문하는 순서를 정하는 경우의 수 역시 상상을 초월한다. 7개의 도시를 방문하려고 할 때, 방문할 수 있는 전체 경로의 수는 5,000가지가 넘으며, 도시의 수가 20개로 늘어나면 방문할 수 있는 전체 경로의 수는 대략 2,433,000,000,000,000,000가지이다. 보통 n개의 도시를 방문하는 경우 방문할 수 있는 전체 경로의 수는 $n!=n(n-1)(n-2)\cdots(3)(2)(1)$가지이다.

이는 조합적 폭발 combinatorial explosion의 한 예이다. 방문할 도시 수는 그다지 크지 않지만 방문을 위한 전체 경로의 수인 순열의 수는 급속도로 커지기 때문이다. 그렇기 때문에 이동에 필요한 시간과 거리를 최소화하기 위한 경로를 설정하는 것은 매우 어렵다. 사실 이 '순회 외판원 문제'는 'NP-난해'에 속한다. 즉, 다항시간문제에서 최적의 해를 찾는 알고리즘이 존재하지 않는다. 순회 외판원 문제나 다른 'NP-난해' 문제를 풀게 되면 클레이 수학연구소에서 발표한 7개의 난제 중 하나를 해결하는 것으로, 100만 달러의 상금을 탈 것이다.

다행히도 완벽한 알고리즘은 아니지만 몇몇 훌륭한 알고리즘이 알려져 있으며, 최적의 답에 거의 근접한 수준의 경로를 찾을 수도 있다. 개미집단최적화 Ant Colony Optimization라는 흥미로운 알고리즘이 있다. 개미가 먹이를 찾아 다른 지역으로 갈 때는, 집과의 거리 및 이전에 다녀갔던 개미가 길에 남겨놓은 페로몬의 양이 영향을 미친다. 개미는 먹이와 집 사이를 오갈 때 길을 잃지 않기 위해 페로몬을 떨어뜨리는데, 수많은 개미들이 오가다 보면 최단거리의 길에 페로몬이 가장 많이 쌓이게 된다.

캐나다 워털루대학의 윌리엄 쿡은 완전히 새로운 방식(평면 절단 알고리즘 plane-cutting algorithm)을 이용해 영국에 있는 24,727개의 술집을 모두 방문할 수 있는 최적의 보행 경로를 찾아냈다. 45,500km에 달하는 이 경로는 지구 둘레의 10%가 넘는다.

방문할 도시의 순서만 바꾸어도 비행 시간을 상당히 많이 줄일 수 있다. 도시가 많아질 경우 최적의 경로를 찾는 것은 결코 쉬운 일이 아니다.

실종된 비행기 찾기

2014년 3월 8일, 227명의 승객과 12명의 승무원을 태우고 쿠알라룸푸르를 출발해 베이징으로 향하던 말레이시아항공 MH370편이 사라졌다. 현재 실종된 보잉 777의 잔해 일부만이 해안가로 밀려와 발견된 상태다. 3년에 걸친 수색에도 불구하고 비행기 동체의 모습은 여전히 행방불명이다.

보잉 777과 같이 큰 물체를 찾는 것은 얼마나 어려운 일일까?

MH370의 수색은 충돌 직전에 항공 교신 장비가 꺼졌기 때문에 다른 비행기 실종 사건에 비해 더욱 어려운 상황이다. 이 비행기는 말레이시아 시간 기준으로 2시 22분경 인도네시아 북쪽, 태국 서쪽의 안다만해에서 마지막으로 목격되었다. 인공위성을 통해 알아낸 바에 의하면 6시간 후에는 인도양의 남쪽에 있었던 것으로 보이며, 비행 속도와 거리로 추산해볼 때 오스트레일리아의 퍼스에서 서쪽으로 2,500km 떨어진 바다에 추락했을 것으로 추정된다.

이 위치는 인간의 거주 지역에서 아주 멀리 떨어진 곳으로 수색 작업이 쉽지 않았다. 게다가 인도양의 평균 수심은 3,890m로 에베레스트산 높이의 절반에 해당할 정도로 매우 깊으며, 가능성이 높은 우선수색지역priority search area만 해도 그 면적이 23,000 평방마일이 넘었다(수색 가능지역은 텍사스 면적의 2배에 달한다).

이렇게 큰 숫자는 잘 와 닿지 않으니 상상이 가능하도록 그 크기를 줄여서 환산해보자. 거리를 2,500분의 1의 비율로 축소시키면 우선수색지역은 축구장 크기가 된다. 이 축척에 따라 수심은 1.5m이며, 동체가 파손되지 않았다는 전제 하에 비행기의 길이는 1.5cm에 해당한다.

칠흑같이 어두운 바다 깊은 곳에 비행기는 500기압의 압력을 받으며 흙으로 덮여 있을 것이다. 위의 축척에 의하면 당신의 키는 고작 0.064cm에 불과하니, 승객을 가득 태운 비행기가 아니었다면 찾으려는 시도조차 하지 않았을 것이다.

비행기가 우선수색지역 내에 존재하리라는 보장도 없다(사실 이 지역은 이미 면밀하게 살펴본 곳이기 때문에 발견 가능성이 점차 낮아지고 있다). 비행 경로를 추정하는 다른 모형을 적용하면 그 위치가 바뀌는가 하면, 해안가로 떠내려 온 잔해가 어디서 왔는지 분석한 결과 또한 수색 지역과 거리가 있는 것으로 보인다.

요약하자면, 바다의 규모와 깊이를 고려할 때 실종된 비행기를 찾는 것은 매우 어려운 일이다. 특히 추락 지역이 명확하지 않은 경우에는 거의 불가능에 가깝다.

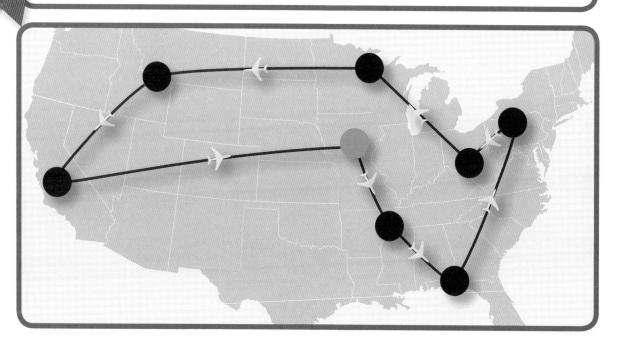

자율 주행 자동차

$$f(x) = \Sigma_0^\infty A_n \sin(nx) + B_n \cos(nx)$$

2025년, 당신은 대기 중인 차에 올라타며 말한다. "컴퓨터, 스타디움으로 가줘."
그런 다음 등받이에 기대 앉아 〈일상에 숨겨진 수학 이야기 – 8〉을 읽는다. 얼마
지나지 않아 컴퓨터가 "목적지에 도착했습니다. 좋은 하루 되세요!"라고 말하고
스스로 알아서 주차한다.

이런 일이 가능하려면 어마어마한 양의 수학이 필요하다.

우선 컴퓨터가 당신이 한 단어들을 이해해야 한다. 그러기 위해서는 푸리에 변환$^{\text{Fouriere transform}}$을 사용해 음성신호를 벡터로 변환하고, 은닉 마르코프 모형$^{\text{hidden Markov model}}$을 통해 당신이 가장 많이 내뱉는 음성을 파악한다. 또 이 음성 정보를 이용하기 전에 당신이 가장 자주 사용하는 단어들이 어떤 것들인지도 파악해야 한다.

이제 당신이 사용한 단어들의 의미를 파악해야 한다. 가야 할 목적지가 "스타디움"이라는 것뿐만 아니라 어떤 스타디움을 의미하는지도 알아야 한다. 이를 위해서는 이전에 갔던 곳들을 토대로 한 베이지안 분석$^{\text{Bayesian analysis}}$이 자주 이용된다. 이전에 갔던 유

일한 스타디움이 축구경기장이었다면, 아마도 가고자 하는 목적지는 그곳일 가능성이 높다. 반면 당신이 운동하는 것을 싫어하는 사람이면 도심에 새로 생긴 그리스 식당인 'The Stadium'으로 인식하고 아마도 그곳으로 안내할 것이다.

이제 목적지가 정해졌으니 경로를 탐색해야 한다. 구글을 비롯한 여러 기업들은 도로망을 컴퓨터가 파악할 수 있는 시스템으로 바꾸기 위해 엄청난 자금을 쏟아 부었다. 이 시스템이 경로를 선택할 때는, 도로의 각 구역을 주행할 때 시간이 얼마나 걸리는지에 따라 가중치를 부여한다. 실시간 교통 상황 업데이트를 통해 컴퓨터는 A*와 같은 최단거리 알고리즘을 사용해 스타디움으로 가는 가장 빠른 길을 파악할 것이다.

여기서 가장 어려운 점은 계획된 경로를 안전하게 주

탑승객의 지시를 이해하는 것에서부터 경로 설정, 다른 차량과의 충돌 방지, 교통법규 준수에 이르기까지, 자율 주행 자동차는 모든 분야에서 수학을 사용한다.

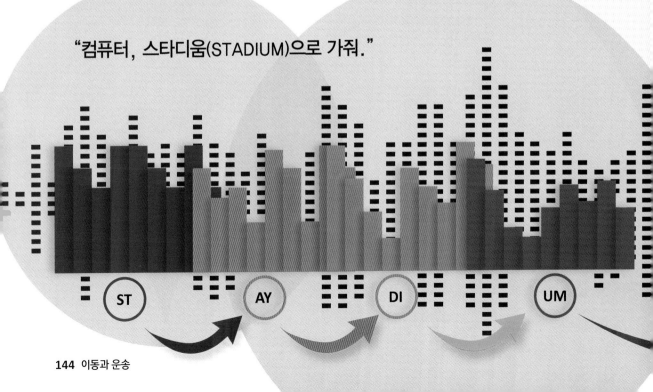

"컴퓨터, 스타디움(STADIUM)으로 가줘."

ST   AY   DI   UM

행하는 것이다. 다른 차량과 보행자를 피해가야 할 뿐
만 아니라 교통 신호와 표지판도 따라야 하며, 날씨 상
황에도 반응해야 한다. 최대의 난관은 불시에 나타나는
장애물을 확인하고 안전하게 피하는 것이다(전방의 흰
색 물체가 비닐백인지 돌멩이인지 구분하는 것은 사람
에게는 쉬운 일이지만 컴퓨터가 처리하기에는 만만치
않은 작업이다). 이들은 모두 영상 처리에 해당한다.
승용차 형상, 트럭 형상, 자전거 형상, 또는 보행자 형
상을 파악하기 위해서는 행렬 대수와 확률적 추론을 총
동원해야 한다. 자동차가 주위 환경에 반응하기 위해서
는 의사 결정 및 제어 이론이 필요하다. 현재 상황에서
지금의 속도로 주행할 때, 승객의 안전을 위협하지 않
으면서 무사히 비켜갈 수 있을까?

자율주행 자동차와 관련하여 철학적으로 매우 중요한
문제가 있다. 안전 시스템이 붕괴되어 충돌이 불가피한
상황일 경우, 자율 주행 자동차는 어떤 방식으로 피해
를 최소화할 것인가? 타인의 부상 또는 사망을 감수하
더라도 승객의 안전을 최우선으로 할까? 아니면 승객
이 사망하더라도 피해 인원을 최소화하는 방향으로 움
직일까? 그도 아니라면 사람이 운전할 때와 마찬가지
로 그냥 운에 맡길 것인가? 윤리적 측면에 대한 알고리
즘은 아직 개발 단계에 있지만 수학을 바탕으로 이루어
질 것이라는 사실만은 확실하다.

용어

푸리에 변환 Fouriere transform : 푸리에 변환은 신호에서 가장 두드러진 파동들을
추출하고, 이 파동들의 파형을 다음 식에 따라 몇 개의 수로 나타낸다.

$$f(x) = \sum_0^\infty A_n \sin(nx) + B_n \cos(nx)$$

이때 A_n과 B_n은 다음과 같다:

$$A_n = \frac{1}{\pi} \int_0^{2\pi} f(x)\sin(nx)dx$$

$$B_n = \frac{1}{\pi} \int_0^{2\pi} f(x)\cos(nx)dx$$

신호는 여러 다른 주파수에서의 파동들의 합으로 나타낼 수 있다. 실제로 고
속 푸리에 변환fast Fourier transform은 적분이 아니라 합을 이용해 계수들을
계산한다.

마르코프 모델 Markov model : 마르코프 모델은 정해진 새로운 상태가 될 확률이
현재 상태에 따라 달라지는 임의의 모델을 대상으로 한다. 현재 상태에서 새
로운 상태로 가는 경로를 행렬로 표시함으로써, 나타날 수 있는 결과를 효율
적으로 분석할 수 있다.

베이지안 분석 Bayesian analysis : 새로운 정보를 토대로 확신을 수정해 가는 통
계 과정

차량 충돌

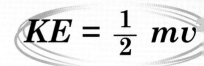

$$KE = \frac{1}{2}mv$$

부주의한 운전자가 정지 신호를 무시하고 정차 중인 내 차량의 후미를 들이받았다. 순간 머리 속에는 온갖 생각이 떠오른다. 다친 데는 없는 건가? 상대방은 무사할까? 차는 괜찮을까? 내 과실이 있을까? 보험관련 문서를 어디에 뒀더라? 이제 뭘 해야 하나? 무엇보다 가장 중요한 것은, 이 상황에서 수학은 뭘 하지?

● ●

사실 차량 충돌에도 많은 수학이 관련되어 있다.

안전하게 정지하기

영국의 교통 법규집 뒷면에는 정지 거리에 관한 표가 있다. 상태가 좋은 도로에서 시속 20마일로 달리는 자동차가 정지하기 위해서는 12m를 더 가야 한다. 앞에서 일어나는 일에 대해 운전자가 반응하는 데 6m, 브레이크를 밟은 후 자동차가 정지하는 데 6m가 필요하

다. 시속 40마일로 달릴 때는 정지거리도 2배가 되지 않을까 예상하겠지만 실제로는 36m, 즉 3배가 된다. 시속 80마일은 규정 속도를 초과하기 때문에 법규집에는 나와 있지 않지만 자동차가 정지하는 데 축구장 길이보다 긴 120m를 더 가야 하며, 이는 시속 20마일 때의 정지거리와 비교하면 무려 10배에 달한다.

125만
전 세계
연간 교통사고
사망자 수

정지할 때까지 얼마나 가는가?

	속도	반응 거리	제동 거리 – 마른 노면	전체 거리
			제동 거리 – 젖은 노면	피트(미터)

20 ft+ — 20 ft — 40 ft (12 m)
— 40 ft — 60 ft (18 m)

30 ft+ — 45 ft — 75 ft (23 m)
— 90 ft — 120 ft (37 m)

40 ft+ — 80 ft — 120 ft (37 m)
— 160 ft — 200 ft (61 m)

50 ft+ — 125 ft — 175 ft (53 m)
— 250 ft — 300 ft (91 m)

60 ft+ — 180 ft — 240 ft (73 m)
— 360 ft — 420 ft (128 m)

70 ft+ — 245 ft — 315 ft (96 m)
— 490 ft — 560 ft (171 m)

34,000
미국의
연간 교통사고
사망자 수
(10만 명 당 10.6명)

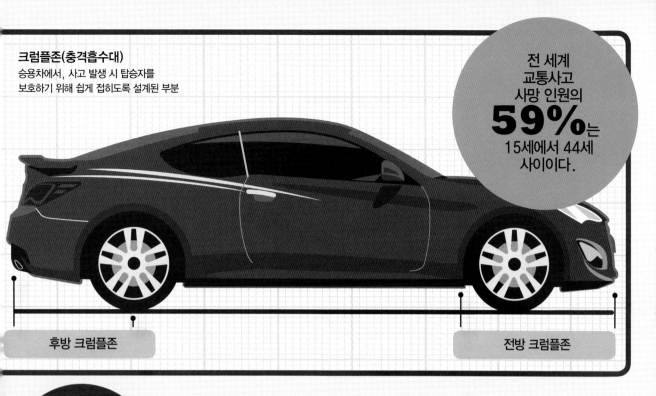

크럼플존(충격흡수대)
승용차에서, 사고 발생 시 탑승자를
보호하기 위해 쉽게 접히도록 설계된 부분

전 세계
교통사고
사망 인원의
59%는
15세에서 44세
사이이다.

후방 크럼플존

전방 크럼플존

1827
영국의 연간
교통사고 사망자 수
(10만 명 당 2.9명)

77%
사망자 중
남성의 비율

이것은 어떻게 계산한 것일까? 그래프를 보면, 반응 거리는 거의 선형적으로 증가하고 있음을 알 수 있다. 이는 곧 자동차의 속도가 늘어나는 만큼 반응거리도 늘어나고 있다는 것을 의미한다. 그럴 수 밖에 없는 것이, 일어난 상황을 파악하는 동안에는 기존의 주행속도 그대로 달릴 것이고, 운전자의 반응시간 측면에서 보더라도 천천히 주행할 때에 비해 고속도로라고 반응시간이 더 걸리는 것도 아니기 때문이다. 반응 거리는 다음과 같이 계산한다:

속도 (피트/초) × 반응 시간 (초)

시간당 마일을 초당 피트로 환산하려면 1.4666…을 곱하면 되지만 충돌을 피하는 게 목적이므로 간단히 1.5를 곱하도록 하자. 계산해 보면 반응 시간은 보통 2/3초 정도이다.

제동 거리는 보다 복잡한 계산을 해야 하지만, 속도를 2배로 올리면 제동 거리는 대략 4배가 되는 것을 알 수 있다. 이는 운동에너지, 즉 차량을 멈추는 데 필요한 일의 양이 $1/2mv^2$(m은 질량, v는 속도)

이기 때문이다. 일의 양은 (힘) × (거리)로 계산되므로 일정한 힘을 가할 경우, 거리는 속도의 제곱에 비례한다. 결국 속도(시간당 마일)의 제곱을 20으로 나누면 제동 거리를 구할 수 있다.

고속도로에서는 앞차와의 간격을 2초 정도의 주행 거리로 유지하는 것을 권장하고 있다. 이 거리 내에서 정지할 수 있기 때문은 아니다(70mph에서는 2초 동안 210피트 주행하며, 앞차가 있었던 곳에 도달할 무렵에는 40mph로 주행하게 될 것이다). 사실 반드시 이 거리 내에서 정지할 필요는 없는데, 이는 앞차도 같은 시간 동안 움직일 것이기 때문이다. 이 정도 속도에서는 결국 반응 거리가 가장 중요하다. 수 초 정도 여유가 주어진다면 상황에 대처할 수 있는 시간적 여유가 생기기 때문에 앞차를 추돌하지 않을 수 있다.

내 차를 박은 녀석이 이러한 사실을 알았어야 했는데.

차량 충돌에서 살아남기

"엘리엇 선수, 드디어 부상에서 회복하셨네요. 혹시 당신과 부딪힌 선수에게 한 말씀 하시겠습니까?"
"별로 할 말이 없네요. 뉴턴의 운동 제1법칙에 의하면 저도 그 선수에게 동일한 충격을 가했을 테니 그걸로 위안을 삼아야죠."

엘리엇 반하트(미식축구선수)

안전벨트를 착용했다는 전제하에 충돌의 영향을 결정하는 데에는 2가지 중요한 요소가 있다. 사고 발생 순간의 주행 속도와 충돌이 지속되는 시간이다. 이것을 수학적으로 설명하면 운동에너지에 따라 차량의 속력을 늦추는 데 필요한 일의 양이 정해지며, 충돌 지속 시간에 따라 충돌의 강도가 정해진다.

딱딱한 바닥 위로 떨어지는 경우(빠른 속도로 떨어져 재빨리 정지함)과 푹신한 매트 위로 떨어지는 경우(속도가 점진적으로 감소함)를 생각해보자. 당신이라면 어느 쪽을 선택하겠는가? 매트 위로 떨어질 때는 오랜 시간에 걸쳐 충격이 분산되기 때문에 운동 에너지가 서서히 흡수되므로 충격을 덜 느끼고, 좀 더

완만하게 감속하며, 보다 안전하게 착륙할 것이다.

이와 마찬가지로 승용차도 사고가 발생할 경우 충격을 최대한 줄이도록 설계된다. 안전벨트는 점진적인 감속을 도와주며, 에어백은 핸들과의 충돌을 완화시킨다. 차량의 앞부분은 다리가 다치지 않도록 하면서 최대한 많은 에너지를 흡수하는 방식으로 찌그러진다.

하지만 충돌의 위험을 낮출 수 있는 가장 좋은 방법은 속도를 줄이는 것이다. 시간당 50마일의 속도로 주행하면 시간당 70마일의 속도로 주행하는 경우에 비해 충돌 시 흡수해야 하는 에너지가 반으로 줄어든다.

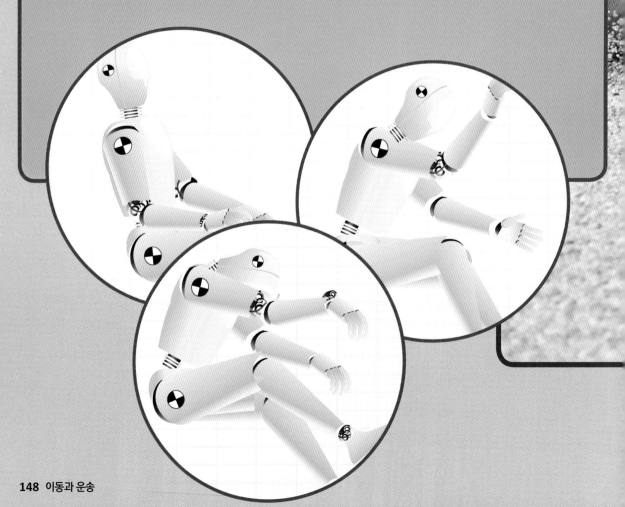

비상 정지

1981년 개봉된 영화 '불의 전차Chariots of Fire'에서는 올림픽에 참가하려는 선수들이 스코틀랜드 세인트앤드류스의 해변을 달리며 운동하는 유명한 장면이 나온다. 해변을 달려 본 적이 있는가? 모래밭이나 자갈밭에서 자전거를 타거나 유모차를 밀어 본 적은 없는가? 쉬워 보일지 모르겠지만, 실제 해보면 정말 어렵다는 사실을 깨닫게 될 것이다.

딱딱한 도로면에서 차량의 바퀴들은 당신을 지탱하며, 도로면을 밀어 앞으로 나아가도록 한다. 하지만 자갈밭에서는 여러 다른 현상이 발생한다. 자갈과 모래는 쉽게 움직이므로 당신은 약간 가라앉게 된다. 이것은 바퀴가 평평한 면에서 굴러가는 것이 아니라 계속해서 오르막길을 올라가야 한다는 것을 뜻한다. 바퀴는 자갈이나 모래 위를 굴러가는 것이 아니라 이들을 밀면서 움직인다. 또한 앞쪽으로 전진하려고 하면 수직 항력의 증가로 마찰력이 커지므로 도로면에 의해 뒤로 밀린다. 결국 평지에서의 주행에 비해 훨씬 더 어렵게 되는 것이다!

산길이나 고속도로를 운전하다 보면 경사가 심한 내리막길 옆에 "긴급정지차로" 또는 "비상로"라고 쓰여진 표지가 세워져 있는 것을 볼 수 있다. 이곳은 자갈이나 모래로 덮여 있으며, 브레이크가 고장난 차량을 안전하게 멈추게 하기 위해 설치되었다. 즉, 실제로 경사가 심한 내리막길이지만 마치 노면이 푹신한 급경사 오르막길과 동일하게 느껴진다. 덕분에 트럭은 너무 빠르지 않고(큰 충격을 받지 않도록), 너무 느리지도 않게(계속 내리막길을 달리지 않도록) 적절한 속도로 감속할 수 있게 된다.

교통 혼잡

교통 흐름이 막혔다가 풀린 후 그 원인을 살펴보면 대개는 사고가 났거나 도로 공사 또는 서행하는 차량으로 인한 경우가 많다. 하지만 정체 원인을 전혀 알 수 없는 경우도 있다. 이는 바로 유령혼잡(재미톤jamiton) 때문이다.

교통 혼잡

뻥 뚫린 도로에서는 대개 차간 거리가 길다. 하지만 이 간격이 좁아지면 이상한 현상이 발생한다. 차량 한 대의 속도가 약간 느려졌을 뿐인데 갑자기 정체가 생기는 것이다. 뒤를 따르던 차량은 앞차와의 간격이 평소의 차간 거리보다 좁아졌기 때문에 필요 이상으로 속도를 줄이게 된다. 그 뒤의 차량도 같은 양상을 보이면서, 어느새 고속도로는 정체 상태에 빠지게 된다.

이를 모형화하기 위한 여러 가지 방법 중 가장 흥미로운 것은 카이 나겔과 미카엘 슈레켄버그의 세포 자동자 모형(셀룰러 오토마타cellular automaton)이다. 그들은 고속도로를 규칙적으로 배열된 세포 또는 칸으로 나

타냈는데, 각 칸들은 비어 있거나(차가 없는 경우) 숫자(주행 속도)가 쓰여 있다. 시뮬레이션을 할 때 각 단계마다 몇 가지 규칙이 적용된다. 이를테면 제한 속도보다 느리게 주행하는 경우에는 속도를 높이고, 앞 차와 너무 가까워지면 속도를 줄인다. 또한 사고가 발생하면 감속하고, 속도가 0이 아니면 속도에 해당하는 칸만큼 앞으로 이동한다.

이러한 조건 하에 시뮬레이션을 한 결과 완벽하게 유령혼잡이 생기는 것을 볼 수 있었다. 서행하거나 정지된 교통 흐름의 파동이 고속도로를 따라 뒤로 가면서 예상한 대로 긴 교통정체로 확산되어 간 것이다.

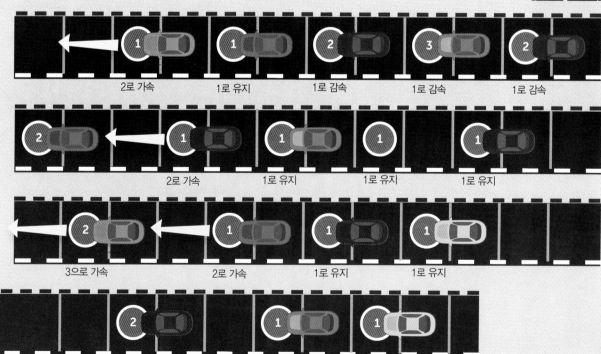

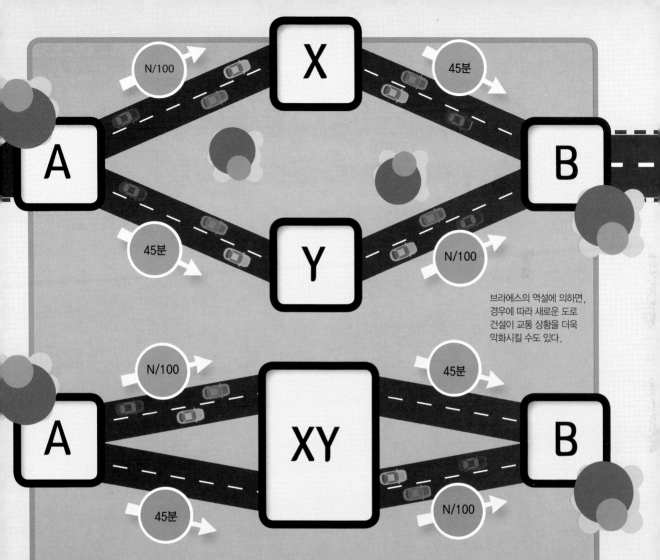

브라에스의 역설에 의하면, 경우에 따라 새로운 도로 건설이 교통 상황을 더욱 악화시킬 수도 있다.

브라에스의 역설

2000년대 초, 청계천 복원 사업의 일환으로 고가도로가 철거되었다. 상식적으로는 도로가 없어졌으니 길이 더 밀릴 것으로 생각되겠지만 놀랍게도 인근 교통 흐름은 개선되었다. 이는 브라에스의 역설Braess's paradox이 현실에서 적용된 사례이다. 경우에 따라서 도로를 건설하더라도 교통 상황이 악화되기도 하고, 도로를 없애면 오히려 개선되기도 한다.

예를 들어, 다음 상황을 생각해 보자. A→X 구간의 이동 시간과 Y→B 구간의 이동 시간은 교통량에 따라 달라진다. 즉, 도로 위에 N대의 차량이 있으면 N/100분이 소요된다. A→Y 구간과 X→B 구간은 교통량과 무관하게 45분이 소요된다.

이제 4,000대의 차량이 A에서 B까지 이동하려 한다. 운전자들이 합리적으로 행동한다면 절반은 X, 나머지 절반은 Y를 경유할 것이고, 모든 차량은 2,000/100 + 45 = 65분만에 도착할 것이다.

이때 똑똑한 도로교통공단 직원이 X와 Y를 연결하는 매우 짧은 연결도로를 만들기로 한다. 이 구간을 주행하는 데 걸리는 시간은 전혀 없다. 위의 두 번째 그림은 이 상황을 나타낸 것이다. 모든 사람은 A→XY 구간을 이동할 때 두 경로 중에서 선택할 수 있다. 4,000대가 모두 위쪽 길로 몰린다 하더라도 40분 밖에 소요되지 않는다. XY→B 구간도 마찬가지인데, 아래쪽 길을 선택할 경우 40분 소요되므로 위쪽 길에 비해 5분 더 빠르다. 하지만 도로를 "개선"했음에도 불구하고 이제 모든 사람은 A에서 B로 이동하는 데 최소 80분이 걸리게 되었다. 즉, 첫 번째 그림에서의 65분에 비해 15분이나 늦어진 것이다.

이제 여러분은 교통 정체 상황에 처하게 되면 도로교통공단에 도로를 몇 개 폐쇄하라고 건의할 지도 모르겠다!

하이퍼루프

테슬라 모터스와 민간 우주여행 프로젝트 업체인 스페이스X, 대체 에너지 산업을 이끌고 있는
엘론 머스크는 차세대 이동수단인 하이퍼루프^{Hyperloop}를 가리켜 "콩코드와 레일건,
그리고 에어하키 테이블의 조합"이라고 설명했다.

$$\frac{1}{2}CpAv^2$$

●●●●●●●●●●●●●●●●●●●●●●●●●●●●

콩코드는 호화로운 초음속 여객기이고, 레일건은 화약이 아닌 전기의 힘으로 탄환을 가속시키는 무기이다. 또 에어하키 테이블은 공기 분출을 통해 마찰력을 감소시켜 퍽^{puck}이 잘 미끄러지게 하는, 실내 하키 게임용 테이블이다.

하이퍼루프는 연소 장치 대신 전자기력을 이용해 추진력을 얻어 마찰이 거의 없는 (공기 저항도 최소화한) 튜브 속을 매우 빠른 속도로 주행하는 이송 시스템이다. 초기 모형에서는 시속 760마일로 주행하도록 고안되었는데, 이는 음속보다 약간 느린 속도로 소닉 붐^{sonic boom}(음속 폭음)을 피하기 위한 방안이었다.

스키 점프 선수의 경우와 마찬가지로 열차에 작용하는 공기 항력은 ½ $CpAv^2$ 이다. 여기서 C는 열차의 모양과 관련되는 상수이며, p는 기압, A는 열차의 단면적, v는 주행 속도를 의미한다. 일반적인 고속열차를 설계할 때에는 A와 C에 집중해서 단면적을 줄이거나 좀 더 효율적인 모양을 추구하지만, 터널 안을 달리는 하이퍼루프의 경우에는 p, 즉 압력 감소를 추가로 고려해야 한다. 즉, 터널 내의 공기를 빼내서 기압을 100파스칼까지 낮추는 것이다. 해수면의 기압이 대개 100,000파스칼 정도이므로 공기 저항은 1,000배 정도 감소하게 되며, 다른 조건이 동일한 경우 주행 속도가 30배 정도 빨라진다.

하이퍼루프를 이용할 경우 현재 6시간 소요되는 LA-샌프란시스코 구간을 30분으로 단축할 수 있다.

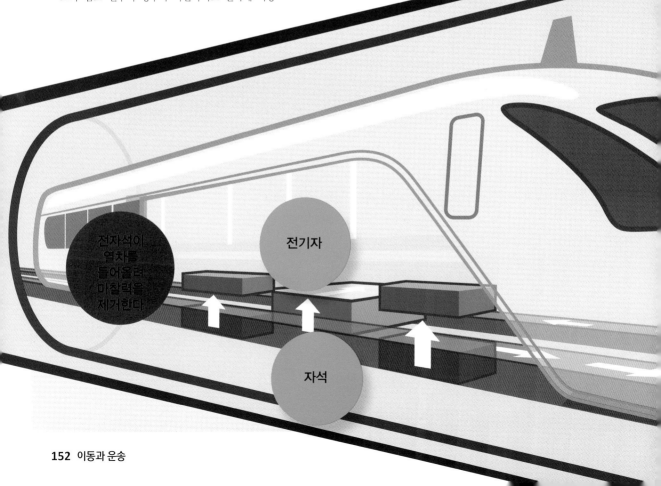

전자석이 열차를 들어올려 마찰력을 제거한다

전기자

자석

물론 다른 조건이 모두 동일하지는 않다. 좁은 튜브 속을 달리는 열차는 몇 가지 물리학적 문제를 초래하기 때문이다. 비록 그 양이 매우 작긴 하지만, 열차의 앞쪽에 있는 공기를 '부드럽게' 열차 뒤로 보내야 한다. 이에 대한 해결책으로 거대한 송풍기를 사용해 열차 아래의 공기를 밀어 내는 방법이 있는데, 이렇게 하면 열차가 레일 위로 약간 들어올려지는 효과도 생기기 때문에 마찰이 감소하여 좀 더 효율적인 주행이 가능하게 된다.

전자석과 팬, 공기 펌프, 그리고 추진기에 이르는 모든 장비는 터널에 부착된 태양광 패널을 통해 전력을 공급받는다. 이는 특히 캘리포니아의 사막 지대를 통과하는 노선의 경우 매우 현명한 선택이 아닐 수 없다.

물론 논란이 전혀 없는 것은 아니다. 머스크가 제시한 비용이 현실성 없는 금액이라는 주장도 있고, 모든 프로젝트가 실현 불가능하고 위험할 뿐만 아니라 전기자동차 회사인 테슬라가 지배력 확장을 위해 캘리포니아의 다른 대중교통 개발 계획을 저지하려는 음모라는 주장도 있다.

안전에 관해 제기되는 문제 중 하나는 객차의 정지 시간에 관한 것이다. 계획안에 의하면 각각의 객차는 30초 간격으로 출발하며, 차량의 최대 가속도는 0.5g로 설계되어 있어 시속 760마일(초속 340m)로 주행하다가 정지하려면 68초가 소요된다. 정차 과정에서 사고가 나면 바로 다음 차량도 안전하게 멈추기 어렵게 되고, 연쇄 충돌의 가능성이 높아지는 것이다. 그렇다면 객차 간격을 더 늘려 수송 가능한 승객 수를 줄여야 하는 것일까? 아니면 성능이 더 좋은 급제동 장치가 필요한 것일까?

해결해야 할 문제(수학과 정치, 그리고 운송의 측면에서)가 아직 많긴 하지만, 하이퍼루프는 아마도 최근 수십 년 동안 추진된 기반 시설 프로젝트 중 가장 혁신적인 도전일 것이다.

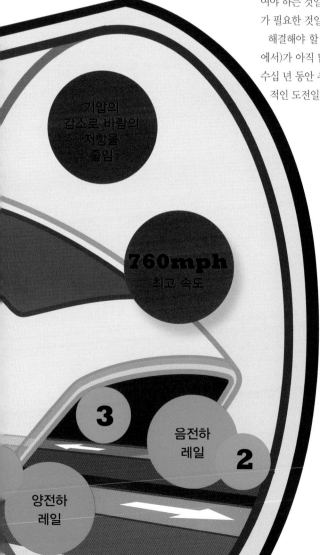

기압의 감소로 바람의 저항을 줄임

760mph
최고 속도

3
음전하 레일
2
양전하 레일

레일건 기술

1
전류가 양전하를 지닌 레일에 흐른다

2
이 전류는 전기자를 지나 음전하를 지닌 레일로 흘러간다

3
레일 끝을 향한 자기력이 전기자와 열차를 앞으로 추진시킨다

우주 여행

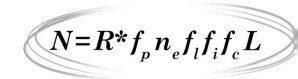

$$N=R*f_p n_e f_l f_i f_c L$$

2016년 7월 5일, 주노^{Juno} 탐사선은 약 5년 동안 17억 4천만 마일을 비행한 끝에 목성 궤도에 안착했다. 도착 예정 시간보다 겨우 1초 지연되었을 뿐이었다. 우주 비행이 이렇게 정확한 스케줄대로 진행될 수 있는 이유는 무엇일까?

다른 행성으로의 여행 경로를 계획하기 위해서는 여러 도구가 필요하다. 가장 먼저 필요한 것은 태양계 작동에 관한 모형이다. 여행의 출발지인 지구와 목적지인 목성의 위치를 알아야 하기도 하지만, 행성을 이용하여 탐사선의 속도를 높일 수도 있기 때문이다.

주노는 지구 대기권을 벗어난 다음, 2년이 넘는 기간 동안 타원 궤도에 따라 태양 주위를 공전했다. 그리고 이 기간 동안 화성의 궤도를 벗어났다가 '중력 도움$^{gravitational\ assist}$'을 받기 위해 다시 지구 궤도에 진입했다.

스케이트장에서 두 팔을 벌린 채 앞으로 달려가고 있는데, 꼬마 아이가 다가오고 있다고 상상해보자. 아이가 당신의 옆을 지나면서 팔을 잡으면, 당신은 반동을 이용하여 방향을 바꿔 아이가 왔던 방향으로 조금 더 빠르게 돌려보낼 수 있다. 이때 상호 작용의 영향으로 당신의 속도는 약간 감소하게 된다.

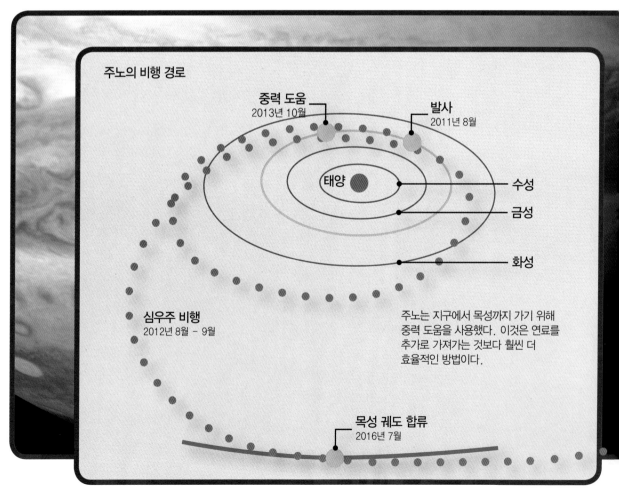

주노의 비행 경로

중력 도움
2013년 10월

발사
2011년 8월

태양

수성

금성

화성

심우주 비행
2012년 8월 – 9월

주노는 지구에서 목성까지 가기 위해 중력 도움을 사용했다. 이것은 연료를 추가로 가져가는 것보다 훨씬 더 효율적인 방법이다.

목성 궤도 합류
2016년 7월

이는 2013년 10월 주노가 지구 곁을 지날 때 일어난 상황과 대략 비슷하다. 지구에 접근한 탐사선이 지구의 모멘텀을 이용해 속도를 올린 것이다. 주노는 지구에 비해 그 크기가 훨씬 작아 지구로부터 시속 16,000마일 이상의 속도를 얻은 반면, 지구는 1년에 1천만 분의 1인치 정도 속도가 늦추어졌다. 이러한 가속 덕분에 주노는 새로운 공전 궤도에 진입할 수 있었고, 목성과도 만날 수 있게 되었다.

이런 모든 계획을 세우는 것은 로켓 과학의 주요 내용이지만 지오지브라^{GeoGebra}(기하, 대수, 미적분, 통계 및 이산수학을 쉽게 다룰 수 있는 교육용 무료 수학 소프트웨어)로 다룰 수 있는 기하학으로도 충분히 가능하다. 지구의 공전이나 탐사선의 비행은 모두 타원 궤도를 따라 이루어지기 때문에, 예정된 시점에 예정된 위치에서 탐사선과 지구가 만나도록 하는 두 타원을 설정하는 것이 목성 탐사 계획의 핵심 과제였다.

발사계획이 완성되고 나서 며칠 후에 탐사선이 발사되었다. 발사된 탐사선은 정해진 궤도를 따라 홀로 비행하였다(차갑고 어두운 진공 상태의 우주에는 마찰력이나 공기 저항이 거의 없다). 주노가 중력 도움을 얻기 위해 지구에 근접했을 때는 자체 로켓을 조정해 정확한 각도와 속도를 맞췄다. 목성에 도달하여 궤도에 진입할 때에도 매우 세심한 조작이 필요하긴 했지만, 그 외 우주 항해의 대부분은 자동 주행장치에 의존했다.

목성을 향해 일직선으로 날아가지 않고 이런 방식을 선택하는 이유는 무엇일까? 답은 간단하다. 이 방법이 에너지 효율이 훨씬 높고, 훨씬 적은 양의 연료를 사용할 수 있기 때문이다. 가져가는 연료가 적을수록 흥미로운 과학 실험 장비를 더 많이 실을 수 있다!

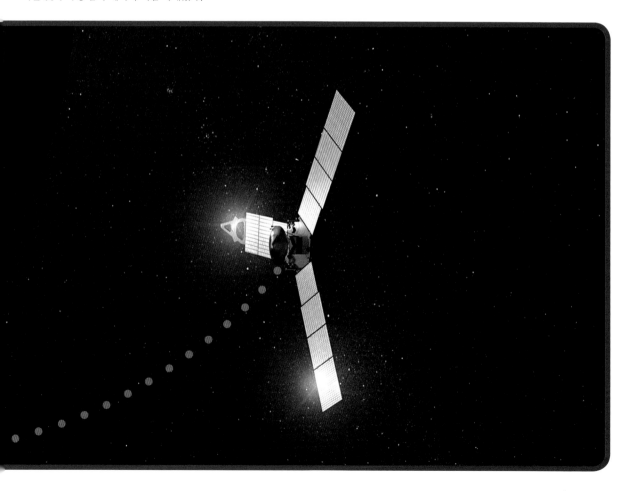

외계인 만나기

외계인을 만날 수 있을까? 간단히 답한다면 "그것은 외계인의 정체가 무엇이냐에 달려있다"고 할 수 있다. 당신이 생각하는 외계인이 "당신들의 지도자에게 안내해주시오"라고 말하는 녹색의 작은 존재를 가리키는 거라면, 외계 생명체를 만나는 일은 불가능할 것이다. 하지만 당신이 생각하는 외계인이 미생물이라면, 가능하다. 내가 살아있는 동안 인류가 우주 탐사에서 '미생물 외계인'을 만나지 못한다면 오히려 놀랄 것 같다.

1961년 우주 개발 경쟁이 가열되기 시작할 무렵, 천문학자였던 프랭크 드레이크$^{Frank\ Drake}$는 우리가 조우할지도 모르는 외계 생명체의 수를 대략적으로 산출하는 공식을 만들었다.

$$N = R^* \, f_p \, n_e \, f_l \, f_i \, f_c \, L$$

이때, 각 항목의 의미는 다음과 같다:

N = 우리 은하 내 교신이 가능한 지적 외계 문명의 수.
R^* = 우리 은하 내에서 1년 동안 탄생하는 항성의 수.
f_p = 위의 항성들이 행성을 가지고 있을 확률.
n_e = 항성에 속한 행성들 중 생명체가 살 수 있을 만한 행성의 수.
f_l = 위 조건을 만족한 행성에서 생명체가 발생할 확률.

f_i = 발생한 생명체가 지적 생명체로 진화할 확률.
f_c = 발생한 지적 생명체가 탐지 가능한 신호를 보낼 수 있을 정도로 발전할 확률.
L = 위의 조건을 만족한 지적 생명체가 교신 기술을 유지하는 시간

드레이크의 공식은 각각의 논리적인 부분의 곱으로 전체를 구하기 때문에 수학적으로 완벽한 공식이다. 문제는 각 항목에 해당하는 수치를 알지 못하기 때문에 불확실한 부분이 너무나도 커서 유용성이 떨어진다는 점이다.

현재까지의 추정에 의하면 R^*는 2 정도일 것이며, f_p는 1에 근접하고(거의 모든 항성은 행성을 지닌다), n_e는 0.4 정도이다. f_l, f_i, f_c 그리고 L 값은 다분히 추측에 가깝다. f_l는 1에 가까울 것으로 보이지만 f_i와 f_c는 매우 작은 수치이다. 인류는 약 100년 전부터 통신을 시작했고, 그 기간 동안 수차례에 걸친 인류 파멸의 위기를 가까스로 극복했다. 그렇기 때문에 L에 해당하는 합리적인 수치는 약 200 정도일 것이다.

이제 $N \approx 160 \, f_i \, f_c$ 가 되는데, 여기서 f_i과 f_c는 매우 작은 숫자이기 때문에 N은 1보다 작을 것이고, 이는 우리 인류가 아마도 외톨이일 가능성이 높다는 사실을 의미한다. 만약 L 값이 훨씬 커진다면(무선 통신이 추후 수백만 년 동안 지속되길 기대한다) N 값도 훨씬 커질 것이다.

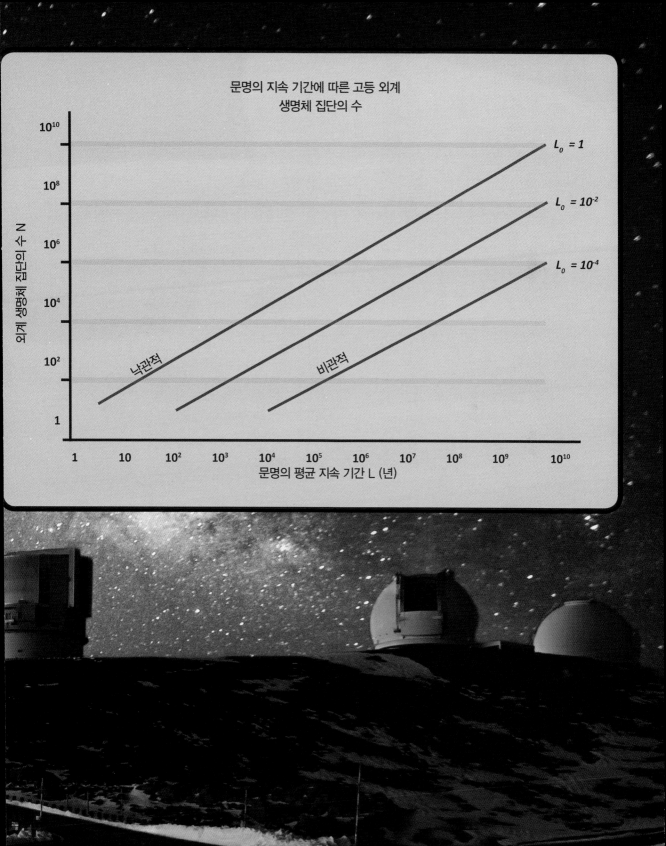

문명의 지속 기간에 따른 고등 외계
생명체 집단의 수

비행

활주로를 맹렬히 질주하던 비행기가 어느 순간 기수를 위로 향하더니
순식간에 하늘 위로 날아오른다. 이 비행기는, 무게가 600톤에 달하는
에어버스 A380이다.

● ●

불과 100여년 전만 하더라도 공기보다 무거운 물체가
하늘을 나는 것은 실현 불가능한 꿈으로 여겨졌다. 하
지만 1903년 라이트 형제의 성공 이후 항공 산업은 엄
청난 발전을 거듭해왔다.

비행에 숨겨진 가장 핵심적인 아이디어는 공기의 흐
름에 따른 날개 모양의 변화이다. 날개는 여러 모양을
지닐 수 있지만 전형적인 형태는 그림 1과 같다. 이런
모양의 날개를 볼풀에서 앞으로 당긴다고 상상해보자.
날개는 앞으로 움직이면서 볼에 의해 위쪽으로 밀려 올
라갈 것이다.

날개의 앞쪽에 있는 볼들은 아래쪽으로 밀린다. 뉴턴
의 제3법칙(작용–반작용의 법칙)에 의하면 힘이 가해
지는 모든 물체에는 반대 방향으로 작용하는 동일한 크
기의 힘이 존재하는데, 이는 아래쪽으로 볼을 누르는

힘이 날개를 위로 떠오르게 한다는 의미이다. 이 힘이
비행기를 이륙시키는 힘의 1/3을 담당한다.

나머지 2/3에 해당하는 힘은 볼풀의 예로 이해하기
에 다소 명확하지 않다. 날개의 뒤쪽에는 날개 아래쪽
에 비해 볼의 숫자가 적은데, 이는 날개 위쪽의 기압
이 상대적으로 낮기 때문에 날개가 위로 들여 올려지
기 때문이다.

또 한 가지, 날개가 움직이면서 가속된 공이 공기를
아래–뒤쪽으로 "분출"시키면, 이에 대한 반작용으로
날개가 앞–위쪽으로 움직이는 것이다(뉴턴의 운동법
칙). 이것은 빠른 속도로 움직이는 공기가 약간의 "점
성"을 가지기 때문인데, 볼풀 속의 볼과는 달리 공기는
날개 옆을 지나면서 날개에 달라 붙는다.

> 수평선에서 15도
> 이상 기울어지면
> "스톨"이
> 초래되기도 한다

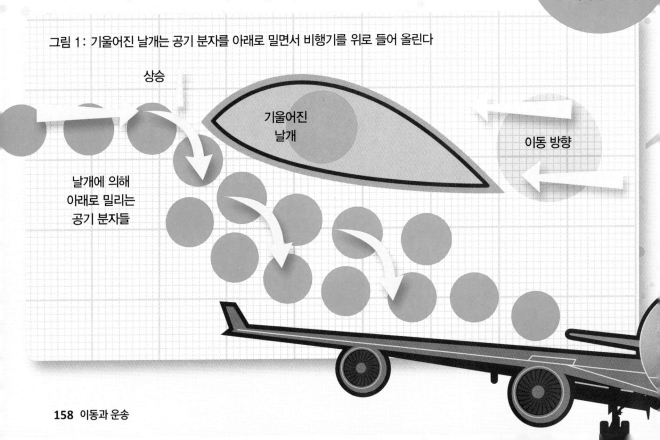

그림 1: 기울어진 날개는 공기 분자를 아래로 밀면서 비행기를 위로 들어 올린다

상승

기울어진
날개

이동 방향

날개에 의해
아래로 밀리는
공기 분자들

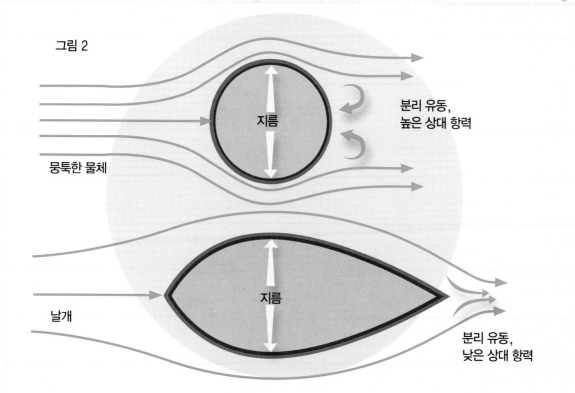

그림 2

뭉툭한 물체

지름

분리 유동,
높은 상대 항력

날개

지름

분리 유동,
낮은 상대 항력

달랑베르의 역리

새의 비행 원리는 뉴턴을 포함한 많은 과학자들에게 풀리지 않는 수수께끼였고, 당연히 인간의 비행은 엄두도 내지 못할 일이었다. 1752년, 달랑베르는 점성과 압축성이 없고, 비회전성(와류를 형성하지 않음)을 지닌 안정적인 공기 흐름에 유체역학 공식을 적용하면 양력이나 항력이 생성되지 않는다는 사실을 발견했다. 그가 가정한 내용은 실제 현실에 매우 가까웠는데, 공기는 점성이 상당히 낮고, 저속에서 거의 압축되지 않으며, 거의 정지된 공기 내에서의 움직임은 와류를 생성하기 어렵기 때문이다. 결국 유체역학의 관점에서는 비행이 불가능했다. 이에 일부 수학자들은 유체역학이라는 학문 자체를 별 볼일 없는 분야로 치부하기도 했다.

다행히 마르틴 빌헬름 쿠타Martin Wilhelm Kutta와 니콜라이 주콥스키Nikolai Zhukovsky에 의해 이 문제가 해결되었다. 그들은 양력이 날개 주위의 공기 순환에 의해 생성된다는 사실을 입증했던 것이다(즉, 비회전성 흐름이라는 가설은 틀렸다). 한편 루트비히 프란틀Ludwig Prandtl은 날개 주위에 있는 얇은 점성 공기층의 존재를 밝혀냈다. 덕분에 유체역학자들은 안도의 한숨을 쉴 수 있었다(그림 2 참조).

날개는 위로 올라가는 힘을 주지만, 때로는 속도를 늦추기도 한다. 하지만 대부분의 경우 항력은 양력의 5-10% 정도에 불과하다.

에어포일airfoil(양력을 최대화하고 항력을 최소화하도록 만든 날개 단면)이 제대로 작동하려면 받음각angle of attack이 15도 이하여야 한다. 15도가 되면 공기의 흐름이 더 이상 부드럽지 않으며, 난류로 인해 양력이 급격하게 감소한다. 비행기가 스톨stall(양력 소실로 비행 속도 감소)에 빠졌다는 말은, 조종사가 기어를 제대로 조작하지 못했다는 뜻이 아니라 날개를 지나치게 세웠다는 의미이다.

66년
최초의 동력 비행에서부터 달 착륙까지 걸린 시간

왜 직선으로 비행하지 않을까?

런던에서 뉴욕으로 비행기를 타고 간다고 하자. 지도를 펼쳐 들고 직선 항로를 따라가 보자. 콘월을 거치고 대서양 상공을 건너 롱아일랜드를 지나면 뉴욕이다. 하지만 실제 비행 경로를 보면 스코틀랜드와 캐나다, 그리고 대서양 연안을 지나게 된다. 대체 왜 이렇게 멀리 돌아가는 걸까?

정답은 몇 가지로 나뉜다. 우선 지구는 평평하지 않다. 따라서 지표면(또는 비행기 고도인 지상 수만 피트 상공)에서 가장 짧은 거리는 지도상에서 직선이 아니다. 최단 거리는 지구 중심을 통과해 지구를 정확히 절반으로 나누는 평면의 둘레, 즉 대권great circle상에 위치하는데, 이 대권은 지도에서 결코 직선이 될 수 없다. 이는 구

(球)를 평면에 투영하면 형태가 뒤틀리기 때문으로, 적도에서 멀어질수록 뒤틀림이 더욱 심해진다.

기상 여건도 경로 선택 시 고려 사항이다. 조종사는 순풍을 이용하기도 하고, 난기류 지역을 피해 가기도 한다.

또한 바다 위보다는 육지 위로 비행하는 것이 훨씬 더 안전하다는 실질적인 이유도 있다. 비행 중 응급상황이 발생해 비상 착륙이 필요한 경우, 바다보다는 육지에서 공항을 찾기가 쉬울 것이다. 인근에 공항이 없어서 수상 착륙을 시도해야 하더라도 바다 한복판보다는 연안 근처가 구조선이 접근하기 쉽다.

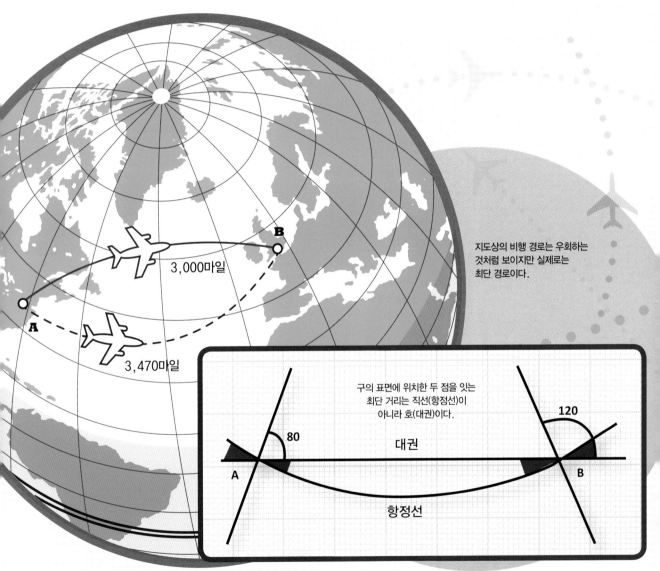

3,000마일

3,470마일

지도상의 비행 경로는 우회하는 것처럼 보이지만 실제로는 최단 경로이다.

구의 표면에 위치한 두 점을 잇는 최단 거리는 직선(항정선)이 아니라 호(대권)이다.

80

120

대권

A

B

항정선

무작위 탑승이 현재의 탑승 방식보다 빠르다.

비행기 탑승 시 가장 좋은 방법은?

탑승객으로 가득 찬 기내 통로. 길게 늘어서 있는 줄은 아랑곳없이 누군가 커다란 수하물 가방을 짐칸에 구겨 넣는 모습을 보고 있자면 아마도 화를 참기 어려울 것이다. 그럴 때면, 보다 효율적인 비행기 탑승 방법이 무엇일지 고민하면서 진정하길 바란다.

노약자나 어린이를 동반한 가족을 먼저 탑승시키는 것은 탑승 속도의 측면에서 최악의 방법이다. 대기줄의 앞에서부터 차례대로 탑승하는 방법 역시 이에 못지 않게 어리석은 방법일 것이다. 그러나 문제는 이 두 가지 모두 현재 시행되고 있다는 사실이다!

차라리 무작위로 탑승하는 것이 현재의 방식보다 시간을 단축할 수 있다고 밝혀졌다.

최단시간 내 탑승방법에 관한 이탄 바흐매트Eitan Bachmat의 연구 논문에 의하면, 수학적으로 최적의 방법은 "바깥에서부터 안으로" 그리고 "뒤에서부터 앞으로" 탑승하는 것이다. 즉, 가장 뒤쪽 열의 창가 좌석, 중간 좌석, 통로 좌석 순으로 앉고, 앞으로 한 줄씩 오면서 동일한 방식으로 앉는 것이다.

이론적으로는 훌륭한 방법이지만 비행기 문이 열리기 한참 전부터 줄지어 서 있는 탑승객들로부터 협조를 구하기란 쉽지 않을 것이다.

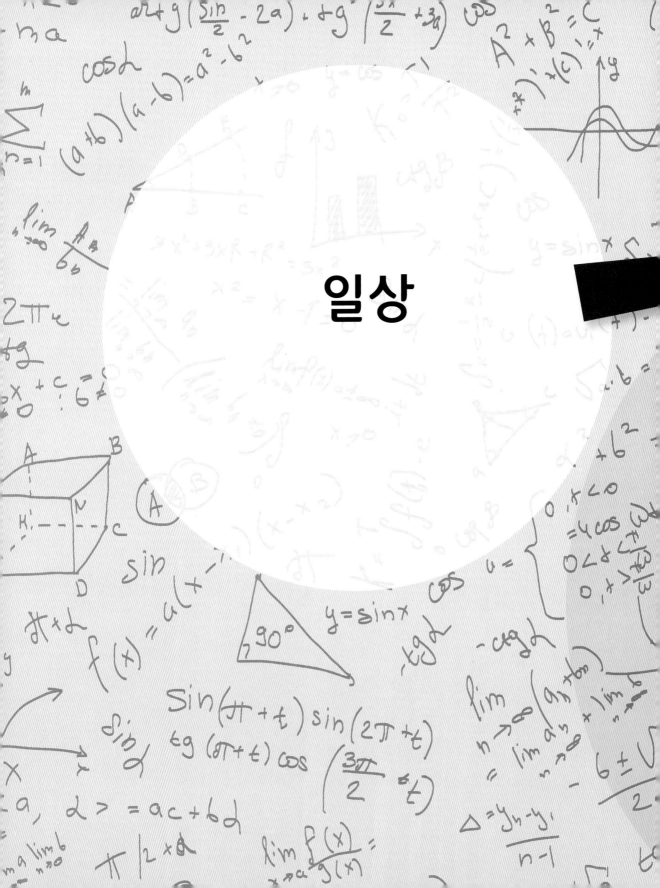

일상

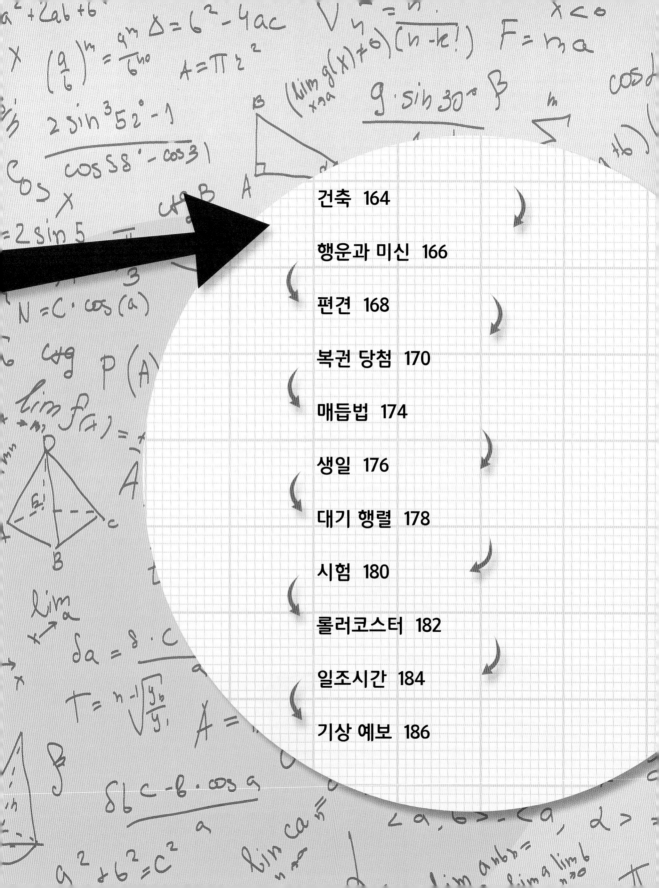

건축

$$y = A \cosh\left(\frac{x}{A}\right)$$

30 세인트 매리 액스는 런던의 가장 상징적인 건물 중 하나이다. 오이를 닮은 특이한 생김새 때문에 거킨(Gherkin, 오이)이라 불리기도 하는 이 건물은 가운데가 불룩한 원통형으로 높이가 180미터에 달하며, 유리로 된 외벽은 나선무늬로 디자인되어 있다. 이렇듯 시각적으로 인상적인 이 건물은 수학적으로도 매우 매혹적인 건물이다.

건물을 위에서 내려다 본 단면이 사각형인 고층 건물은 바람이 저층부에서 소용돌이를 만든다. 그러나 날카로운 모서리를 둥글게 한 원통형 건물은 바람이 만드는 소용돌이를 현저하게 감소시키며, 건물의 가운데가 불룩한 원통형일수록 그 효과가 훨씬 증대된다는 것이 수학적 모형을 통해 확인되었다.

건물의 각 층에는 중심에 위치한 원형의 코어를 둘러싸고 6개의 사각형 사무공간들이 배치되어 있으며, 이들 사이에 있는 6개의 삼각형 공간은 환기 및 채광 목적으로 활용된다. 또 각 층의 사무공간들을 아래층과 비교하여 5도씩 어긋나게 회전 배치함으로써 환기를 원활하게 하고, 건물이 나선형으로 보이도록 하기도 한다.

건물 외벽은 7,000장 이상의 평면 유리로 덮여있으며, 건물 꼭대기의 천창은 단 한 장의 곡면유리로 되어 있다. 외벽의 창유리는 대부분 평행사변형으로 제작되었는데, 이는 절단할 때 버려지는 유리의 양이 삼각형에 비해 적기 때문이다.

각 층은 70장의 유리로 둘러싸여 실제로는 70각형을 이루고 있지만 가까운 곳에서 보지 않으면 원형처럼 보인다.

거킨은 에너지 소모를 최소화하고, 저층에서의 소용돌이 바람 효과를 줄일 수 있도록 되어 있다.

원통형 건물은 소용돌이 바람 효과를 감소시킨다.

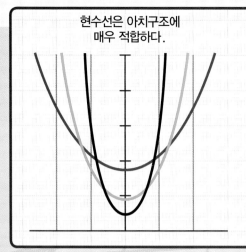

현수선은 아치구조에
매우 적합하다.

사그라다 파밀리아^{Sagrada Família}

거킨의 부드러운 곡선과 대조를 이루는 건축물로 가우
디가 설계한 사그라다 파밀리아 성당을 들 수 있다. 지
금도 공사가 진행 중인 이 성당은 스페인 바르셀로나
에 위치하고 있으며, 역시 수학과 밀접한 관련이 있다.
　성당을 이루고 있는 많은 부분은 현수선^{catenary}과 포
물선^{parabola}을 토대로 하여 설계되어 있다.
　현수선은 양 끝이 고정된 끈이나 체인을 늘어뜨릴 때
생기는 곡선을 말한다. 좌표평면 위에 나타낸 아래로
볼록한 현수선의 방정식은 $y = A \cosh (x/A)$이며, 이
때 A는 현수선 위의 점들 중 y 좌표의 최솟값을 말한
다. 아치는 별다른 지지대 없이 스스로 지탱하는 구조
이므로, 현수선은 아치를 위한 모양으로 이상적이라 할
수 있다. 아치는 하중이 곡선을 따라 지면에 전달되므
로 뒤틀림이 거의 없다.
　포물선은 원뿔을 모선과 평행하게 자를 때 나타나
는 곡선의 모양을 말하며, 그 방정식은 일반적으로
$y = Bx^2$ 과 같이 나타낸다. 본질적으로 포물선과 현수
선은 매우 유사하다.
　탑의 꼭대기는 정육면체, 팔면체, 사면체, 구와 같은
기하학적 도형으로 되어 있다.
　가우디는 성당의 몇몇 기둥을 완전히 새로운 기하학
적 구성방법으로 설계했다. 기둥의 단면은 별 모양의
다각형에서 시작해 위로 올라가면서 계속해서 서로 다
른 여러 다각형 모양으로 바뀐다. 이들 다각형은 올라
갈수록 회전대칭의 각도가 커지며, 팔각형 단면이 만들
어진 지점부터는 팔각형을 두 개의 정사각형으로 분리
한 다음, 45도 벌려 서로 다른 두 갈래의 방향으로 두
개의 기둥을 만들면서 올라간다. 두 갈래로 갈라지는

쌍곡포물면

지점에서 서로 교차하
고 있던 두 정사각형은
각각 팔각형으로 단면을 바
꾼 다음 처음의 방식대로 또다시
단면의 모양을 바꾸며 원형이 될 때까지 올라
간다. 이와 같이 단면의 모양이 계속하여 바뀌는 변형
과정을 통해 기둥은 마치 가지를 뻗은 나무줄기처럼 보
이는 효과를 나타내는 것이다.
　사그라다 파밀리아의 외벽 중 많은 부분은, 곧은 직
선이 연속적으로 움직일 때 만들어지는 곡면인 선직면
으로 되어 있다. 예를 들어, 쌍곡포물면은 건물 내부로
빛을 모은 다음 산란시키는가 하면, 필요한 자재의 양
을 최소화시킬 수 있는 말안장 모양의 지붕면을 만드는
데 매우 뛰어난 형태이다. 또 성당에는 직선만을 움직
여 나선곡면의 형태로 만든 계단도 있다.

바르셀로나에 있는
사그라다 파밀리아 대성당은
아마도 세상에서 가장
수학적인 건물임에 틀림없다.

행운과 미신

점성술에 따르면 멀리 떨어져 있는 행성들의 움직임이 우리의 일상적인 삶에 영향을 미친다고 한다. 이렇게 주장하는 점성술은 정말 그럴듯한 것일까? 물론 행성이 인간의 삶에 영향을 미친다는 주장을 뒷받침하는 명확한 근거가 제시된 것은 아니다. 그러나 멀리 떨어져 있음에도 불구하고 영향을 미치는 한 가지에 대해서는 잘 알려져 있다. 바로 중력이다.

지구에서 가장 가까운 행성인 금성은 우리의 일상에 얼마나 영향을 미칠까?

뉴턴의 운동법칙을 이용하면 그 계산을 할 수 있다. 어떤 천체의 중력으로 인한 지구 상에서의 가속도는 $2GMr/R^3$으로 나타낼 수 있다. 이때 G는 만유인력 상수($6.67\times10^{-11}\mathrm{Nm^2kg^{-2}}$), M은 천체의 질량(금성의 경우, $4.87\times10^{24}\mathrm{kg}$), r은 지구 반지름($6.37\times10^6\mathrm{m}$), R은 지구 중심에서 천체까지의 거리(최단 거리일 때 측정, 약 $3.8\times10^{10}\mathrm{m}$)이다. 이들 수치를 식에 대입하여 계산하면 $7.54\times10^{-11}\mathrm{N}$이 된다.

깃털 하나의 무게인 $7.5\times10^{-1}\mathrm{N}$과 비교할 때, 지구에 가장 가까운 행성인 금성이 가장 근접했을 때 지구에 미치는 힘은 깃털 무게의 100억 분의 1에 불과하니 금성으로 인한 물리적 영향은 거의 없다고 할 수 있다.

도박사의 오류

한 개의 동전을 9번 던졌을 때 9번 모두 앞면이 나왔다면, 10번째 던질 때도 앞면이 나올 확률은 얼마일까?

이 질문에 대해서는 세 가지 관점으로 설명할 수 있다. 두 가지는 수학적으로 설명할 수 있고, 나머지 하나는 수학과는 관련이 없지만 여전히 도박사들이 신뢰하는 방법이기도 하다.

첫 번째 관점은 평소와 마찬가지로 동전을 던졌을 때 앞면과 뒷면이 나올 확률은 각각 50-50이라는 것이다. 질문 속의 동전이 균형 잡힌 동전이라 가정하면 이를 던질 때 앞면과 뒷면이 나올 확률은 같다. 9번 연속 앞면이 나온 것은 매우 드문 경우이긴 하지만, 그렇게 특별한 것도 아니다. 동전을 512번 던질 때마다 한 번씩 나타나는 현상인 것이다.

두 번째는 베이지안Bayesian 확률 관점으로 "9번 모두 앞면이 나온 것은 동전이 균형적이지 않다는 증거이므로 10번째에서도 앞면이 나올 확률이 50%를 넘는다"는 것이다. 이는 상당히 현실적인 대답이라 할 수 있다. 거의 일어날 것 같지 않은 결과가 나온 것에 대해 동전

의 구조를 의심해 보는 것은 당연하기 때문이다.

세 번째 관점은 비(非)수학자들이 가장 많이 하는 답변으로, 이미 9번이나 앞면이 나왔기 때문에 결과의 균형을 고려했을 때 10번째에는 뒷면이 나올 가능성이 높다는 것이다. 그러나 불행히도 동전은 기억력이 없다. 그러므로 이전의 결과를 고려하여 균형을 맞추려고 하지는 않는다. 이렇게 앞 사건과 뒤 사건의 결과들이 서로 균형을 맞추려 할 것이라는 생각하에 그동안 계속 안 나왔으니 이번에는 나올 것이라고 믿는 것을 도박사의 오류gambler's fallacy라고 한다.

도박사의 오류는 종종 큰 수의 법칙Law of Large numbers과 혼동되기도 한다. 이들은 어느 정도 연관이 있지만 미묘한 차이도 있다. 큰 수의 법칙은 시행횟수가 많아질수록 그 결과가 일정한 확률에 가까워진다는 것을 말한다. 즉 동전을 백만 번 던지면 앞면과 뒷면이 나올 확률이 각각 50%에 가까워질 것이라고 기대할 수 있다.

어떻게 이런 결과가 나올 수 있을까?

이것은 자연스럽게 일어나는 현상이다. 동전을 10번 던질 때 앞면과 뒷면이 5번씩 나올 확률은 약 1/4이다. 5:5이거나 6:4의 비율로 나올 확률은 2/3 정도된다. 간혹 극단적인 결과가 나오기도 하지만(예를 들어 10:0의 경우 0.2%의 확률로 나타남), 이는 균등하게 나눠져 나올 확률에 비하면 매우 낮은 수치이다.

실제로 동전 던지기의 결과는 이항 분포binomial distribution를 따르며, 시행 횟수가 커질수록 평균이 $n/2$, 표준 편차가 $\sqrt{n}/2$인 정규 분포에 거의 가까워진다. 만일 동전을 100만 번 던진다면, 500번 정도의 오차 범위 내에서 50만 번 정도 앞면이 나올 것으로 기대된다.

뉴턴의 법칙에 따르면 지구에 실질적인 영향을 미칠 수 있는 행성은 없다.

앞면 또는 뒷면: 50:50?

토스트의 버터 바른 쪽이 바닥으로 떨어지는 수학적 이유

수학자들은 미신, 특히 머피의 법칙에 관해서는 상당히 냉소적이다. 잘못될 수 있는 일들이 모두 잘못된다면 세상에 남아나는 게 없을 테니까.

하지만 머피의 법칙이 들어 맞는 경우도 있다. 실수로 토스트를 떨어뜨리면 항상 버터 바른 쪽으로만 떨어진다는 말이 있듯이, 실제로 그렇게 되면 토스트도 못 먹고, 카펫도 더러워지니 말이다. 항상 그런 것은 아니지만, 간단한 실험과 수학적 설명을 통해 특정 조건 하에서는 버터를 바른 쪽이 반대쪽에 비해 더 자주 바닥에 떨어진다는 사실을 알 수 있다.

이때 고려해야 할 중요한 세 가지 요소가 있다.

1. **토스트를 잡고 있을 때, 어느 쪽이 위를 향하는지** (대개는 버터를 바른 쪽이다).

2. **토스트를 떨어뜨리는 높이**

3. **토스트가 떨어질 때의 회전 속도**

토스트가 떨어지는 지점은 아마도 테이블 높이 정도일 테니 이를 1m로 가정해 보자. 공기 저항을 무시할 때, 낙하 소요 시간은 $t=\sqrt{(2h/g)}$ 초이다. 여기서 $h=1m$, $g \approx 10$ m/s이므로 토스트가 바닥에 떨어지는 데 0.45초 정도가 걸린다.

토스트가 1/4바퀴를 돌기 전에 바닥에 떨어지면 버터 바른 쪽이 위를 향한 채 떨어질 것이다. 1/4바퀴에서 3/4바퀴 사이를 회전하는 경우에는 버터를 바른 쪽이 바닥을 향할 것이다.

0.45초 동안 1/4바퀴 미만으로 돌기 위한 속도는 33rpm(분당 33회전) 미만, 즉 한 바퀴를 도는 데 걸리는 시간이 1.8초보다 느려야 한다. 만약 33rpm에서 100rpm 사이, 즉 한 바퀴를 도는 데 0.6초에서 1.8초가 걸린다면 버터를 바른 쪽이 바닥을 향할 것이다. 카메라를 이용해 토스트 떨어뜨리기 선수(내 2살짜리 아들)와 몇 번의 실험을 거듭한 결과, 회전 속도는 약 80rpm였다. 버터를 바른 쪽이 바닥에 닿는 수치이다.

$$t = \sqrt{\frac{2h}{g}}$$

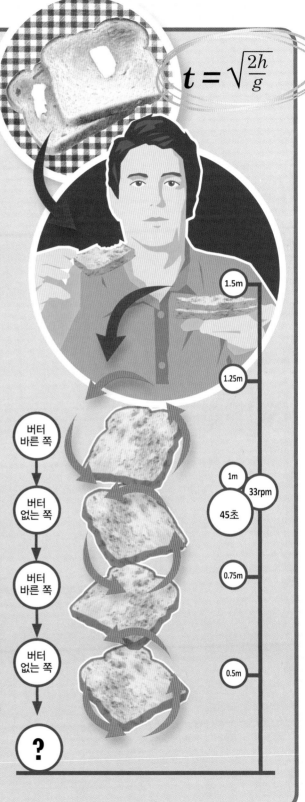

버터 바른 쪽 → 버터 없는 쪽 → 버터 바른 쪽 → 버터 없는 쪽 → ?

1.5m
1.25m
1m — 33rpm
45초
0.75m
0.5m

편견

소수집단이 더 많은 편견에 시달리는 이유는 무엇일까? 직장 내 편견에 관한 한 사례를 보면, 다수 집단의 선입견이 소수 집단에 비해 특별히 더 심하지 않다 할 지라도, 소수 집단의 구성원들이 차별을 더 많이 경험하게 되는 이유를 알 수 있다.

●●●●●●●●●●●●●●●●●●●●●●●●●●●●●

한 회사의 직원 100명 중 90명은 오른손잡이이고, 10명은 왼손잡이라고 하자. 이들 두 집단의 10%가 매주 한 번씩 반대쪽 사람 한 명씩을 무작위로 정해 괴롭힌다면 어떤 일이 벌어질까?

매주 오른손잡이 중 9명이 각각 왼손잡이 1명을 괴롭히고, 왼손잡이 중 1명은 오른손잡이 1명을 괴롭힐 것이다. 왼손잡이의 입장에서 보면, 10명 중 9명이 매주 괴롭힘을 경험하게 된다. 즉, 1주일이 조금 넘는 기간 동안 왼손잡이 모두가 한 번씩 괴롭힘을 당하는 셈이다. 반면 오른손잡이의 경우에는 매주 단 1명만 괴롭힘을 당한다. 90명의 인원을 고려할 때 2년에 한 번 정도만 괴롭힘을 당하는 셈이다.

내가 속한 집단이 괴롭힘을 당하게 될 기대 횟수는 다음과 같이 계산할 수 있다.

$$\frac{\textit{상대 집단의 인원수} \times \textit{상대 집단의 편견 비율}}{\textit{내가 속한 집단의 인원수}}$$

또 두 집단 간의 비율도 다음과 같이 계산할 수 있다.

$$\frac{\textit{다수 집단의 인원수}^2 \times \textit{다수 집단의 편견 비율}}{\textit{소수 집단의 인원수}^2 \times \textit{소수 집단의 편견 비율}}$$

이를 페트리 승수$^{Petrie\ multiplier}$라 하는데, 수학적으로 볼 때 전투에서의 란체스터 법칙과 유사하다. 위의 경우 불균형을 줄일 수 있는 방법은 왼손잡이를 더 많이 고용하는 것이다. 그러면 괴롭힘이 일어날 전체적인 기대 횟수에는 변화가 없지만, 왼손잡이를 괴롭히는 횟수가 줄어들 뿐 아니라 괴롭힘을 당하는 대상 집단의 규모가 커지므로, 개인별 경험 빈도는 현저하게 감소한다. 반면 오른손잡이에서의 괴롭힘 증가는 거의 눈에 띄지 않을 수준이다. 물론 가장 좋은 방안은 편견 비율을 줄이는 것이고, 모든 사람들이 서로 반대쪽 손잡이들의 장점을 인정하는 것이다.

페트리 승수 효과는 전체 구성원의 편견 수준이 비슷하더라도 소수 집단이 불쾌한 경험을 더 자주하게 되는 이유를 설명한다.

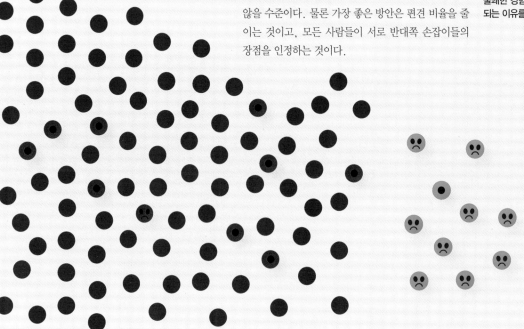

이웃이 점점 더 차별주의자가 되어가는 이유는 무엇일까?

스스로를 인종차별주의자로 여기는 사람은 거의 없다. 대부분의 사람들은 피부색이나 종교적 신념과 관계없이 타인에게 따뜻하고 친절하게 대한다. 따라서 우리가 느끼는 선호도가 공동체의 분열을 가져올 수도 있다는 사실을 안다면 놀라지 않을 수 없을 것이다.

바이 하트와 니키 케이스가 노벨경제학상 수상자인 토머스 셸링의 연구를 토대로 만든 〈다각형 우화Parable of the Polygons〉라는 게임을 보면, 소수 집단에 소속되지 않았다는 사소한 편견이 공동체를 분열시킬 수 있음을 알 수 있다.

게임 속 상황은 서로 다른 형태의 두 집단을 대상으로 한다. 각각의 집단은 인접한 이웃의 1/3 이상이 자신과 같은 부류라고 여겨지면 매우 흡족해 한다. 이들은 다양성을 좋아하지 만 소외감을 느끼게 되면(자신과 다른 이웃들이 훨씬 많다고 느껴지면) 다른 곳으로 옮겨간다. 결국 오래지 않아 이들이 공존하는 구역은 거의 없어지고 서로 분리된 집단으로 나누어진다. 이상한 일이 아닐 수 없다.

또 하트와 케이스는, 한번 분리된 집단에서는 이웃에 대한 반감을 갖는 사람이 전혀 없더라도 차별이 자연스럽게 없어지지는 않는다는 사실을 보여주었다. 이웃과 섞여 지내기 위해서는 집단의 구성원들이 동질성보다 다양성을 선호해야 하며, 이웃이 자신과 너무 비슷하다고 생각되면 과감히 옮겨가야 한다.(좀 더 자세한 정보를 얻으려면 http://ncase.me/polygons를 방문해 보길 권한다.)

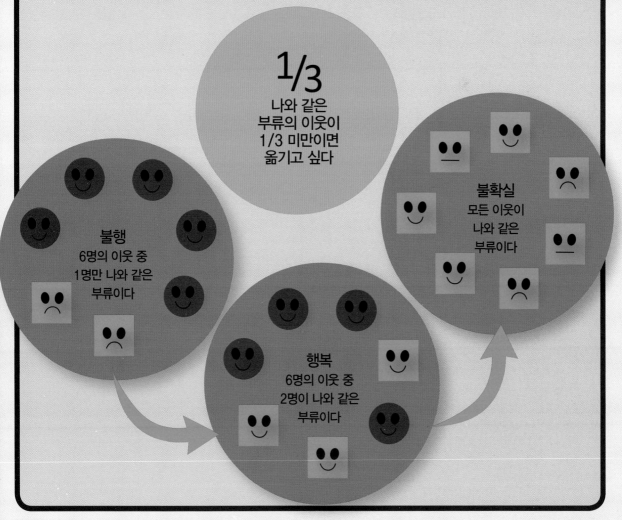

1/3
나와 같은 부류의 이웃이 1/3 미만이면 옮기고 싶다

불행
6명의 이웃 중 1명만 나와 같은 부류이다

행복
6명의 이웃 중 2명이 나와 같은 부류이다

불확실
모든 이웃이 나와 같은 부류이다

복권 당첨

복권을 사서 1등에 당첨될 가능성은 거의 없다. 영국에서 복권 1등에 당첨될 확률은
25개의 동전을 던져서 모두 앞면이 나오거나, 세 명의 생일을 모두 맞출 확률과 거의 같다.
85,000년 동안 매일 복권을 사야지만 1등에 당첨될 가능성이 50-50 정도가 된다.

영국 복권의 경우, 여러분이 구입한 2파운드짜리 복권에서 1등에 당첨되려면 1부터 59까지의 숫자들 중 6개를 모두 맞춰야 한다. 즉, 추첨 기계에서 나오는 6개의 공에 여러분이 선택한 숫자가 모두 쓰여져 있어야 잭팟을 터뜨리는 것이다. 첫 번째 공의 숫자가 일치할 확률은 6/59로 1/10보다 약간 크다. 이제 기계에는 58개의 공이 들어 있고, 당신이 선택한 숫자는 5개가 남아 있으니 두 번째 공의 숫자가 일치할 확률은 5/58이다. 같은 방식으로 계속하여 기계에서 나오는 공에 쓰인 숫자가 일치할 확률은 각각 4/57, 3/56, 2/55, 1/54이다. 1등에 당첨될 확률은 이들의 곱으로 720/32,441,381,280, 즉 4,500만분의 1이 약간 넘는다.

그렇다면 어떻게 해야 복권에 당첨될 확률을 높일 수 있을까?

불행히도 그런 방법은 존재하지 않는다. 추첨은 무작위로 진행되기 때문에 각 숫자가 나올 확률은 모두 동일하며, 만약 다른 숫자를 선택한다 해도 당첨 확률은 변하지 않는다.

여러분이 할 수 있는 것은 당첨이 됐을 때 받을 수 있는 금액을 높이는 것뿐이다.

그러기 위해서는 일단 상금이 불어날 때까지 기다리는 방법이 있다. 상금이 커져야 당첨되었을 때 받을 수 있는 금액도 커지기 때문이다(물론 그럴 경우 손 벌리는 사람들도 늘어날 가능성이 높다).

또다른 방법은 사람들이 많이 선호하지 않는 숫자를 고르는 것이다. 복권은 같은 숫자들을 선택한 사람들끼리 상금을 나누는 구조이기 때문에 많은 사람들이 선택하는 숫자는 피하는 것이 바람직하다. 대개 복권을 사는 사람들은 행운의 숫자나 가족의 생일, 또는 적당한 간격으로 배열된 숫

첫 번째 공의 확률:
59분의 6

6개의 공이 모두 일치할 확률:
32,441,381,280분의 720

두 번째 공의 확률:
58분의 5

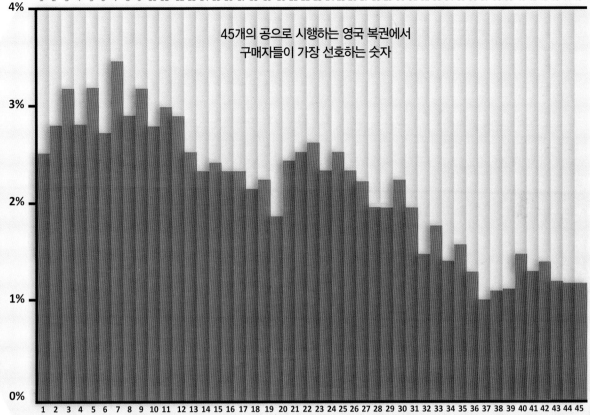

4%

3%

2%

1%

0%

45개의 공으로 시행하는 영국 복권에서
구매자들이 가장 선호하는 숫자

1 2 3 4 5 6 7 8 9 10 11 12 13 14 15 16 17 18 19 20 21 22 23 24 25 26 27 28 29 30 31 32 33 34 35 36 37 38 39 40 41 42 43 44 45

자들을 고르는 경향이 있다. 그러므로 이런 패턴과 반대로 가는 것이 현명한 선택이다.

행운의 숫자는 피하라. 7은 절대 고르면 안 된다. 이는 정말이지 어리석은 선택이다. 그렇다면 42는? 〈은하수를 여행하는 히치하이커를 위한 안내서〉의 독자라면 고를지도 모르겠다. 하지만 내 복권의 숫자로는 적합하지 않다. 불행의 숫자인 13이 차라리 나을까? 하지만…

기왕이면 큰 숫자를 골라라. 45가 나올 확률과 7이 나올 확률은 같지만, 사람들이 45를 선택할 가능성은 훨씬 낮다.

특별한 의미가 없는 숫자를 골라라. 53을 좋아하는 사람이 있을까? 이런 숫자를 골라야 한다.

지나치게 흔한 패턴은 피해라. 확률이 동일하다는 이유로 매주 1, 2, 3, 4, 5, 6을 고르거나 티켓에서 직선이나 대각선에 배열된 숫자를 고르는 사람들도 있지만, 이러한 패턴은 모두 피하는 게 좋다.

너무 복잡하게 뒤섞으려 하지도 말자. 예를 들어 무작위로 고른다며 연속되는 숫자는 무조건 피하는 사람들도 있다.

큰 수를 몇 개 선택하고, 소인수가 2, 3, 5로만 된 수들ugly number도 섞어 넣자. 그래도 당첨이 안 될 가능성이 거의 확실하지만 기분은 좀 나아질 것이다.

이 글을 읽는 모든 복권 구매자들이 같은 전략을 쓸 수도 있으니, 이제 여러분도 그다지 유리한 입장에 있지는 못할 것이다.

복권의 허점을 공략하기(수학적인 방법으로)

복권 당첨을 위한 속임수 중 가장 많이 알려진 것은 추첨 도구를 조작하는 것이었다. 1980년 펜실베니아 주의 복권 추첨에서, 뉴스 앵커 닉 페리는 추첨에 사용되는 공을 무거운 공으로 바꿔치기 하여 6-6-6이 나오도록 조작하였다. 하지만 이 계획이 들통나면서 그는 7년 형을 선고받았다. 1990년대 눈가리개를 한 아이가 공을 골라 당첨번호를 공개하는 밀라노 복권 추첨에서도 공을 조작하여 수억 달러를 가로챈 사건이 있었다.

모한 스리바스타바$^{Mohan\ Srivastava}$의 경우는 조금 달랐다. 2003년, 그는 친구로부터 온타리오 복권에서 발행한 스크래치 카드 몇 장을 건네 받았다. 통계학자였던 스리바스타바는 카드에 적힌 숫자들이 배치되는 방법에 대해 호기심을 가졌다. 그는 당첨자의 수가 조절되어야 하는 복권의 특성을 고려할 때, 카드의 숫자들은 무작위로 배치된 것이 아니라 어떤 패턴을 따랐을 것으로 추정했다.

스크래치카드에는 8개의 3×3 격자판이 있으며, 전체 72개 칸에는 1부터 39 사이의 숫자가 임의로 쓰여 있다. 복권 구매자는 박판을 긁어 24개의 숫자를 확인하는데, 격자판의 가로, 세로, 대각선 어느 방향으로든 숫자 3개가 연이어 나타나면 당첨이 되는 것이다.

스리바스타바는 숫자에 집착하는 대신 빈도 분포를 눈여겨봤다. 모두 72개의 칸이 있지만 1부터 39까지의 숫자만 쓸 수 있었기 때문에 반복되는 숫자가 있는가 하면, 단 한 차례만 나타나는 숫자도 있었는데, 그는 이를 단일숫자^{singleton}라고 하였다. 은박에 숨겨진 숫자는 단일숫자인 경우가 대체로 많았고, 스리바스타바는 격자판에서 단일숫자 3개가 한 줄에 있는 카드를 찾으면 당첨 가능성이 높아질 것이라는 생각을 하게 되었다.

그는 자신의 생각을 실제로 시도해 본 결과, 90% 정도는 들어 맞는다는 사실을 발견했다. 완전히 합법적으로 복권을 해킹했던 것이다!

스리바스타바는 추가적인 분석을 통해 하루 600$의 수익을 기대할 수 있다는 사실을 알게 되었다. 이는 컨설턴트로서 일할 때의 보수와 큰 차이가 없었지만, 스크래치카드를 분석하는 일은 매우 지루했다. 결국 그는 복권 업체에 이 사실을 알렸고, 이러한 방식의 복권은 곧 시장에서 사라졌다.

온타리오 복권의 취약점이 드러난 것은 모한 스리바스타바가 이를 공개했기 때문이었다. 또한 6-6-6 사기단과 밀라노 복권 조작은 사기꾼들이 붙잡혔기 때문에 드러났다. 그러나 다른 복권에도 유사한 결함이 있을 수 있고, 정직한 돈벌이를 포기한 사람들에 의해 이러한 결함이 노출되었을 가능성도 충분히 있다(합법적이건 아니건 간에).

**700,000
분의 1**

운석에 깔릴
확률

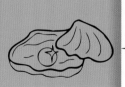

**12,000
분의 1**

굴에서 진주를
발견할 확률

10,000분의 1

네잎 클로버를
찾을 확률

2,000분의 1

루이스
수아레스에게
물릴 확률

500분의 1

6개 이상의 손가락이나
발가락을 가지고
태어날 확률

유효한
통계 자료에 따르면
34는
50불 복권 구매자들이 가장
선호하지 않는
숫자이다

**1,400만
분의 1**
49불 복권에서
1등 당첨될
확률

**1,150만
분의 1**
미국에서
상어의 공격을
받을 확률

**1,000만
분의 1**
낙하하는 비행기
파편에 맞을 확률

**350만
분의 1**
뱀에 물려 죽을
확률

100만 분의 1
미국에서
번개에 맞을
확률

도박의 기본 정리

모든 도박에는 기댓값이 있다. 기댓값은 각 배당금이 발생할 확률과 배당금을 곱한 다음, 이들을 모두 더한 금액에서 도박에 건 비용을 뺀 값을 말한다(예를 들어, 1$로 복권을 구매했을 때, 50$에 당첨될 확률이 100분의 1이고 2$에 당첨될 확률이 10분의 1이라면, 기댓값은 (0.01 × 50$ + 0.1 × 2$) − 1$ = −0.30$이다).

도박의 기본 정리fundamental theorem of gambling에 의하면 '도박의 기댓값이 0보다 크면 장기간에 걸쳐 수익을 기대할 수 있고, 기댓값이 0보다 작으면 손해를 볼 가능성이 높다.'

당첨자가 없어서 다음 주로 당첨금이 넘어가는 경우 및 특별 이벤트와 같은 예외 상황들을 제외한다면 복권의 기댓값은 대부분 0보다 작다. 이는 카지노와 경마의 경우도 마찬가지이다. 큰 돈을 벌고 싶다면 도박을 해야 한다는 고정 관념에서 벗어날 필요가 있다.

매듭법

매듭은 몇 가지 방법으로 묶을 수 있을까? 놀랍게도 수학자들은 그 방법의 수를 연구하고 그 내용을 토대로 책과 논문을 작성하였으며, 매듭을 묶는 방법을 표현하기 위한 기호를 개발하기도 하였다.

넥타이를 매려고 할 때, 매듭을 묶는 기본적인 방법은 다음과 같다.

1. 폭이 넓은 쪽 끝을 가는 쪽 끝 위에 놓는다.
2. 폭이 넓은 쪽 끝으로 가는 쪽을 완전히 한 바퀴 감아 돌리면서 고리를 만든다.
3. 넓은 쪽 끝을 턱 밑 공간으로 올린 다음, 고리 사이로 통과시킨다.
4. 마지막으로 꽉 잡아당긴다

이제 그럴싸하면서도 깔끔하게 넥타이를 묶을 수 있을 것이다.

나는 아버지로부터 윈저 노트^{Windsor knot}라는 매듭법을 처음 배우며 놀랐던 기억이 있다. 이 매듭법은 기본 매듭법에 비해 매듭 부위가 좀 더 크고 견고한 것으로, 당시에는 다른 매듭법에 대해 물어볼 생각을 하지 못했었다. 매듭을 매는 방법은 몇 가지나 있을까?

2000년 케임브리지대학의 수학자 토머스 핑크와 용 마오는 매듭을 짓는 과정에서 보여지는 여러 행위를 각각 기호로 나타냈다. 3개의 대문자 L(left), C(center), R(right)은 넓은 쪽 끝의 움직임을 나타내고, 소문자 i(in)와 o(out)는 각각 타이 끝이 몸

쪽으로 움직이는지, 몸에서 멀어지는지를 나타낸다. 또 타이 끝이 고리를 통과하는 것은 T(through)로 나타내었다.

이 표기법에 따라, 위에서 설명한 기본 매듭법은 Li Ro Li Co T로 표시할 수 있다. 먼저 왼쪽으로 몸을 향해 온 다음(Li), 오른쪽으로 몸에서 멀어져 나가고(Ro), 다시 왼쪽으로 몸을 향해 오면서(Li) 고리를 만든다. 그리고는 Y자형의 중앙에서 바깥쪽으로 빠져나가면서(Co) 넥타이 모양을 만든다. T는 고리를 통과하며 매듭을 마무리하는 마지막 단계를 의미한다.

핑크와 마오는 이들 기호를 사용하여 85가지의 매듭법을 발견했지만, 이 중에서 꽤 훌륭해 보이거나 다른 것들과 달라 보이는 것은 십여 개 정도에 불과하다.

윈저 매듭법은 Li Co Ri Lo Ci Ro Li Co T로 나타낼 수 있는데, 이 매듭법에 대해서는 여러 가지 말이 많다. 제임스 본드는 이를 비열한 인간의 상징으로 여겼는가 하면, 핑크에 따르면 공산주의 국가의 지도자

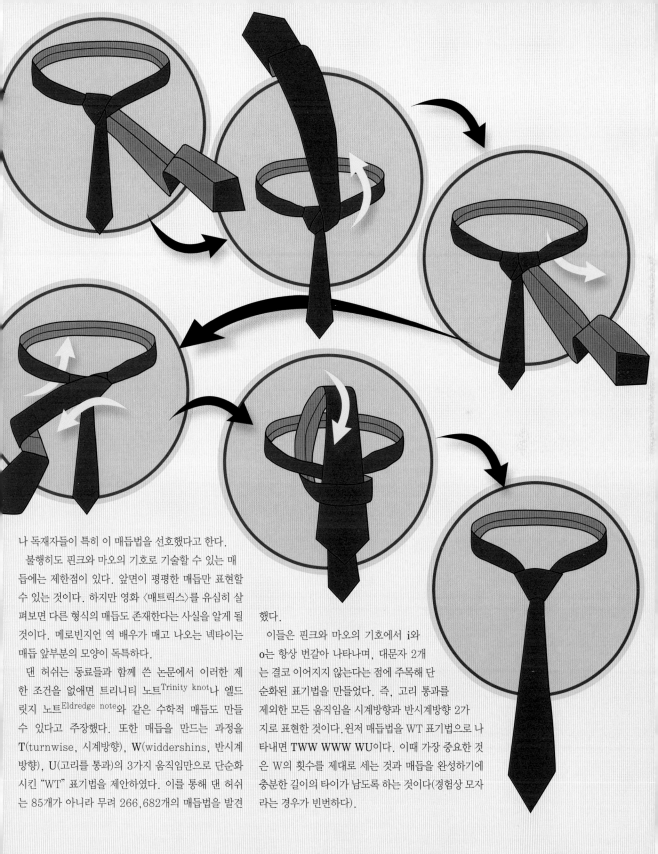

나 독재자들이 특히 이 매듭법을 선호했다고 한다.

불행히도 핑크와 마오의 기호로 기술할 수 있는 매듭에는 제한점이 있다. 앞면이 평평한 매듭만 표현할 수 있는 것이다. 하지만 영화 〈매트릭스〉를 유심히 살펴보면 다른 형식의 매듭도 존재한다는 사실을 알게 될 것이다. 메로빈지언 역 배우가 매고 나오는 넥타이는 매듭 앞부분의 모양이 독특하다.

댄 허쉬는 동료들과 함께 쓴 논문에서 이러한 제한 조건을 없애면 트리니티 노트Trinity knot나 엘드릿지 노트Eldredge note와 같은 수학적 매듭도 만들 수 있다고 주장했다. 또한 매듭을 만드는 과정을 T(turnwise, 시계방향), W(widdershins, 반시계방향), U(고리를 통과)의 3가지 움직임만으로 단순화시킨 "WT" 표기법을 제안하였다. 이를 통해 댄 허쉬는 85개가 아니라 무려 266,682개의 매듭법을 발견

했다.

이들은 핑크와 마오의 기호에서 i와 o는 항상 번갈아 나타나며, 대문자 2개는 결코 이어지지 않는다는 점에 주목해 단순화된 표기법을 만들었다. 즉, 고리 통과를 제외한 모든 움직임을 시계방향과 반시계방향 2가지로 표현한 것이다. 윈저 매듭법을 WT 표기법으로 나타내면 TWW WWW WU이다. 이때 가장 중요한 것은 W의 횟수를 제대로 세는 것과 매듭을 완성하기에 충분한 길이의 타이가 남도록 하는 것이다(경험상 모자라는 경우가 빈번하다).

생일

확률을 이용하여 생일을 살펴볼 수도 있다. 여러분의 페이스북 친구들을 생각해 보자.
이 중에서 2명의 친구가 생일이 같으려면 몇 명의 친구가 있어야 할까? 3명 이상
생일이 같을 확률은 얼마나 될까?

● ●

페이스북에 접속하면 "오늘은 크리스 존스와 다른 친구 4명의 생일입니다"라는 메시지가 뜬다.

이 책을 쓰고 있는 현재 내 페이스북 친구는 400명 정도이다. 생일은 특정 날짜에 몰리지 않고 1년에 걸쳐 고르게 분포되어 있기 때문에 어떤 날짜를 고르건 1명, 또 가끔은 2명의 생일일 가능성이 높다.

그렇다면 5명 이상의 생일이 겹칠 가능성은 어떻게 될까? 또 누구의 생일도 아닌 날이 있을 가능성은?

생일 "역설"에 관한 짧은 여담

생일에 관한 고전적인 문제는 다음과 같다. "누군가와 생일이 겹치는 사람이 존재하려면 몇 명이 있어야 할까?" 1년은 최대 366일이므로 367명이 있다면 이들 중 적어도 2명은 생일이 같을 것이다. 하지만 확률을

100%로 고집하지 않는다면 굳이 그렇게 많은 인원이 필요하지 않다. 그렇다면 과연 어느 정도면 충분할까?

이를 알아보기 위해 특정 집단에 속한 사람들의 생일 목록으로 간단한 실험을 해보자. 스포츠 구단의 선수 명단이나 아카데미 수상자 명단도 좋다. 그런 다음 생일이 같은 사람이 나올 때까지 찾아보자.

실험을 위해 내가 고른 것은 2016 코파 아메리카에 참가한 미국 남자 축구 대표팀 명단으로, 23명의 선수 중에서 크리스 원돌로프스키와 존 브룩스의 생일이 1월 28일로 일치했다.

사실 23은 마법의 수이다. 23명이 있을 때, 그들 중 2명이 합동 생일파티를 할 수 있는 가능성은 50-50보다 약간 높다. 그렇게 많은 인원수로 보이진 않는데, 굳이 23인 이유는 무엇일까?

생일이 1년에 걸쳐 고르게 분포되어 있을 거라 생각할 수도 있지만, 실제로는 여러 명의 생일이 몰려 있는 날이 있는가 하면, 생일이 전혀 없는 날도 있다. 그 이유는 이항분포로 설명할 수 있다.

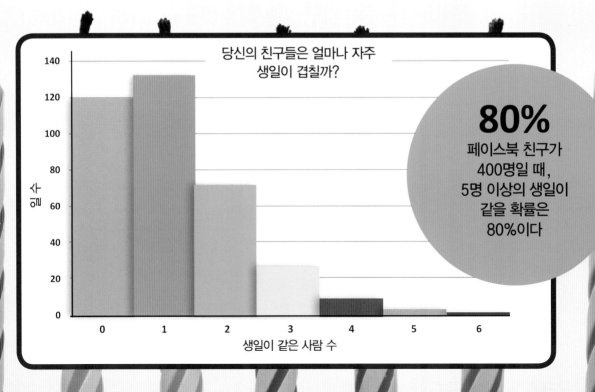

많은 확률문제와 마찬가지로 이 문제 또한 사건이 일어날 확률보다는 일어나지 않을 확률을 계산하는 것이 훨씬 간단하다.

윤년이 아닐 때, 명단에 있는 첫 번째 사람과 두 번째 사람의 생일이 다를 확률은 364/365, 즉 99.7%이다.

세 번째 사람이 위의 두 사람과 생일이 다를 확률은 363/365×364/365, 즉, 99.2%로 낮아진다.

인원이 추가될수록 분자의 값이 계속 작아지면서 확률은 매우 빠른 속도로 작아진다. 10명 가운데 2명의 생일이 일치할 확률은 1/8 정도이지만, 15명이 되면 그 확률은 1/4이 된다. 결국 22명 또는 23명이 되면 모든 사람의 생일이 다를 확률은 50% 정도가 된다.

만약 명단에 있는 인원수가 50명일 경우 이들 모두의 생일이 다를 확률은 단지 3%에 불과하며, 96명이 있을 때 그 확률은 1/1,000,000이 된다!

다시 페이스북 친구들의 생일 문제로

여러 명의 생일이 같을 확률을 구하는 것은 약간 더 복잡하다. 임의로 한 날짜(예를 들어 11월 15일)를 선택할 때, 명단에 있는 사람들 각각에 대해 그 날이 생일일 확률은 1/365이다. 이 상황은 이항분포를 이용해 나타낼 수 있다. 400명이 있고 각각에 대해 특정일이 생일일 확률이 1/365라면 누구의 생일도 아닐 확률은 1/3 정도이다. 이 날이 1명의 생일일 확률은 36.7%이고, 2명의 생일일 가능성은 5분의 1이다. 3명의 생일일 확률은 7.3%, 4명의 생일일 확률은 2%, 그리고 5명의 생일일 확률은 0.4%에 불과하다. 이제 0.4%를 p로 표시해 보자.

일년 동안 이런 날이 하루도 생기지 않을 가능성은 $(1-p)^{365}$이므로 이를 계산하면 약 20%가 된다. 결국 페이스북 친구가 400명이면 5명 이상 생일이 같을 확률은 80% 정도 된다.

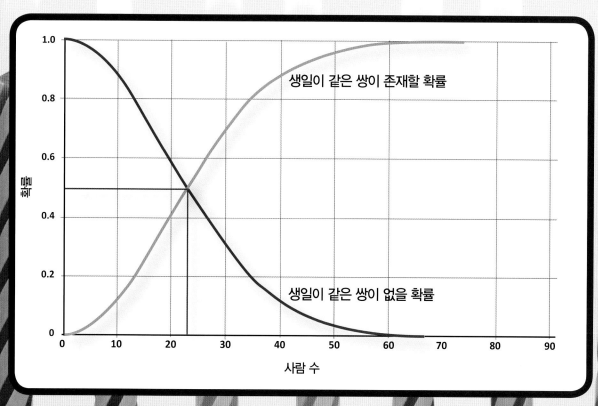

생일이 같은 쌍이 존재할 확률

생일이 같은 쌍이 없을 확률

확률

사람 수

대기 행렬

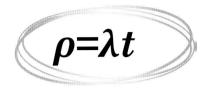

$$\rho = \lambda t$$

아그너 크라루프 에를랑은 20세기 초 코펜하겐의 전화 교환국의 직원이었다.
그는 어떻게 해야 걸려 오는 전화를 빨리 교환할 수 있을지, 전화를 건 사람들은
연결이 되기까지 얼마나 기다려야 하는지에 관해 고민했다.

에를랑은 이 문제를 수학적으로 접근하기 위해 몇 가지 가정을 했다.

전화는 무작위로 걸려 오며 평균이 λ 인 포아송 분포를 따른다. 즉, 시간 당 평균 λ 건의 전화가 새롭게 대기열에 합류한다.

대기열 제일 앞 사람이 전화 연결에 소요되는 시간은 일정하다.

교환원은 1명이며, 한 번에 한 건씩만 처리할 수 있다.

1919년, 에를랑은 M/D/1이라 알려진 최초의 전화 교환방식을 도입했다. 이때 M은 memoryless(기억이 없는)의 약자로 전화를 건 사람은 이전에 일어난 상황을 전혀 알지 못한 채 연결을 기다리는 것을 의미한다. D는 통화 시간이 정해져 있다는 뜻의 deterministic의 약자이며, 1은 단순히 교환원의 수이다. 그는 서비스 이용률^{utilization} $\rho = \lambda t$이 주요 변수라고 생각했다. 이 값이 1보다 작으면 대기열의 모든 사람은 곧 통화를 하게 되지만 1보다 큰 경우에는 대기열이 계속 길어진다. 이는 사실 자명한 이야기인데, 고객 응대에 소요되는 평균 시간이 다음 고객이 올 때까지의 평균 시간보다 길다면 대기열이 줄어들 리 없기 때문이다.

에를랑은 대기열의 평균 길이 $\rho^2/2(1-\rho)$와 평균 대기 시간 $\rho^t/2(1-\rho)$도 계산했다. 예를 들어, 매 시간 평균 10명이 대기열에 합류하고, 각 고객의 응대 시간은 5분(1/12시간)이라면, 서비스 이용률은 10 × 1/12 = 5/6 ≈ 0.833으로, 이는 곧 대기열의 모든 사람이 늦지 않게 서비스를 받게 된다는 의미이다. 이 경우 대기열에는 평균 2명 이상(정확히는 25/12명)이 있으며, 평균 대기 시간은 5/24시간, 즉 12.5분이 소요된다.

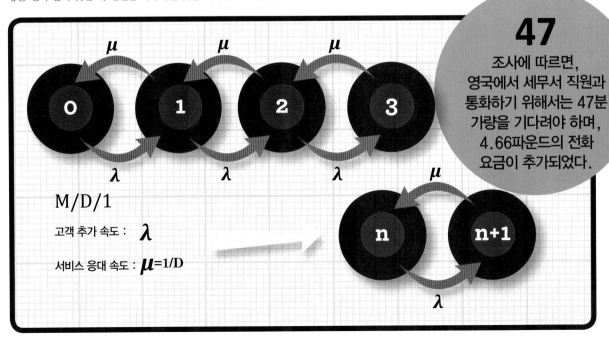

M/D/1

고객 추가 속도 : λ

서비스 응대 속도 : $\mu = 1/D$

47
조사에 따르면, 영국에서 세무서 직원과 통화하기 위해서는 47분가량을 기다려야 하며, 4.66파운드의 전화 요금이 추가되었다.

계산대 통과하기

대형 마트에 가면 어느 계산대에 줄을 서야 할지 고민되는 상황이 생긴다. 이런 경우에는 에를랑의 단순 모델과 달리 여러 요소를 고려해야 한다.

각 계산대에는 몇 명이 기다리고 있는가?

계산을 기다리는 각각의 고객은 얼마나 많은 상품을 사려 하는가?

계산원은 얼마나 말이 많은가?

현재는 사용하지 않지만 근처에 곧 사용할 수 있는 계산대가 있는가?

무인 계산대를 이용하는 것보다 계산원이 있는 계산대를 이용하는 것이 더 빠른가?

이 모든 고민을 해결해 줄 수 있는 단순하면서도 우아한 해결책이 있다.

대기 행렬 설계에 있어서 수학적으로 가장 이상적인 방법은 고객이 계산대를 선택하지 않도록 하는 것이다("무인 계산대"의 경우는 예외가 되겠지만). 대신 모든 고객을 일렬로 쭉 세운다. 즉, 20개의 계산대에서 대기 중인 사람들을 한 줄로 길게 세우고, 그 줄의 맨 앞 고객에게 빈 계산대를 알려주기만 하면 된다.

이 시스템의 유일한 단점은 줄이 지나치게 길어 보인다는 점이지만 기존의 시스템에 비해 20배는 빨리 줄어든다. 한 계산대에서 계산이 지연되는 경우 다른 고객들에게 약간의 영향은 있겠지만, 나머지 19개의 계산대는 제대로 작동하기 때문에 누구도 초조해 하지 않는다. 무엇보다 도착한 순서대로 서비스를 받을 수 있기 때문에 가장 공정한 방법이라 할 수 있다.

시험

$$x_i - x_j = \ln\left(\frac{p_{ij}}{1-p_{ij}}\right)$$

대부분의 학생들이 시험 문제를 푸는 방식은 동일하다. 1번부터
순서대로 푸는 것이다. 그렇게 하다 보면 모든 문제를 다 풀기도 하지만,
시간이 부족한 경우도 생긴다. 문제가 쉬운 것부터 점차 어려운 순서로 나온다면
이는 그렇게 나쁜 방식이라 할 수 없을 것이다. 하지만 시험이 어려운 경우에는,
풀 수 있는 문제를 선택하는 전략이 필요하다.

• •

시험은 쇼핑과 유사하다. 무언가(점수)를 얻기 위해 대가(시간)를 지불하며, 수행 과정을 통해 최대의 가치를 얻고자 하기 때문이다. 각 문제에 배정된 점수와 문제를 푸는 데 걸리는 시간을 대략 알 수 있다면, 어떤 문제가 세일 품목, 즉 짧은 시간 내에 높은 점수를 얻을 수 있는 문제인지 파악할 수 있고, 배점이 같음에도 시간이 많이 걸리는 "값비싼" 문제보다는 이러한 고부가가치 문제를 우선적으로 풀 수 있다.

이는 배낭 문제knapsack problem의 변형이기도 하다. 배낭 문제는 용량이 서로 다른 여러 배낭에 각기 다른 무게의 물건을 넣을 때 가치의 합이 최대가 되는 방법을 찾는 문제이다. 이때 가능한 최소한의 배낭을 쓰거나, 배낭에 넣는 물건들의 무게를 가능한 비슷하게 하거나, 가능한 무거운 물건을 담는 등 다양한 방식이 있다. 대개 이런 문제는 분석적으로 풀기가 매우 어렵지만 해답에 이르는 지름길이 몇 개 있다.

먼저 가장 효율적인 문제를 고른다. 시간을 최대한 활용할 수 있는 문제를 선택해 시간이 부족한 상황에서 쉬운 문제를 놓치지 않도록 한다.

배점이 높은 문제를 우선적으로 선택한다. 지치기 전에 골치 아픈 문제에 도전하는 것이 합리적이긴 하지만 그 때문은 아니다. 이는 가방에 큰 물건들을 먼저 넣는 이유와 같다. 이들이 들어가는지 먼저 확인해야 하기 때문이다!

남은 시간을 체크한다. 예상 소요 시간이 경과하면 과감하게 다음 문제로 넘어가고, 미처 풀지 못한 문제는 나중에 다시 보도록 하자. 어려운 문제를 푸느라 시간을 지나치게 허비해서는 안 된다.

공정한 시험이 되려면 어떻게 해야 할까?

시험 결과에 공정성을 기하기 위해 통상적으로 사용되는 방법이 2가지 있다.

한 가지는 미국에서 종종 사용되는 방식으로 "상대평가"를 하는 것이다. 시험을 치른 전체 학생들의 점수에 대한 평균을 구하고, 이 점수를 B-와 C+를 구분하는 점수로 정한다. 그런 다음 점수의 분포 양상, 즉 표준편차를 계산해 상위 20%의 학생들에게는 A, 30%의 학생들에게 B… 등과 같이 등급을 설정한다.

이 방법은 학생들의 점수가 정규분포를 따른다는 가정 하에 적용한다. 정규분포는 점수 분포가 평균값을 중앙으로 하여 종모양의 곡선을 이루는 것을 말한다. 학생 수가 많을 때는 이 평가 방법이 나쁘지 않지만, 몇 가지 문제점도 있다.

만일 반별로 상대평가를 적용함으로써 각 반의 상위 20%의 학생에게 A등급을 부여한다면, 학급 평균이 낮은 반의 상위권 학생이 학급 평균이 높은 반의 더 우수한 학생에 비해 높은 등급을 받을 수도 있다. 즉, 경쟁이 치열한 반에서는 "유능하지만 등급이 낮은 학생"이 존재할 수 있는 것이다. 또한 연도별로 학생들의 변화 양상을 파악할 수 있는 방법도 없다.

또 한 가지는 유럽에서 보편적으로 사용되고 있는 방법으로, 보다 통계적이다. 시험 관리자는 학생들이 그동안 여러 유형의 문제들을 어떻게 해결해 왔는지를 고려하여, 백분위에 따라 등급을 설정한다. 특정 문제에 대하여 누군가가 어떻게 풀었는지를 반드시 살펴볼 필요는 없다! 이 시스템의 단점은 상대평가 방식에 비해 작업해야 할 일이 많다는 것이다. 반면 개개인의 성적이 거의 영향을 미치지 않으며, 매년 똑같은 문제의 시험을 반복하는 대신 비슷한 수준의 시험 문제를 출제할 수 있다는 장점이 있다.

상대 평가는 등급을
합리적으로 배분한다.

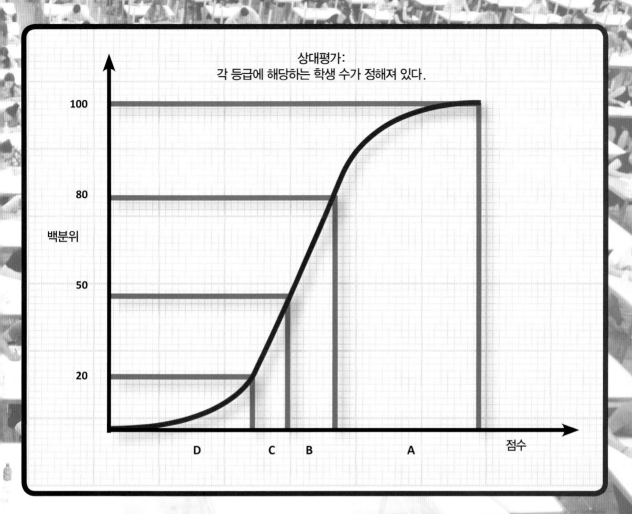

상대평가:
각 등급에 해당하는 학생 수가 정해져 있다.

백분위

100

80

50

20

D   C B   A   점수

관심을 끌고 있는 세 번째 모형은 상대적 비교 판단법 Adaptive Comparative Judgement이라 불린다. 이는 답안지를 채점하는 대신 두 개의 답안지를 비교하여 평가자의 입장에서 어느 쪽이 더 좋은 답안인지 판단한다. 비슷한 점수를 받은 답안지들을 비교함으로써 특정 답안지가 다른 것들보다 "우월"한지, 아니면 "열등"한지를 결정하는 것이다.

상대적 비교 판단법의 예로 브래들리-테리 모형 Bradley-Terry Model을 들 수 있다. 이 모형은 확률을 이용한 다음의 식에 따라 답안지에 상대적 점수를 부여한다.

이때 p_{ij}는 답안지 i 가 답안지 j 보다 더 좋은 평가를 받을 확률을 나타내고, x_i-x_j는 답안지 i 가 답안지 j 와 비교하여 받는 추가점수를 말한다. 예를 들어, 답안지 i 가 답안지 j 보다 더 좋다는 평가를 받을 확률이 80%일 때, 답안지 i 는 $\ln(0.8/0.2) \approx 1.39$점을 더 받게 된다.

일단 이 방식으로 평가가 이루어지고 나면, 학생들이 받은 점수 분포는 하나의 곡선을 이루며, 유사한 시험의 이전 답안지들과 비교도 가능해진다. 또 학생 개개인이 획득한 점수에 대하여 반론을 받을 필요 없이 적절한 등급을 매길 수도 있다.

$$x_i\text{-}x_j = \ln \left(\frac{p_{ij}}{1-p_{ij}} \right)$$

롤러코스터

$$F = \frac{mv^2}{r}$$

당신은 지금 미국 오하이오 주에 위치한 놀이공원 시더포인트Cedar Point에 있는 롤러코스터, 게이트키퍼GateKeeper를 타고 있다. 열차가 꼭대기에 잠깐 정지하는 순간, "이거 안전한 거겠지?"하는 생각이 스치듯 지나간다. 어떻게 거꾸로 매달린 상태에서 떨어지지 않을 수 있을까? 최고 속도를 내는 방법은 무엇일까?

하지만 곧 수십 미터 아래를 향해 $9.8m/s^2$의 가속도로 질주하기 시작하자 아무런 생각이 들지 않는다. 설계한 사람들이 제대로 계산했기를 기도할 뿐이다!

상승 구간을 달릴 때에는 좌석에 처박히는 듯한 느낌이 든다. 그러다 꼭대기에 도달하면 마치 중력이 없어진 듯한 느낌이 들다가 불현듯 추락할 것 같은 두려움에 사로 잡힌다. 어떻게 거꾸로 매달린 상태에서 떨어지지 않을 수 있을까? 어깨에 맨 안전벨트가 그 정도로 튼튼하지는 않을 텐데 말이다.

그 비결은 속도에 있다. 고등학교 시절 나에게 물리를 가르쳐주신 선생님은 원심력이 별 게 아니라고 말씀하셨지만, 적어도 롤러코스터에 관해 이야기할 때는 전혀 그렇지 않다. 열차에 작용하는 힘은 3가지가 있다. 열차의 무게(아래쪽을 향하는 힘)와 원심력(바깥쪽으로 작용하는 힘), 그리고 열차에 작용하는 트랙의 수직항력이 그것이다. 원심력의 크기는 $F=mv^2/r$로 나타내며, 이때 m은 열차의 전체 무게, v는 열차의 속도, r은 트랙의 곡률 반경을 말한다. 트랙에서 곡률 반경이 작을수록 롤러코스터의 루프는 급하게 휘게 되며, 원심

력이 원의 중심 쪽으로 향하는 열차의 무게에 의한 힘보다 크면 트랙에서 떨어지지 않게 된다.

루프의 형태를 이루는 곳은 곡률 반경이 점점 작아지며, 이것은 원심력이 증가하는 원인이 된다. 하지만 위로 올라갈수록 속도가 감소하기 때문에 열차가 루프의 꼭대기에 도달하면 원심력은 더욱 작아지게 된다. 원심력이 작아질수록 당신은 무중력 상태에 더 가깝게 느낄 것이다. 제대로 설계한 롤러코스터라면, 꼭대기에서는 단지 열차가 떨어지지만 않을 정도의 속도로 매우 느리게 움직인다.

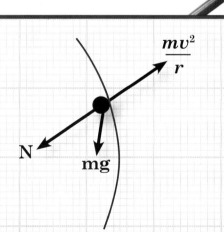

트랙의 모양과 열차의 속도를 잘 조절하면, 거꾸로 매달려도 떨어지지 않는다.

원심력

"원심력centrifugal force"은 실제로 존재하지 않는 가상의 힘이다. 곡선 트랙에서 튕겨나가지 않기 위해서는 곡률 반경에 따른 구심가속도 v^2/r을 알아야 한다. 이때 이를 계산하기 위해 힘과 가속도에 관하여 시간낭비를 하기보다는 원심력과 방향이 반대인 힘의 크기를 계산하는 것이 훨씬 더 간단하다. 원심력과 구심력은 그 크기가 같기 때문이다.

$$\frac{mv^2}{r}$$

N

mg

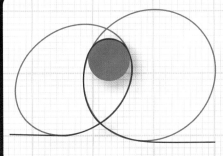

클로소이드

롤러코스터 루프는 대개 원형이 아닌 클로소이드 clothoid 곡선 형태이다. 열차가 빠른 속도로 트랙의 직선 구간에서 원호 구간으로 달리면 탑승객이 불편감을 느낄 수 있기 때문에, 두 구간 사이를 부드럽게 연결해서 급격한 쏠림 현상을 줄이는 것이다. 트랙의 곡률 반경이 서서히 달라지는 클로소이드 곡선을 따라 움직이면 비교적 편안하게 탈 수 있다.

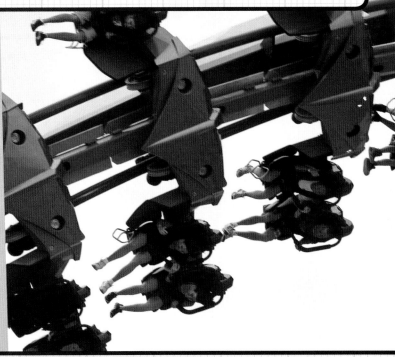

곡률 반경

원의 반지름이라 하면 중심에서 원주까지의 거리를 떠올릴 지도 모르겠다. 이것을 다른 형태의 곡선으로 확장해서 생각해 보자. 어떤 곡선 위에 있는 임의의 점에 대해 굽은 부분의 안쪽에서 이 점을 지나면서 곡선에 접하는 원을 그릴 수 있다. 이 원의 반지름을 그 점에서의 곡률 반경radius of curvature이라 한다. 곡률 반경이 작을수록 곡선의 굽은 정도는 더 커지며, 직선의 경우 곡률반경은 무한대이다.

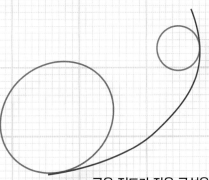

굽은 정도가 큰 곡선은 곡률 반경이 작다

굽은 정도가 작은 곡선은 곡률 반경이 크다

일조시간

$$C = \tan(L) \tan\left(23 \cos\left(\tfrac{360}{365} t\right)\right)$$

열대 지방에 사는 사람은 연중 일조시간의 변화를 체감하기 어렵다.
적도에서의 일조시간은 매일 12시간 정도로 거의 일정하며, 마이애미에서는
해가 가장 짧은 날조차 적도에 비해 일조시간이 97분 짧을 뿐이다.

●●●●●●●●●●●●●●●●●●●●●●●●●●●●●●●●

일조시간은 주로 위도에 따라 달라진다. 먼저 여러분의 현재 위치에서 지구 중심을 가리키는 직선을 하나 그어 보자. 그리고 현재 위치에서 남쪽으로 쭉 내려가 적도와 만나는 지점과 지구 중심을 잇는 또 다른 직선을 그어 보자. 이들 두 직선이 만나서 이루는 각도가 바로 위도이다. 북극점은 북위 90°, 남극점은 남위 90°이다.

지구의 자전축은 공전 궤도면을 기준으로 23.5° 기울어져 있기 때문에 북위 23°(북회귀선)와 남위 23°(남회귀선) 사이의 지역은 일 년 중 어느 시점에서는 머리 위에 해가 위치한다. 반면 겨울에는 해를 전혀 볼 수 없는 날이 있는 곳도 있다. 북극권 및 남극권 내 지역과 북위 또는 남위 67° 이상인 지역이 여기에 해당한다. 반대로 여름이면 해가 지지 않는 날이 있는 곳도 있다. 노르웨이가 '백야의 땅'이라 불리는 이유이다.

일 년 중 어떤 날이든지 다음 식을 이용하여 이론상의 일조시간을 계산할 수 있다. 이때 L은 당신이 위치한 위도, t는 동지에서부터 경과한 날 수를 말한다. 동지는 낮과 밤의 길이 차이가 가장 큰 날로 북반구에서는 12월 21일경, 남반구에서는 6월 21일경이다.

$$C = \tan(L) \tan\left(23 \cos\left(\tfrac{360}{365} t\right)\right)$$

식을 통해 계산한 값은 여러분이 위치한 위도에서 낮과 밤이 구분되는 명암경계선^{terminator}과 지구의 자전축 사이의 거리를 나타낸 것으로, 여러분이 돌고 있는 원 궤도의 반경에 맞추어 조정된 것이다. C의 값이 1보다 크면 하루 종일 해를 볼 수 있다. 하지만 −1보다 작은 경우에는 해를 전혀 볼 수 없으며, 이것은 주로 북극권이나 남극권 내에서 발생한다.

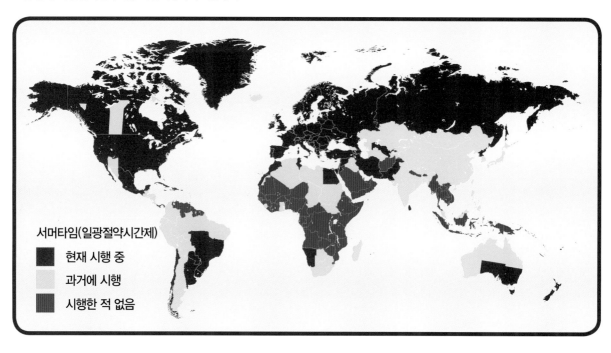

서머타임(일광절약시간제)
- ■ 현재 시행 중
- 과거에 시행
- 시행한 적 없음

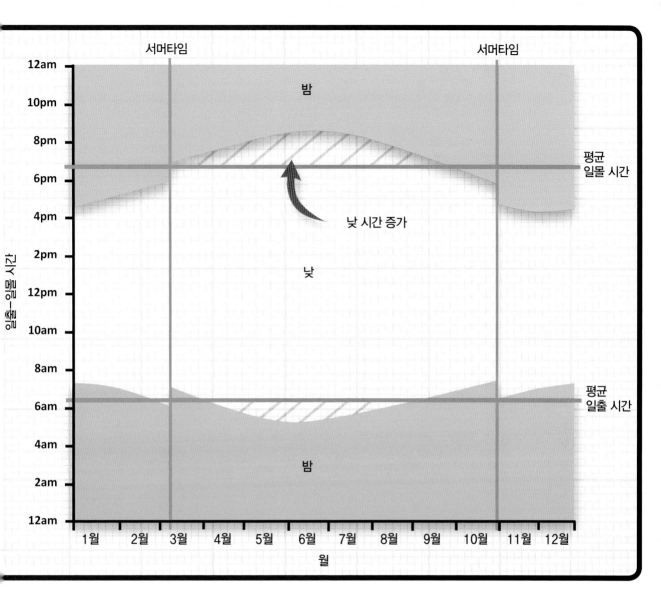

C가 −1과 1 사이의 값이면 일조시간은 24/180 arccos(C)시간이다

남위 34°에 위치한 리우데자네이루에서 동지로부터 60일 지난 날의 일조시간을 계산하면 다음과 같다.

$$C = \tan(34)\tan\left(23\cos\left(\frac{360}{365}\times 60\right)\right) \approx 0.14$$

이 값은 −1과 1 사이이므로 24/180arccos(0.14) ≈ 10.92시간이 된다. 이론적으로 이 날의 일조시간은 11시간에 약간 못 미친다.

실제 일조시간은 식을 통해 계산한 값에 비해 약간 더 긴데, 그 이유는 햇빛이 대기에서 굴절되어 아래로 휘기 때문이다. 이는 곧 실제로 해가 지평선을 넘어 위로 올라오기 전에도, 그리고 해가 지고 난 다음에도 해를 볼 수 있음을 의미한다.

기상 예보

뉴스가 끝날 무렵, 기상캐스터가 등장한다. "오늘의 날씨입니다. 낮 기온은 15도로 구름이 많이 끼겠고, 강수 확률은 30%입니다." 지역에 따라 이 기상 예보를 듣고 봄 잠바를 꺼내거나 겨울 코트를 좀 더 입을 수도 있지만, 우산을 챙겨야 할지는 고민이 아닐 수 없다.

강수 확률 30%이면 비가 안 올 확률이 더 높긴 하지만, 흠뻑 젖을 가능성도 무시할 수 없는 수준이다. 이러한 경우에는 "우산을 챙기는 것으로 인한 슬픔 지수"와 "비에 젖을 때의 슬픔 지수"를 비교해 우산을 가져갈지 여부를 결정할 수 있다. 나의 경우에는 비에 젖는 것이 우산을 가져가는 것에 비해 10배 더 슬프다. 우산을 가져가는 경우, 비가 오건 안 오건 슬픔 지수는 1점이다. 우산을 챙기지 않을 때에는 계속 행복하게 지낼 확률이 70%이지만, 30%의 경우에는 슬픔 지수가 10점이 된다.

비슷한 상황이 100일 동안 지속된다면, 우산을 가져갈 경우의 슬픔 지수는 100점, 우산을 두고 갈 경우의 슬픔 지수는 300점이다. 따라서 우산을 가져가는 것이 현명한 처사일 것이다. 이 사례는 의사 결정을 위한 방법의 하나로 효용 함수 utility function(여기서는 슬픔)를 이용한 것이다.

강수 확률 30%는 어떤 의미일까?

"강수확률 30%"와 같은 상황을 정확하게 이해하기 위해서는 "100일 동안이면 어떻게 될까?"와 관련지어 생각하면 도움이 된다.

기상학자들은 날짜, 최근 날씨, 기온, 풍향, 대기압, 물리 법칙 등 합리적인 기상 예보 모델에 필요한 모든 변수를 동원해 여러 대의 슈퍼컴퓨터로 수천 번의 시뮬레이션을 반복한다. 이들 각각의 시뮬레이션은 설정된 초기값을 토대로 실제로 일어날 수 있는 상황을 보여준다.

만약 10,000번의 시뮬레이션 결과 어떤 지역에 3,000번 정도 비가 내린다면, 이 때 해당 지역의 강수 확률을 30%라고 예측한다.

기상 예측은 매 시간마다 또는 원하는 시간대로 구분하여 시행할 수 있다. 두 가지 일기 예보를 수학적

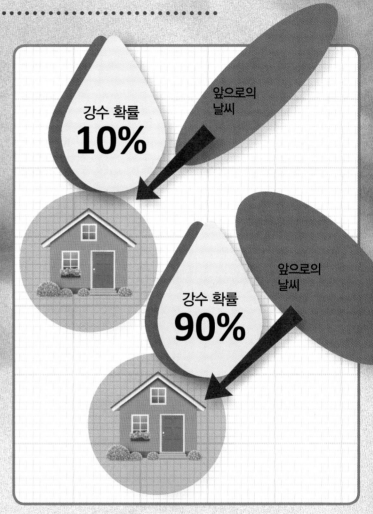

으로 비교해보자. 시간당 강수 확률에 대해서는 두 예보 모두 10%로 예측하지만, 일중 비가 올 확률은 각각 10%, 90%로 예보한다. 전자의 경우에는 비올 가능성이 적지만 일단 온다면 하루 종일 지속되리라 예상할 수 있다. 하지만 후자의 경우 비가 오는 것은 거의 확실하지만 짧게 지나가는 소나기일 가능성이 높다.

펑크서토니 필은 얼마나 정확할까?

1880년대 이래로 매년 2월 2일이면 펜실베이니아의 펑크서토니 마을에서는 필Phil이라는 이름의 그라운드호그(다람쥐와 비슷하게 생긴 설치류)가 자신의 그림자를 볼 수 있는지를 기준으로 겨울이 얼마나 더 남았는지 알려준다. 그림자가 보일 정도의 해가 있다면 겨울이 6주 정도 더 이어지고, 그렇지 않다면 봄이 곧 온다는 것이다.

미국 국립기후자료센터는 1988년부터 2015년까지의 2월/3월 기온 데이터를 분석해 평년보다 높은지, 약간 높은지, 낮은지, 약간 낮은지로 분류했고, 이를 필의 예측 결과와 비교했다.

펑크서토니 필이 봄을 예고한 것은 28번 중 8번으로, 실제 데이터와 일치했던 것은 4번이었다. 4번은 2월/3월 기온이 모두 평년보다 높았고, 나머지 4번은 추운 달과 따뜻한 달이 섞여 있었다.

하지만 겨울이 더 지속되는 것에 관한 예보 성적은 신통치 않았다. 정확하게 예측한 해는 2014년 한 번뿐이었다(그 해 2월/3월 기온은 모두 평년보다 낮았다).

굳이 필의 입장에서 변명을 하자면, 2월/3월 모두 평년보다 추웠던 경우는 2014년 한 해에 불과하고, 28번 중 12번은 2월/3월 기온이 모두 평년보다 높았다. 결국 필의 예측률은 38%에 그쳤다(아래 표에서 "일관되지 않음"을 제외하면 13번 중 5번 맞춤). 이는 동전 던지기로 맞출 확률보다 약간 낮은 수준이며, 매년 "긴 겨울"로 예측하는 것보다는 훨씬 떨어진다.

		필의 예측	
		이른 봄	긴 겨울
기온	평년 이상	4	8
	일관되지 않음	4	11
	평년 이하	0	1

색인

감사의 글

언제나 수학과 함께 하는 즐거운 인생이 되길 바라며, 나의 사랑하는 두 아들 빌과 프레드에게 이 책을 바칩니다.

책을 쓰는 동안 끊임없이 지지를 보내준 나의 가족에게 감사를 드립니다. 린다 헨드렌과 니키 러스가 아니었다면 이 책을 완성하지 못했을 겁니다. 언제나 변함없이 저를 신뢰해준 켄 베버리지와 스튜어트 베버리지, 그리고 저의 반사회적인 성향을 참고 견뎌준 로라 러스에게도 감사의 인사를 전합니다.

이미지 저작권

123RF Denis Ismagilov 8–9, 34–5, 60–1, 86–7, 110–11, 138–9, 162–3. Alamy Stock Photo Brian Harris 81 left; Chutikarn Wongwichaichana 137 below; Damien Loverso 72–3; Derya Duzen 164 left; dpa picture alliance 118–19; Granger Historical Picture Archive 78 below, 130 left; Guillem Lopez 136–7; Heritage Image Partnership Ltd. 81 right; Ian Shipley SP 149; Images & Stories 165 above right; Jason Cohn/Reuters 187; Justin Kase zsixz 130 right; Keystone Pictures USA 6 left, 23 left; Lebrecht Music and Arts Photo Library 128; Michelle Chaplow 137 above; Roger Bacon/Reuters 125; Sergio Azenha 112; The Ohio Collection 182–3. Dreamstime.com Alvin Cha 112 inset; Americanspirit 28–9 background; Anan Punyod 129 below; Andreadonetti 132–3 background, 134–5 background; Andrey Armyagov 141 above left; Andrey Gudkov 36 background; Angelo Gilardelli 32–3; Brad Calkins 176–7; Daniel Schreurs 126–7; Designua 56; Drserg 62 above; Georgios Kollidas 23 right, 166 above; Grandeduc 116–17; Haiyin 145 right; Intrepix 140 left; Isselee 36–7 below; Kathrine Martin 116, 117; Klausmeierklaus 30; Lajo_2 100 above, 100 below, 103 above, 103 below; Liz Van Steenburgh 167 above right; Mark Eaton 6 right, 42; Meryll 74; Michael Brown 142–3, 158–9 background, 160 background; Mihai-bogdan Lazar 59 above left; Pixattitude 95, 98 left, 99 left; Raphaelgunther 167 background above; Skypixel 7 left, 44–5; Stephen Girimont 59 above right; Stuartbur 167 above left; Valentin Armianu 156–7; Vampy1 154–5; Victor Zastol`skiy 186–7; Viktor Bobnyev 114–15. iStockphoto.com cyrop 148; reinobjektiv 80 right. Science Photo Library T-Service 49. Shutterstock Antony McAulay 50 left, 50 centre, 51 above right, 51 left, 57 centre, 59 centre right, 59 below left, 59 below right; Bagrin Egor 121 below; bibiphoto 180–1; FXQuadro 19; Inked Pixels 99 right; lisheng2121 144–5 background, 145 left; Rawpixel.com 40–1; Rozilynn Mitchell 79; Somchai Som 50 right, 51 below right, 57 left, 58, 140 right, 141 above centre.